AF343386

ÉCONOMIE

DU BÉTAIL

PAR

ANDRÉ SANSON

Professeur de Zootechnie

Directeur et rédacteur en chef de la *Culture*; ex-chef de service à l'école
vétérinaire de Toulouse; membre de la Société impériale et centrale vétérinaire;
du Comité central de la Société d'anthropologie de Paris, etc., etc.

DEUXIÈME PARTIE

PRINCIPES GÉNÉRAUX DE LA ZOOTECHNIE

PARIS

LIBRAIRIE AGRICOLE DE LA MAISON RUSTIQUE

26, RUE JACOB, 26

ÉCONOMIE

DU BÉTAIL

ÉCONOMIE
DU BÉTAIL

DEUXIÈME PARTIE

PRINCIPES GÉNÉRAUX DE LA ZOOTECHNIE

AVANT-PROPOS

Les matières qui doivent nous occuper, dans la présente deuxième partie de nos études sur l'économie du bétail, ont de l'intérêt à un double titre : elles sont de nature à éclairer la pratique de l'industrie agricole, en posant les principes de l'art de l'éleveur, d'une part, et, de l'autre, elles mettent en lumière les seuls faits qui puissent utilement servir pour résoudre plusieurs hautes questions qui divisent encore les naturalistes et les anthropologistes. Les uns et les autres se sont plus d'une fois égarés, dans ces derniers temps, en invoquant, sur la foi d'autorités contestables, les résultats de la pratique des éleveurs, que leurs connaissances zoologiques ou ethnographiques ne les avaient point mis en mesure d'interpréter exactement. Et ils ont été conduits, par des renseignements erronés, à des conclusions fausses. Les principes généraux de la zootechnie, solidement déduits de l'observation rigoureuse, semblent capables de fournir de bons éléments pour redresser ces conclusions. Ce n'est pas là leur moindre utilité, bien que nous ayons surtout à les considérer ici au point de vue de leur application directe à la pratique de l'écononomie du bétail.

Cette pratique, dans son ensemble, nous fournit en effet une sorte de vaste laboratoire, où se produisent sans cesse un grand nombre de faits qui, pour être obtenus dans un but exclusivement industriel, n'en sont que plus propres à enrichir la science. C'est comme une expérimentation permanente, instituée sur une immense échelle et sans parti pris dogmatique, dont les résultats ne sauraient être faussés. Il ne nous reste qu'à en déduire les lois. Et l'on ne disconviendra pas que ces lois puissent avoir une certaine valeur, ainsi basées sur une masse imposante de précieux matériaux. Sans doute des expériences directes, en grossissant pour ainsi dire les résultats, parce qu'elles forceraient les nuances par le choix des moyens de démonstration, mettraient encore mieux ces lois en évidence: mais, tout en désirant qu'elles puissent être entreprises, on doit toutefois reconnaître qu'il n'en sortirait qu'une confirmation des principes que nous allons exposer.

De ces principes résulteront pour les éleveurs des préceptes toujours bons à suivre et la science pourra peut-être tirer quelque profit des faits sur lesquels ils sont fondés.

CHAPITRE PREMIER

—

OBJET DE LA ZOOTECHNIE

Définition. — La zootechnie est l'ensemble des lois scientifiques qui régissent la production du bétail.

Ce n'est pas une science, à proprement parler. C'est l'application à un objet spécial, essentiellement industriel, de notions
empruntées principalement à deux branches de la science générale : la biologie ou histoire naturelle des êtres organisés,
et la sociologie ou économie des rapports entre la production
et la consommation.

La science zootechnique n'a pas plus d'existence propre que
la science agricole. Il n'empêche que pour la commodité du discours on agit comme s'il en était autrement. Et il n'y a nul inconvénient à cela, du moment que l'on se comprend. Il est certain
que par l'expression de zootechnie on entend désigner un
groupe de notions formant corps de doctrine et applicables à
la production des animaux domestiques, dont elles constituent
la théorie.

La zootechnie n'est pas, ainsi qu'on le croit assez généralement, toute l'économie du bétail; elle n'en est qu'une partie. L'économie du bétail, je l'ai fait remarquer dans le premier volume du présent ouvrage, embrasse à la fois ce qui concerne la conservation et la reproduction des animaux, de même que leur exploitation industrielle. L'hygiène et la médecine vétérinaires lui appartiennent donc. L'objet de la zootechnie se borne à la reproduction, à la multiplication de ces animaux, en vue du meilleur parti à tirer de leurs produits industriels.

Et le mot, en ce sens, dit bien la chose. Il peut être considéré comme fort heureusement trouvé, n'en déplaise à ses rares critiques. L'usage, qui fait loi dans ces sortes d'affaires, l'a adopté sans aucune difficulté, parce qu'il avait déjà fixé la signification précise de ses racines (Τέχνη, art industriel; Ζῶον, animal. — Zootechnie, connaissance des animaux appliquée aux besoins de l'homme. — *Dictionnaire national*).

Historique. — La création de la zootechnie ainsi comprise est de date récente. Bien des savants et des praticiens, des vétérinaires surtout, depuis la fin du dernier siècle, se sont occupés d'appliquer à l'exploitation du bétail les connaissances de l'histoire naturelle des animaux et les résultats de leurs propres observations. Ils ont accumulé de précieux matériaux et ils ont trouvé la vérité sur un certain nombre de points de détail. L'héritage qu'ils ont laissé ne saurait être répudié sans injustice, et nul ne pourrait se flatter d'avoir créé la zootechnie de toutes pièces. Mais il leur a constamment manqué la notion du principe qui domine tout l'ensemble des connaissances zootechniques; ce principe seul permettait d'instituer la doctrine générale. La science qui le fournit n'était pas encore assez avancée, assez dégagée de ses obscurités. Je veux parler de la science économique, maintenant arrivée à une véritable constitution. Les animaux domestiques formant le bétail étaient

le plus souvent étudiés d'un point de vue à peu près complètement indépendant de tout ce qui les entoure, de la part des
savants, d'après une physiologie bien insuffisante, faute de base
expérimentale, et de celle des praticiens purs sous l'influence
d'un certain nombre d'observations empiriques donnant facilement prise à l'illusion.

Les plus clairvoyants avaient fini par apercevoir la relation
nécessaire qui existe entre les animaux et les conditions agricoles au milieu desquelles ces animaux se produisent. Ils furent
amenés à tenir compte par là de l'influence des agents hygiéniques et à montrer que ces agents ont une part dans la production de leurs formes et dans le développement de leurs aptitudes. Cette part, ils ne la firent pas suffisante, assurément,
faute d'avoir analysé complétement tous les éléments du problème physiologique qui est une des bases de la zootechnie.
Le rôle des reproducteurs n'en demeura pas moins la chose
capitale, aux yeux des auteurs auxquels je fais allusion et dont
il est inutile de citer ici les noms, ces noms devant venir plus
tard sous ma plume à l'occasion de chacune des observations
dont ils ont enrichi la science. Leur part de mérite se borne
à cela. La justice le veut ainsi.

Certes, il n'est pas facile d'écrire l'histoire de la science sans
froisser quelques susceptibilités contemporaines. Nous avons
une tendance naturelle à nous exagérer le lot qui nous revient
dans les progrès accomplis. Et c'est un habituel procédé de
contester celui de nos rivaux, en tâchant de faire remonter
jusqu'aux devanciers la paternité des découvertes attribuées à
ceux-là par l'historien impartial. Lorsqu'il s'agit surtout de ces
conceptions synthétiques que l'on appelle des doctrines, la chose
est des plus faciles. Évidemment, une doctrine ne peut être
édifiée qu'au moyen de matériaux fournis, pour le plus grand
nombre, par des travaux antérieurs. Il suffit dès lors de considérer isolément chacun des principes fondamentaux qui la
constituent, pour pouvoir y attacher un nom d'homme sans

nulle difficulté. On manque même rarement de trouver, avec
un peu de bonne volonté, la doctrine au moins en germe dans
quelque phrase empruntée aux morts ou aux vivants. Je me
ferais volontiers fort, pour mon compte, de montrer dans
Aristote tous les germes de la science moderne. Est-ce à dire
qu'Aristote en doive être justement considéré comme le créateur?

On peut, dans l'histoire des origines de la zootechnie, admettre trois phases successives, caractérisées chacune par le
principe dominant des écrits de ceux qui se sont occupés de la
production du bétail.

La première phase est celle des naturalistes purs, préoccupés
seulement de marier ensemble les races de divers pays, pour
en obtenir des individus plus beaux ou mieux appropriés au
service exigé d'eux. Dans cette phase, le croisement est érigé
en principe absolu, incontesté.

A la deuxième se mêlent des agronomes et surtout des vétérinaires. Elle commence à partir du moment où la physiologie
et l'hygiène se fondent principalement sur les données fournies
par la chimie moderne, établissant la statistique des êtres
organisés. On y place sur la même ligne, dans la production
des animaux, l'influence de la génération et celle du régime
alimentaire ou hygiénique auquel sont soumis les reproducteurs
eux-mêmes et leurs produits. Ici le croisement des races conserve toute l'importance qui lui a été accordée par les naturalistes purs, mais on reconnaît en même temps que les races
peuvent être améliorées par le régime seul, et que dans tous
les cas l'influence du croisement ne peut pas être séparée de
celle du régime. Quelques auteurs, parmi les agronomes principalement, entrevoient en outre que le bétail n'est pas seulement un agent nécessaire de l'exploitation agricole, « un *mal
nécessaire* », comme une certaine école agronomique l'a longtemps soutenu, et ils formulent cette vérité en termes explicites ; mais on ne trouve nulle part la notion du bénéfice posée

comme base fondamentale de toutes les opérations relatives aux animaux. Les faits s'accumulent, les lois ne sont pas encore dégagées. Les traités spéciaux ne contiennent qu'un ensemble de préceptes empiriques, assez justes pour bon nombre et fondés sur des observations exactes, mais n'ayant pas du tout le caractère de principes scientifiques applicables à tous les cas.

Et c'est par les titres qui ont été donnés aux ouvrages publiés dans le courant de la deuxième phase dont nous nous occupons et par l'arrangement des matières qui les composent, que l'on peut bien juger de l'exactitude de notre appréciation. C'est toujours accessoirement que la dépendance du bétail dans l'ensemble de l'économie rurale y est admise, et seulement au point de vue de l'influence des agents hygiéniques dont la notion est caractéristique de l'évolution scientifique en question. Les auteurs les plus explicites n'hésitent point à poser en principe que l'exploitation du sol doit être réglée en vue du bétail, non celui-ci choisi en vue des facultés productrices du sol. En somme, c'est l'absolu qui domine, non le relatif. On ne songe qu'à transformer les races locales au plus tôt par l'importation de types améliorateurs, en même temps qu'on s'arrangera pour leur fournir, si faire se peut, les éléments d'une subsistance plus exigeante. Mais cette dernière nécessité est reléguée au second plan. Les enseignements de l'école se traduisent dans la pratique par l'introduction de nombreux types reproducteurs étrangers, suisses, anglais, etc. Chaque éleveur visant au progrès veut créer sa race particulière, et loin de chercher à le dissuader de cette entreprise chimérique, ceux qui passent pour les maîtres de la théorie lui en donnent l'exemple et font tous leurs efforts pour démontrer qu'elle est conforme à la science. Ils vont plus loin et soutiennent que le progrès consiste à réaliser pour chaque espèce un type unique, réunissant au plus haut degré toutes les aptitudes désirables, et applicable par ce fait à toutes les situations. Et c'est dans je ne sais quels mélanges de sangs divers qu'ils cherchent la réalisation de ce type merveilleux, de cette véritable panacée.

L'exagération d'une telle conception marque le terme de la deuxième période que nous étudions, dans les origines de la zootechnie. Cette période, dont le règne n'a pas été de longue durée, n'en a pas moins rendu de grands services à la science, malgré les bizarres conceptions qui l'ont terminée. Elle a préparé l'avénement de la phase actuelle, la troisième, et lui a fourni, sans contredit, l'un de ses plus solides fondements. La notion de ce qui appartient aux agents hygiéniques dans la production du bétail, absolument négligée auparavant, a été mise par elle en évidence. Tout le reste fût-il à rejeter, qu'il y aurait assez de cela pour que, dans l'histoire du progrès, on dût faire une large place aux hommes qui l'ont démontrée. Et c'est une satisfaction pour moi de pouvoir dire justement, — on le comprendra sans peine, — que la démonstration en appartient surtout aux vétérinaires, éclairés à cet égard par les Huzard père et fils, les Yvart, les Magne, etc. Les agronomes, Thaër, Mathieu de Dombasle et autres, se sont sur ce point bornés à des affirmations.

L'économie du bétail, du reste, suivait jusque-là les voies et la fortune de l'économie rurale en général. Elle n'avait pas d'autre loi que celle du produit brut. Elle visait uniquement aux beaux animaux, comme l'agriculture aux belles récoltes, aux forts rendements, sans aucune préoccupation du prix de revient ni du débouché ; du moins, pour rester en deçà de la vérité, sans une préoccupation suffisante de ces deux éléments essentiels de toute production industrielle. Il fallait l'introduction de la méthode scientifique dans l'étude de ces questions, pour faire apercevoir la lacune si souvent accusée par les échecs financiers éclatants de la plupart des initiateurs les plus renommés du progrès agricole. Ce fut M. de Gasparin qui l'y introduisit ; M. de Gasparin, que tous les agronomes contemporains reconnaissent pour leur maître. Pénétré de la solidarité de toutes les branches de la science moderne, et surtout de la notion économique qui domine leurs applications, il traça le vaste plan de l'agronomie, dont il remplit lui-même quelques-unes des parties avec les données acquises à la science de son temps, léguant à ses disciples le soin de combler les autres et de perfectionner son propre travail d'exécution. Il ne pouvait manquer de faire entrer dans son cadre impérissable l'art de produire et d'améliorer les animaux domestiques, d'après les bases indiquées par lui pour toutes les divisions de l'agronomie. Il lui donna le nom de zootechnie, qui n'avait jamais été employé auparavant; mais, sur cette portion de sa tâche, à laquelle ses études vétérinaires l'avaient si bien préparé, il dut s'en tenir là, avec la satisfaction cependant d'avoir suscité un continuateur digne de lui.

Après la révolution de 1848, lorsqu'on s'occupa d'organiser en France l'enseignement agronomique, ce fut surtout de l'œuvre de M. de Gasparin qu'on s'inspira. Constatons seulement à cet égard, pour demeurer dans notre sujet, que l'Institut de Versailles, de même que les écoles régionales d'agriculture, comportait un cours de zootechnie. Et ceci, mieux que toutes les discussions, prouvera que la véritable doctrine zootechnique, conçue par l'illustre agronome, a pris naissance à cette époque. Parmi les nombreux compétiteurs qui vinrent se disputer, dans un concours ouvert à cet effet, la chaire de l'Institut, et qui tous avaient dû rédiger un programme du cours, celui qui l'emporta fut un jeune homme, fort étranger à la connaissance du bétail jusque-là, mais qui avait su prouver deux choses : la première, qu'il avait compris, en rédigeant son programme, la complète signification du mot nouveau créé par M. de Gasparin et les nécessités nouvelles de l'étude du bétail dominée toujours par les considérations économiques ; la seconde, en fournissant ses épreuves orales, qu'il apporterait dans cette étude l'esprit scientifique qui conduit sûrement à la découverte des lois, et dans l'enseignement de ces lois les

qualités oratoires qui en font bien comprendre la valeur et la
portée aux auditeurs. Les autres compétiteurs, disciples expérimentés ou pères conscrits de l'école régnante, ayant fait dès
longtemps leurs preuves sous ce rapport, ne balancèrent pas un
seul instant ses chances de succès. Pour une doctrine nouvelle,
il fallait un homme nouveau, sans parti pris.

Et en appréciant ainsi les motifs du succès de Baudement
dans ce concours, je ne fais pas des conjectures ; je ne fais que
répéter ce qui m'a été dit en personne par celui qui pouvait à
ce sujet être le mieux renseigné, par l'auteur même du plan
d'enseignement de l'Institut, par le regrettable M. Thouret
enfin, alors ministre de l'agriculture.

Nous verrons comment Baudement a tenu, dans sa trop
courte et maladive carrière, les promesses de ses débuts. Nous
verrons que, suivant l'usage de ceux qui procèdent en ayant
pour guide la méthode scientifique, les découvertes dont il a
enrichi la science sur les points qu'il a pu particulièrement
étudier sont des découvertes définitives. Pour l'instant, constatons qu'il lui a été donné d'inaugurer en France l'enseignement de la véritable doctrine zootechnique.

C'est là un fait encore contesté, et ce n'est point surprenant.
Outre que les idées générales ont peine à pénétrer dans les
esprits et trouvent nécessairement des incrédules parmi ceux
qui ne les comprennent point, les hommes en position que le
progrès a dépassés n'admettent pas volontiers que la science
ait pu marcher sans eux. Ils revendiquent, dans l'œuvre nouvelle, tout ce qui vient d'eux ou de leurs prédécesseurs, et font
de grands efforts pour contester la vérité et l'utilité du reste.
L'esprit humain est ainsi fait, apparemment. Ils ne voient, par
exemple, dans les mots nouveaux nécessaires pour exprimer
les notions nouvelles, ou plutôt dans les applications nouvelles
de mots anciens empruntés à la terminologie des autres branches analogues de la science, que des néologismes inutiles. Il
leur en coûte de reconnaître que d'autres ont rendu clair ce

qu'ils avaient laissé obscur. Telle est pourtant la marche de la science. Et le plus sage parti n'est pas, après tout, de chercher à l'enrayer, mais bien de la suivre. La part d'autrui n'enlève rien à celle qu'on s'est faite soi-même, et l'on s'enrichit d'ailleurs toujours en renonçant à l'erreur. Comme les arbres, les doctrines se jugent à leurs fruits. C'est là qu'il faut vérifier les principes de ceux qui, de très-bonne foi sans doute, pensent et soutiennent que la zootechnie n'a rien ajouté à ce qui était dans le lit qu'ils se sont fait et où ils ont cru pouvoir s'endormir, d'un sommeil agité toutefois et plein de mauvais rêves. Quand ils se réveilleront, — s'ils se réveillent jamais, — ils seront affligés de voir le vide qui s'est produit en si peu de temps autour de leur parole, qui n'est plus qu'un son vague et sans écho. Ils regretteront peut-être alors de n'avoir pas consacré leurs forces à suivre le progrès, plutôt que de les épuiser en stériles négations, que ceux dont ils se sont fait bénévolement des adversaires, au lieu d'auxiliaires dévoués et respectueux, ne croient même pas nécessaire de relever.

Ces rapides considérations historiques étaient nécessaires pour montrer que dans la pensée de celui qui l'a proposée, de même que par les matières qu'elle désigne, l'expression de zootechnie a une tout autre signification que celle des locutions dont elle a pris la place. Un cours de zootechnie est autre chose qu'un cours de haras, comme on disait alors qu'on ne s'occupait guère que du cheval; c'est autre chose qu'un cours d'éducation, d'élevage ou de multiplication des animaux domestiques; la zootechnie est autre chose, enfin, que l'hygiène vétérinaire, appliquée ou générale, quelque extension que l'on puisse être disposé à donner au sens exact de ces mots.

La zootechnie n'a rien absolument de commun avec l'hygiène; si ce n'est qu'à la manière de cette application de la science, elle s'inspire de la physiologie pour une part. Mais la conservation de la santé, qui est l'objet et le but unique de l'hygiène, n'entre absolument pour rien dans l'objet et le but de la zootechnie, qui vont maintenant être indiqués en détail. La confusion dans les termes est l'indice certain de la confusion des idées. La langue française n'a pas de synonymes. Chaque idée a un mot propre qui l'exprime ; et cela est surtout rigoureusement vrai dans le langage scientifique. Quiconque n'en est point convaincu ne deviendra jamais un écrivain ni clair ni concis, pas plus qu'un savant précis et rigoureux. On peut, je crois, se défier à bon droit de la rectitude d'esprit de celui qui déclare n'accorder, dans le style scientifique, aucune importance aux mots. « Toute science physique, a dit Lavoisier, est formée de trois choses : les faits qui constituent la science, les idées qui les rappellent, les mots qui les expriment. Le mot doit faire naître l'idée, l'idée peindre le fait. » Sur ces bases solides de toute nomenclature, il faut s'en rapporter au génie de Lavoisier. Examinons donc l'idée qui naît du mot de zootechnie, et voyons si cette idée peint le fait plus exactement que celle qu'elle a remplacée. C'est ce que nous apprendra l'analyse du problème de la production du bétail, qui est précisément l'objet de la zootechnie.

Problème de la production du bétail.—La zootechnie, avons-nous dit en commençant, est l'ensemble des lois scientifiques qui régissent la production du bétail. Cette proposition, qui formule la définition grammaticale du mot, ne peut donner que l'idée générale de la chose que ce mot représente. Pour pénétrer plus avant dans la connaissance du but assigné aux études zootechniques et des voies à suivre pour atteindre ce but, il est indispensable d'envisager en détail chacune des données du problème.

La première qui se présente, dans l'ordre logique, est précisément celle du but. La production du bétail est une industrie. Ceci a l'air maintenant d'une de ces vérités tellement *vraies*, qu'il n'est point nécessaire de les énoncer. Mais si l'on veut bien se reporter à quelques années en arrière et consulter les écrits consacrés à l'art de produire les animaux domestiques,

on y constatera sans aucune difficulté l'absence de toute préoccupation de la nature de celles qui dominent les questions
industrielles. Tout au plus y verra-t-on la notion un peu vague
des services divers que la société attend de ces animaux. Ce
n'est qu'un assemblage plus ou moins méthodique de considérations sur l'art d'améliorer les bêtes, en vue de leur produit
brut. Sans doute, on y rencontre en passant quelques appréciations de sentiment, sur le bénéfice probable que peut procurer telle opération de préférence à telle autre ; mais aucune de
ces appréciations n'y est rattachée à sa loi. Ce sont des impressions, non des démonstrations scientifiques. Et au demeurant, le point capital de la question, lorsqu'il n'est pas tout à
fait absent, est tenu pour fort accessoire. C'est encore cela que
l'on peut constater dans les traités spéciaux les plus récents.
La production du bétail y est envisagée au seul point de vue
de l'art, non comme une industrie ; du moins est-il permis de
l'induire du peu de cas que l'on y fait de l'économie industrielle.

Le problème de la production du bétail est donc avant
tout un problème industriel. Or, quelle est la condition première des entreprises de ce genre ? C'est qu'elles aient pour
résultat un bénéfice, par la création d'une valeur supérieure à
la somme des valeurs employées pour obtenir celle-là. Sans
cette condition, on peut bien faire de l'art, on peut faire des
choses belles au point de vue de l'esthétique, de la philanthropie, du dévouement : on ne fait plus de l'industrie. Le résultat
industriel, le bénéfice, découle de l'exacte appropriation de la
chose produite aux circonstances qui en déterminent la valeur ;
c'est la mesure du rapport qui existe entre cette chose et son
utilité économique. La nécessité fondamentale de la zootechnie
est par conséquent l'étude des conditions économiques de la
production du bétail, parce qu'elle en marque le but, et parce
que la logique commande d'envisager d'abord ce but et de le
bien préciser, avant de s'occuper des moyens d'y parvenir.
Dans le problème qui nous occupe, les considérations écono-

miques priment donc les considérations physiologiques. Celles-ci ne sont propres qu'à fournir les méthodes de fabrication les plus propres à conduire au but. Une des données du problème est constituée par ces méthodes, mais ce n'est ni la première, ni la principale.

Et c'est précisément la notion impérieuse, dominante, de la donnée économique dans le problème de la production du bétail, qui est le caractère le plus saillant de la doctrine zootechnique; cette notion la distingue surtout des conceptions qui l'ont précédée et au nom desquelles on prétend la combattre en usurpant son nom, maintenant généralement adopté. Les questions physiologiques élucidées par les études de zootechnie sont à coup sûr fort importantes; elles dérivent de la méthode scientifique comme la doctrine, mais ne dépendent point de celle-ci, qui n'est du reste pas du tout comprise par ceux qui nient son origine récente. Voici, pour preuve, comment l'un d'eux en posait encore récemment l'objet, en essayant de la faire remonter au delà de sa date véritable :

« La zootechnie, ou plutôt les questions zootechniques, disait-il, doivent être envisagées sous trois faces, ou si l'on veut, à trois points de vue différents :

« Il faut *d'abord* déduire, autant que possible, de l'organisation anatomique et des dispositions physiologiques des animaux, les changements qu'on veut leur imprimer pour les améliorer;

« Il faut *ensuite* étudier les moyens d'amélioration, distinguer les améliorations qui doivent être produites par l'action des agents hygiéniques, de celles qu'on peut obtenir par la génération, par les appareillements et les croisements;

« Il faut *enfin faire en sorte que ces diverses opérations soient lucratives*, étudier les rapports qui doivent exister entre la production des matières animales et la culture des terres; il faut, en un mot, subordonner la zootechnie à l'économie rurale [1]. »

1. J.-H. Magne, *Recueil de médecine vétérinaire*, 1863, IVe série, t. X, p. 41.

Je n'examinerai pas jusqu'à quel point l'auteur de ces propo-
tions a mis la dernière en pratique, — ce qui serait pourtant le
meilleur moyen de s'assurer de la question de savoir si elle
présente à son esprit quelque chose de bien net et de bien déterminé. — Nous aurons dans la suite de ce livre l'occasion de
nous fixer à cet égard. Pour l'instant, il suffit de faire remarquer l'ordre dans lequel, d'après lui, se trouvent les trois
points de vue auxquels il faut successivement se placer pour
étudier les questions zootechniques. On voit qu'il met à la fin
et comme une chose non absolument indispensable, comme un
résultat qu'il faut seulement « faire en sorte » d'obtenir, ce que
nous mettons, nous autres, au commencement, à titre de nécessité impérieuse ; — en admettant même, par pure hypothèse,
que sa subordination de la zootechnie à l'économie rurale soit
la même chose que la domination reconnue par nous des conditions économiques dans le problème de la production du bétail. « Étudier les rapports qui doivent exister entre la production des matières animales et la culture des terres, » peut bien
conduire à subordonner cette production à celle des plantes. Et
j'ai déjà dit que la mise en lumière de cette subordination nécessaire marque une phase dans les origines historiques de la
zootechnie. Mais c'est par un défaut de précision dans les termes,
par un abus de mot trop commun, qu'on en conclut que l'étude
dont il s'agit subordonne la zootechnie à l'économie rurale.
Cette dernière expression, dans l'esprit de l'auteur, est évidemment synonyme ici de celle d'agriculture. Et il est non
moins évident, pour quiconque est au courant des phénomènes
complexes de la véritable économie rurale, que, dans une exploitation agricole, la production animale peut être en rapport
avec la culture des terres, sans être pour cela « lucrative ». Il
suffit que les produits, d'une fabrication facile et parfaite d'ailleurs, ne trouvent pas de débouchés avantageux.

Car, en vérité, c'est cette condition du débouché qui doit
être placée en tête des considérations économiques, lesquelles

dominent, encore un coup, toutes les questions zootechniques, à la manière des autres problèmes industriels, de quelque nature qu'ils soient.

L'objet de la zootechnie est donc, en définitive, d'étudier d'abord les conditions économiques de la production animale, en considérant : premièrement, les ressources que les circonstances de temps et de lieu peuvent offrir pour l'écoulement des produits ; secondement, les ressources dont on peut disposer en matières premières ou aliments indispensables pour la production. De là découle la détermination du genre de l'entreprise zootechnique. C'est ce que les économistes appellent l'étude de la situation. Après cela viennent les méthodes et les procédés de production de la matière animale, dont les principes scientifiques, toujours vrais d'une façon absolue ou lorsqu'on les considère en thèse générale, doivent cependant fléchir souvent sous l'empire des lois économiques.

Avant la création de la zootechnie, les auteurs qui s'occupaient de la question du bétail bornaient leurs préceptes à ce qui concerne ces méthodes ou ces procédés envisagés de cette façon plus ou moins absolue. La doctrine nouvelle a ouvert à la science des voies plus larges et plus précises à la fois. Je serais, par esprit de corps, enclin à désirer que l'honneur en revînt aux vétérinaires, conformément à des prétentions explicitement formulées. Mais il ne dépend pas de moi que cela soit ainsi. L'amour de la vérité et l'esprit de justice, — qui sont une seule et même chose, — s'opposent à mon acquiescement.

Nous allons maintenant étudier dans leur ordre les principes qui remplissent l'objet de la zootechnie et tâcher de justifier par là nos dires plus amplement.

CHAPITRE II

Situation économique. — Nous n'avons pas à discourir longuement sur ce que les économistes appellent la situation économique, lorsqu'ils ont à s'occuper des conditions d'une production quelconque. Il faut nécessairement supposer cela connu, qui est du ressort de l'économie manufacturière ou de l'économie rurale, en général. On ne fait pas ici un traité sur la science économique. Je rappellerai toutefois qu'il s'agit de l'ensemble des circonstances de toute nature qui donnent aux produits leur *valeur échangeable*, par les besoins qu'elles en font naître et par les facilités qu'elles créent pour leur écoulement. La densité de la population, la fertilité du sol, l'activité de la production générale, la distance des grands centres de consommation et l'état des moyens de transport, la sécurité qu'offrent les institutions pour l'ordre et la liberté des transactions, etc., etc., tout cela constitue la situation économique, qui se résume en un mot : le débouché.

La production animale obéit à la loi de toutes les productions. Nous ne pouvons la considérer ici qu'en vue de son utilité; non pas de cette utilité de fantaisie basée sur l'idéal, mais de celle plus certaine qui se mesure par le prix qu'on y met. Ici, d'ailleurs, les deux modes se confondent, fort heureusement, dans la plupart des cas. Mais, quoi qu'il en soit, ce serait abandonner au pur hasard les entreprises zootechniques, que de ne leur point donner pour première base l'examen de la situation économique et la constatation des débouchés. Il ne s'agit pas, avant tout, ainsi qu'on le répète trop souvent, d'assurer la défense du territoire national avec nos chevaux, de fournir de la viande aux populations ouvrières avec nos bœufs et nos moutons. Ce sont là de pures déclamations, dont le moindre défaut est de ne point aboutir. Il convient de viser d'abord à l'augmentation de la fortune publique par l'accroissement de la valeur de notre bétail, en le produisant dans les meilleures conditions possibles. Cette nécessité satisfaite, la réalisation des autres en découle naturellement. Et elle ne peut l'être que par la combinaison économique du prix de vente et du prix de revient, ayant pour base la comptabilité. Cette notion, simple dans son exposé, mais complexe dans ses moyens, embrasse toute la question zootechnique et doit la primer, ainsi que nous l'avons déjà dit. Et dans ses rapports avec la production du bétail elle se complique encore davantage, en raison des fonctions multiples que remplit celui-ci dans l'exploitation agricole, non-seulement en sa qualité de valeur échangeable, mais encore à titre d'agent direct ou indirect de production. De là l'indispensable obligation, pour se mettre en mesure de résoudre les problèmes de la zootechnie conformément à la loi première de toutes les entreprises industrielles, d'examiner d'abord le rapport de chacune des fonctions économiques du bétail avec la situation dans laquelle il y a lieu d'opérer.

Cette considération, par sa généralité même, est, répétons-le,

le point capital de la zootechnie. On n'en trouve que des traces
fugitives et nullement doctrinales dans les travaux qui ont
précédé l'école actuelle. Nos devanciers n'ont eu et n'ont encore qu'une idée bien imparfaite de son importance, et ils ne
paraissent même pas comprendre le langage nécessaire pour la
formuler. Ils s'étonnent, par exemple, que l'on puisse qualifier
de fonctions économiques les services des animaux domestiques dans l'économie générale des sociétés civilisées. Rompus
à la doctrine des vieilles traditions empiriques, ils demeurent
attardés sur le chemin de la science et ne tiennent aucun
compte des conquêtes nouvelles de l'analyse des faits. Ils ne
peuvent arriver à saisir que, dans le mécanisme de ces sociétés,
il n'y a pour l'économiste que des quantités fonctionnelles,
absolument comme il en est pour le mathématicien dans les
rapports des nombres, et que l'ordre harmonieux de l'ensemble
résulte précisément du libre et complet fonctionnement de
toutes ces quantités ; que, par conséquent, on ne peut trouver
la loi du rapport qui les régit, qu'en les réduisant toutes à des
valeurs de même ordre, non personnelles, mais bien économiques. Je n'ai pas à enseigner ici les éléments de la science des
Smith et des Jean-Baptiste Say, pour réfuter les contestations
relatives au langage dont la nouvelle doctrine zootechnique a
rendu l'introduction nécessaire. L'adoption s'en trouvera du
reste justifiée en passant en revue, comme nous allons maintenant le faire, les diverses fonctions économiques du bétail par
rapport à la situation dont les éléments principaux viennent
d'être indiqués. En outre, cela nous permettra de serrer de
plus près ce qui est relatif à cette situation économique même,
à propos de chaque cas moins général.

Fonctions économiques du bétail. — Les animaux domestiques ont des aptitudes naturelles diverses, dont nous tirons
parti pour la satisfaction de nos besoins. Chacune de ces aptitudes, que la zootechnie a précisément pour objet de porter au plus

haut degré de développement possible, en vue d'une exploitation plus complète, correspond à un genre particulier de service. C'est ce genre de service qui, dans le langage de la science, est la fonction économique. Ce qui est, en considérant l'animal en lui-même et au seul point de vue de sa propre conservation et de celle de son espèce, une fonction physiologique, devient fonction économique par cela seul que les produits e sont utilisés au bénéfice de la société humaine. La force musculaire qui se traduit en mouvement ou travail; la chair ou la viande, la graisse, le lait, etc., qui fournissent des aliments pour notre nourriture; les poils, la laine, etc., etc., employés à nous vêtir et aux usages de l'économie domestique, et bien d'autres produits animaux qu'il n'est point nécessaire d'énumérer : tout cela remplit dans l'économie publique autant de fonctions dont l'importance et l'utilité se mesurent à l'usage général qui en est fait.

Une des premières applications de la doctrine zootechnique à l'examen du problème de la production du bétail, évidemment inspirée par cette notion des fonctions économiques, fut une conception théorique qui n'est point encore bien comprise, ce semble, mais qui n'en est pas moins marquée au coin du véritable esprit scientifique. Considérant les activités physiologiques du bétail comme autant d'agents de production, Bandement se demanda, après M. Milne-Edwards, si ces activités ne seraient point soumises, elles aussi, à la loi féconde de la division du travail. Vue des hauteurs de la science économique, la question ne pouvait être résolue que par l'affirmative. Il est certain qu'en un mécanisme productif, le service effectif est d'autant plus intense qu'il est spécialisé davantage. Une autre loi, de l'ordre des sciences naturelles celle-là, la loi dite de balancement organique, dont nous aurons plus tard à nous occuper, fournit la preuve que la conception était non-seulement juste au point de vue économique, mais encore pratiquement réalisable. De là naquit la théorie de la « *spéciali-*

sation » des fonctions économiques du bétail, combattue par les uns, revendiquée par les autres, sans que ni les uns ni les autres s'en fassent assurément une juste idée.

Tous, en effet, qu'ils la combattent ou qu'ils la revendiquent, prouvent par leurs arguments mêmes que le sens complet de la spécialisation leur a échappé. Ceux qui la repoussent s'évertuent à prêcher exclusivement l'une de ses principales applications. Ceux qui prétendent l'avoir conçue ne s'aperçoivent pas qu'ils ont seulement, ainsi que tout le monde, observé et constaté l'un des faits sur lesquels elle s'appuie; et de plus ils ne prennent pas garde que s'ils ont constaté ce fait, c'est précisément pour assigner à la zootechnie un tout autre but.

Ces illusions sont bien pardonnables assurément, la théorie dont il s'agit n'ayant jamais été assez clairement et assez complétement formulée par son auteur ailleurs que dans un enseignement oral. Elle est de celles, en outre, qui exigent, pour être saisies sur leur simple énoncé, une préparation et des méditations antérieures relatives à la science dont elles sont une application. Or, la science économique ne fait point encore partie de l'éducation publique. On s'en aperçoit bien en lisant ce qui s'écrit particulièrement sur la question du bétail, au sujet de laquelle la compétence de l'éleveur, du simple amateur ou même du maquignon, passe trop facilement pour suffisante. Il faudrait pourtant qu'on en arrivât à se persuader qu'en des matières aussi graves, où la science de l'économiste et celle du physiologiste, jointes aux qualités de l'observateur longuement exercées sur un grand nombre de faits, ne sont pas de trop, la prudence commande de ne se point prononcer légèrement, et que les maîtres de la science, lorsqu'ils affirment, ont bien quelque droit à ce que leur parole soit prise en considération. Non point que je veuille dire qu'il faille s'incliner devant leurs oracles. Assurément non. Nul ne peut prétendre à convaincre sans démonstration. J'entends seulement par là qu'il convient, avant de contester, de s'enquérir suffisamment.

Pour ce qui est de la théorie à l'occasion de laquelle ces réflexions sont faites, lorsqu'on l'étudie avec compétence et avec la seule intention de s'éclairer sur sa valeur et son fondement, on ne tarde point à s'apercevoir qu'elle est la conception la plus complète et la plus juste qui ait jamais été formulée à titre de but assigné aux progrès de la zootechnie. C'est seulement à ce titre que, dans la pensée de son auteur, le point de doctrine relatif à la spécialisation des fonctions, en économie de bétail, a été préconisé et défendu. C'est vers là, à son avis, que doit être dirigée la tendance au perfectionnement. Mais il n'a jamais entendu, certainement, qu'il fût permis d'y arriver au mépris des harmonies économiques ; en d'autres termes, en négligeant de tenir compte des nécessités actuelles de la production. Un abus d'interprétation ou l'insuffisance des informations ont pu seuls, à cet égard, faire prendre le change.

Et sur ces divers points je partage complètement l'opinion de Baudement, que je suis heureux de pouvoir fixer ici d'une manière exacte. Elle est un des plus solides, parmi ses titres scientifiques. Ce que nous avons de mieux à faire, nous qui voulons étudier les principes généraux de la zootechnie et les formuler, c'est de nous en inspirer et de ne la jamais perdre de vue.

Il est certain que pour arriver au rendement le plus élevé (qu'on me permette cette expression usitée en économie industrielle), les fonctions doivent être autant que possible spécialisées. Mais il ne l'est pas moins, que les aptitudes dont elles dépendent sont elles-mêmes subordonnées à des conditions que la zootechnie subit, parce que ces conditions appartiennent tout à la fois à la situation agricole, climatérique ou culturale, et à la situation économique.

Quoi qu'il en soit de ces fonctions, variables pour les espèces ou les races, dont nous venons d'indiquer la spécialisation comme désirable, il en est une autre qui est constante et commune à toutes les espèces aussi bien qu'à toutes les races. Au point de vue de l'économie rurale, elle est la plus importante, car sans elle la production végétale ne saurait dépasser des limites fort restreintes et peu en rapport avec les exigences d'une population croissante. Je veux parler de la production des matières fertilisantes ou des engrais. C'est grâce aux résidus laissés par les excrétions animales que la fertilité du sol peut être entretenue au moins, sinon accrue. Pour l'économie rurale, les animaux composant le bétail sont avant tout des consommateurs de fourrages et des producteurs d'engrais. De telle sorte qu'indépendamment des considérations précédentes et en les envisageant sous cette double qualité, ce qui simplifie l'énoncé du problème que leur exploitation pose, on peut dire que leur faculté de producteurs est d'autant plus avantageuse que celle de consommateurs l'est davantage ; et, sous une autre forme, que le prix de revient des engrais qu'ils produisent est d'autant plus bas qu'ils font ressortir à un taux plus élevé le prix de vente des fourrages qu'ils consomment.

Ce n'est pas ici le lieu d'insister sur cette notion d'économie rurale. Il suffit à notre objet d'indiquer l'importance de la fonction économique dont il s'agit, afin de n'avoir plus à y revenir au sujet de chacune des espèces que nous allons maintenant passer en revue. Cette fonction varie en intensité, parce qu'elle est en rapport direct avec la nourriture consommée, le mode de consommation et le genre de service ; mais elle est, répétons-le, permanente et indispensable à l'exploitation agricole, au même titre que le travail, la force ou la puissance productrice du sol résultant de la somme de travail et d'engrais qui lui est pour ainsi dire incorporée.

Cela posé, voyons le rapport qui existe entre la situation économique et les fonctions de chaque espèce en particulier. Nous savons que le bétail en comprend quatre principales, auxquelles se rattachent d'autres espèces du même genre ou de genres voisins, moins importantes par leur nombre et par leurs services. Nous considérerons d'abord l'espèce chevaline, dont

les fonctions sont aussi celles de l'espèce asine et de leur
hybride, le mulet; puis l'espèce bovine; puis l'espèce ovine,
dont la caprine se rapproche par quelques côtés; enfin l'espèce
porcine.

ESPÈCE CHEVALINE. — La fonction du cheval est au fond unique,
mais elle s'exerce en divers modes. Jusqu'à ce que le préjugé
qui fait repousser ce qu'on appelle l'hippophagie soit vaincu,
l'espèce chevaline ne sera utilisée, dans la société, qu'en raison
de sa force mécanique ou de son travail. Dans l'ensemble de
nos activités, le cheval est un moteur. Et, à ce titre, il a pris une
part si considérable dans les conquêtes de l'homme sur l'espace
et sur le temps, que sa propre histoire se mêle étroitement à
celle de la civilisation. Il n'y a point lieu de s'étonner qu'il ait
été si souvent chanté par les poëtes. Le cheval est à coup sûr le
plus puissant instrument de progrès, l'auxiliaire le plus efficace
dont l'humanité ait pu se servir dans l'accomplissement de son
œuvre d'expansion. L'homme n'a véritablement conquis l'espace
qu'à dater de l'instant où le cheval a mis à son service la vélo-
cité de ses jambes, en se ralliant à lui. On se laisserait volontiers entraîner à esquisser les titres du cheval à notre reconnaissance; mais c'est là une de ces vérités tellement évidentes,
gravées qu'elles sont sur toutes les pages de l'histoire, aussi
bien qu'attestées par tous les faits qui nous entourent, qu'il est
permis de considérer ce soin comme tout à fait superflu.

A quelque point de vue qu'on les envisage, l'espèce chevaline et ses analogues doivent donc être considérées comme
fournissant à la société des forces motrices. Elles produisent
du travail, dans le sens mécanique de ce mot. C'est là leur
fonction économique. Pour apprécier le rapport de cette fonction avec la situation, ou les conditions dans lesquelles l'économie publique l'utilise, il est indispensable de considérer
d'abord les besoins de la consommation, qui fournissent à la
production ce qu'on appelle le débouché.

En thèse générale, et en raison même de l'importance capitale que nous avons reconnue tout à l'heure à la fonction, le débouché ne manque jamais absolument dans la situation. Et c'est pour cela qu'on a songé, avec quelque apparence de raison, et en supposant que la production chevaline pouvait être entreprise sans aucun souci de la situation climatérique ou agricole, à l'implanter partout. Mais une analyse plus approfondie de la question montre bientôt qu'elle est autrement complexe, et que, entre autres choses, pour une aptitude fourragère déterminée du sol, l'espèce chevaline ne fournit pas toujours nécessairement les consommateurs les plus avantageux. La question se complique de beaucoup d'autres éléments, dont la division du travail, dans la production, est un des principaux. Et c'est ici qu'intervient, comme donnée essentielle du problème, la distinction des aptitudes de l'espèce pour les divers modes suivant lesquels son travail est utilisé. L'art peut fournir les moyens de corriger l'influence de la puissance fourragère naturelle du sol, et d'implanter artificiellement des individus dont les aptitudes ne sont pas celles qui résulteraient naturellement du milieu.

Le cheval, par sa taille, par le volume de sa masse et par la vitesse de ses allures, est propre à porter un cavalier ou à traîner un fardeau plus ou moins lourd, et l'on gagne en vitesse, en utilisant sa force motrice, ce que l'on perd en poids. De là, dans son emploi, pour nos besoins économiques, les deux modes génériques de la selle et du trait, celui-ci se divisant en plusieurs espèces, d'après la vitesse même, le genre de véhicule et le poids traîné. Il en résulte, en réalité, quatre fonctions distinctes pour l'espèce chevaline : la *selle*, qui consiste à porter le cavalier à toutes les allures ; l'*attelage* de service ou de luxe, qui consiste à traîner, aux allures vives, un véhicule léger portant un petit nombre de personnes ; le *trait léger*, avec lourd véhicule et forte charge traînés aux allures vives ; enfin le *gros trait*, avec véhicule et charge encore plus lourds, mais lentement traînés. Le cheval d'attelage, dit encore carrossier, et le cheval de trait léger vont habituellement au trot ; le cheval de gros trait ne marche qu'au pas.

Tous les individus de l'espèce se prêtent indifféremment, dans une certaine mesure, à ces divers modes d'emploi de leur force motrice, et l'on observe même qu'ils y sont utilisés. Mais c'est en cela surtout qu'apparaît bien la portée de la loi des fonctions spécialisées, que nous avons essayé précédemment de faire ressortir. Nulle part ailleurs il n'est plus évident que l'intensité du service, de la somme de travail obtenue, est en rapport direct avec l'aptitude naturelle. A chaque fonction de l'espèce chevaline correspond exactement une forme particulière de cette espèce, ce que l'on appelle une conformation. Et de plus, l'observation des faits montre que, dans la répartition séculaire de l'espèce à la surface du sol, une autre loi naturelle est le rapport qui existe toujours entre la forme de l'espèce ou sa conformation et l'aptitude fourragère de ce même sol, résultant de la situation climatérique.

Si donc l'art, ainsi que nous l'avons dit plus haut, peut lutter contre l'influence de cette loi naturelle, la loi économique n'en impose pas moins l'obligation de rechercher avant tout quelles sont les conditions de la lutte et à quel prix le triomphe peut être obtenu. Ici, comme toujours dans les sujets qui nous occupent, cela se résume en une question de comptabilité. Il faut faire le compte des frais de production et celui des ressources offertes par le débouché, ce dont ne s'occupent guère, en vérité, la plupart de ceux qui ont, pendant longtemps, passé pour les plus compétents en matière de production chevaline. Cette donnée du problème ne les a jamais embarrassés. Ils en sont encore, en zootechnie, à la première phase dont nous avons parlé dans le chapitre précédent. Ils envisagent la question exclusivement au point de vue où s'étaient placés les naturalistes purs. Les progrès de la science ne leur ont rien appris.

Grâce à ces progrès, cependant, on commence à mieux com-

prendre les nécessités économiques et physiologiques de l'élevage du cheval. On se montre plus disposé à respecter les enseignements de l'observation, qui établissent que le meilleur
moyen de tirer parti de tous les avantages de la situation économique est de se renfermer avant tout dans les aptitudes
naturelles de la situation climatérique et agricole, de ne rompre
avec les traditions industrielles et les habitudes commerciales
des localités que le moins possible, de suivre les transformations progressives du milieu plutôt que de les précéder. La
production chevaline, abandonnée à sa loi, tend à rentrer dans
les limites qu'elle n'aurait point dû quitter. Chaque centre
d'élevage consacre ses ressources exclusivement au genre de
production auquel il est le plus propre. C'est encore ici le principe de la division du travail qui tend à prévaloir. Il y a toujours avantage à entreprendre ce que l'on fait le mieux et le
plus facilement.

Le système de culture, l'état de la propriété, les habitudes du travail, ont une influence majeure sur le mode de la
production chevaline et sur les bénéfices qu'elle procure.
Aux pays où les pâturages non fauchables dominent, où les
sols d'altitude élevée produisent des plantes fines et substantielles, le cheval de selle exclusivement; aux pays d'herbages,
le cheval de selle et d'attelage à la fois, le cheval dit à deux
fins; aux pays de cultures céréales, aux terres légères, à travail facile, le cheval de trait. Dans ces dernières conditions, la
division de la propriété, autant que le bon état des routes et
le peu de force qu'exigent les travaux de culture, permet d'utiliser de bonne heure les aptitudes du jeune animal et d'en tirer
profit à la décharge de son compte de revient. En même temps
que les risques du capital qu'il représente diminuent en se
divisant par le nombre des mains entre lesquelles il passe avant
d'être livré définitivement au commerce, il remplit à la fois,
pour chacun des possesseurs qui concourent à son élevage, dès
qu'il a quitté son lieu de naissance à l'état de poulain, la double

fonction de bête de travail et de bête de rente ; car en utilisant sa force, celui qui l'entretient bénéficie de son croît. Il s'y joint, ainsi que nous l'avons déjà remarqué, sa qualité de producteur d'engrais. Et ce phénomène économique, que nous retrouverons plus loin dans l'étude de l'espèce bovine à ce même point de vue, étude au sujet de laquelle je crois avoir été le premier, sauf erreur de ma part, à le dégager des coutumes établies, dont la véritable signification semblait avoir échappé jusque-là [1] ; ce phénomène permet de se rendre compte d'un fait curieux.

C'est à lui, sans nul doute, qu'est due la vitalité dont a fait preuve la production du cheval de trait en France, où cette production a été si longtemps l'objet d'une maladroite guerre d'extermination de la part de l'administration des haras. L'industrie mulassière (pour nous servir de l'expression usitée dans le principal pays de production du mulet), cette industrie si lucrative d'une contrée où le bœuf, exclusivement employé aux travaux dans les mêmes conditions, ne laisse pas de place pour les poulains, doit également à ce même phénomène sa vitalité non moins grande, malgré des hostilités encore plus accusées. Les deux productions ont résisté sans peine aux efforts systématiques faits pour les détruire en vue d'un but purement arbitraire, et se sont trouvées plus prospères que jamais au moment où une administration plus éclairée par l'évidence des lois économiques s'est enfin décidée à laisser aux choses leur libre cours normal, dans une certaine mesure du moins, qu deviendra complète, il faut l'espérer.

Pour l'espèce chevaline qui, plus peut-être qu'aucune autre, en raison de son unique fonction économique à modes divers, est sous la dépendance de la situation climatérique et agricole, le rapport entre cette fonction et la situation économique est impérieux. Il n'est pas possible de réaliser une production

---

1. *Livre de la ferme*, t. I, p. 131. Paris, 1862, Victor Masson et fils.

avantageuse en échappant à la loi de la demande, en se plaçant en dehors des habitudes industrielles et commerciales du
lieu dans lequel on agit. Il est permis, sans doute, de songer à
perfectionner les procédés de production, à fabriquer des produits meilleurs que les produits communs. C'est là le but des
enseignements de la zootechnie. Mais c'est à la condition de ne
point sortir du mode de fonction qui est la spécialité de la situation. Les produits les plus demandés, ceux qui rencontrent
le plus de concurrence parmi les acheteurs, par conséquent, seront toujours les plus lucratifs. Et ce sont eux, nécessairement, dont la production courante attire habituellement ces
derniers. La loi de l'offre et de la demande s'applique à cela
comme à tout. On ne va pas dans la plaine de Tarbes, par
exemple, pour acheter des chevaux de trait. Les marchands qui
approvisionnent les grandes administrations parisiennes en
chevaux de ce genre vont aux foires du Perche et de la
Beauce chartraine. Ce n'est pas non plus en Bretagne ni dans
ces dernières localités, mais bien en Normandie ou à Tarbes,
que se rendent ceux qui veulent acheter des chevaux de selle
ou d'attelage pour le service de la cavalerie, des affaires ou
du luxe.

Chercher, en se basant sur des préférences absolues, à implanter une industrie de ce genre qui ne soit pas en rapport
avec la situation générale, ce n'est point se placer dans des
conditions de réussite. C'est négliger le principal élément de
la valeur. On se crée toujours une condition d'infériorité, dans
l'industrie, lorsque, pouvant compter sur la venue de l'acheteur, on se met dans le cas d'être obligé de l'aller chercher.

Et c'est ce cas qui se présente bien plus encore, lorsqu'il
s'agit de produire des chevaux dans un pays plus ou moins
neuf pour cette industrie. Une erreur assez commune, ayant
sa source dans l'inconscience de la loi de la division du travail, dont les bienfaits ont été signalés plus haut pour
l'objet qui nous occupe, est celle qui consiste à croire qu'il se-

rait bon que les localités où les poulains et les jeunes chevaux, nés ailleurs, sont utilisés aux travaux ruraux, les produisissent elles-mêmes. Des hommes qui sont à la tête du progrès agricole dans ces localités ont souvent dirigé dans ce sens les encouragements dont ils disposent. La plupart des intéressés ont résisté, parce qu'ils se sont fort bien aperçus qu'en se donnant la peine de produire eux-mêmes leurs chevaux, ils arrivaient, en fin de compte, à les payer plus cher qu'au marché. Le système des primes et des encouragements inspirés par une fausse notion des conditions normales de la production, n'a jamais pu réussir, là comme partout ailleurs, qu'à susciter une industrie factice et sans racines dans la situation, qui diminue la fortune publique au lieu de l'augmenter. Se suffire à soi-même dans tous les besoins de la consommation locale n'est pas plus la loi des circonscriptions agricoles que celle des nations. La véritable source de la prospérité est dans la rapidité et dans la multiplicité des échanges, parce que chacun alors consacre toutes ses forces à la production des objets que sa situation lui permet de fabriquer le mieux et le plus économiquement. Avec le prix d'un bœuf on achète un cheval, dont la production aurait plus coûté que celle du premier, et l'actif profite de la différence, ce qui vaut mieux pour le bien public et pour la fortune privée que la satisfaction de n'être point « tributaire » de son voisin.

La production chevaline, en définitive, ne peut donc être lucrative qu'à la condition de demeurer en harmonie avec la situation économique; et celle-ci, dans ce cas particulier surtout, est étroitement dépendante de la situation climatérique et agricole. Le fait capital mis en lumière par l'analyse est celui de la division nécessaire en spécialités, dépendant tout à la fois des aptitudes productives des localités et des chances de placement que les besoins de la société ou de la consommation offrent aux produits. Il importe donc, avant tout, d'utiliser ces aptitudes productives dans le sens le plus conforme aux besoins les plus généraux et les plus répandus. Il ne faut pas être doué d'une bien grande dose de perspicacité pour s'apercevoir, par exemple, que les tendances actuelles des conditions économiques ne sont pas précisément favorables à l'extension de la demande des chevaux de selle, par conséquent, que l'industrie de leur production doit songer à restreindre ses limites plutôt qu'à les étendre; que le cheval de selle ayant désormais à remplir plutôt une fonction d'agrément et de luxe qu'un service appréciable en chiffres, sa valeur se fonde plus sur les qualités brillantes que sur les qualités solides, tout en tenant compte des besoins de la remonte de la cavalerie. Celle-ci, toute seule, n'a jamais constitué un consommateur suffisant pour entretenir une industrie sérieuse, les ressources de son budget ne lui permettant pas de lutter contre les ressources du commerce de luxe, dont elle ne peut avoir que les rebuts.

Il en est autrement pour le cheval d'attelage, pour celui de trait léger et pour celui de gros trait. L'activité des affaires, la facilité et la rapidité des communications, à mesure qu'elles s'accroissent et rendent plus multiplié le trafic des personnes et des choses, ne font qu'apporter aux divers modes de la fonction du moteur animé de nouveaux aliments et accroître ainsi sa valeur. On ne peut donc manquer de trouver, dans la situation économique générale, des conditions favorables à son placement; mais il n'en est pas moins nécessaire d'envisager cette situation au point de vue des conditions locales de débouché plus ou moins prochain, qui découlent naturellement des aptitudes naturelles ou agricoles, ainsi que nous l'avons vu. Il y a toujours danger de fausse spéculation à innover en ce genre, autrement que pour ce qui concerne les procédés de fabrication. Le plus sage est de faire ce que fait le plus grand nombre autour de soi, sauf à le faire mieux.

En tous cas, — et c'est là surtout ce qui doit, relativement à l'espèce chevaline, bien fixer l'attention, — les individus les plus avantageux à produire ou à élever sont toujours ceux qui représentent une marchandise de vente courante et un capital plus fréquemment renouvelé. La division du travail est la loi fondamentale et nécessaire de l'industrie chevaline. Cela résulte à la fois de l'observation directe des faits et de l'analyse de leurs éléments. La production la plus lucrative est celle qui comporte une plus grande division, ainsi que celle du cheval de trait nous en montre la preuve, parce que chacune des opérations y est toujours en rapport exact avec la situation.

ESPÈCE BOVINE. — Nous avons fait pressentir l'importance considérable du rôle économique du cheval dans les sociétés humaines, surtout dans le développement historique de ces sociétés. Celui de l'espèce bovine ne l'est pas moins; mais pour l'apercevoir dans toute sa plénitude, il faut particulièrement considérer ce rôle dans la situation actuelle, à cause de la multiplicité des fonctions de l'espèce dont il s'agit. De tout temps, le bœuf domestique a été, comme le cheval, un moteur, mais un moteur agricole seulement. Son emploi commence à la période de la civilisation où apparaissent les peuples laboureurs. Sa fonction principale a toujours été de fournir des aliments pour la subsistance de l'homme. Et maintenant comme toujours, quelle que soit la variété ou la spécialité des aptitudes de l'espèce, sa fin économique dernière n'en est pas moins l'abattoir. Toutes les bêtes bovines arrivent nécessairement, un peu plus tôt ou un peu plus tard, au sacrifice en vue de la consommation de leur viande.

Telle est donc la fonction essentielle de l'espèce envisagée dans ses rapports avec l'économie générale de la société. Cette fonction est la production directe d'une des matières alimentaires les plus indispensables à la subsistance de l'homme. Il semblerait par conséquent, ce fait une fois constaté, que la question de l'espèce bovine ne dût présenter au zootechniste aucune difficulté économique, et qu'il n'y eût plus qu'à demander aux méthodes zootechniques les moyens de spécialiser l'espèce en cet unique sens. La viande est un objet de première nécessité. La viande de bœuf est la plus succulente, la meilleure de toutes. En divisant le chiffre total de la consommation annuelle par celui de la population, on arrive à un quotient si minime, qu'il en faut bien conclure qu'une très-forte proportion de cette population y demeure encore à peu près complétement, si ce n'est tout à fait étrangère. Il devra donc suffire d'augmenter la production, en perfectionnant l'aptitude de l'espèce, pour qu'il en soit autrement.

Beaucoup de gens, dans la deuxième phase des origines de la zootechnie que nous avons marquée, raisonnaient ainsi. Certains amateurs, en bien plus petit nombre assurément, pour qui les enseignements de la science économique sont comme non avenus, de même que ceux de la science physiologique, à vrai dire, et qui se figurent volontiers que l'on peut tout savoir sans avoir jamais rien appris, raisonnent encore de cette façon aujourd'hui. Ils sautent à pieds joints par-dessus les difficultés intermédiaires et tranchent la solution du problème avec une aisance d'affirmation qui ne laisserait pas d'être plaisante, s'il ne se trouvait un public de benêts pour les prendre au sérieux. Cela ne va point toutefois, fort heureusement, jusqu'à convaincre les producteurs qui interviennent de leurs deniers dans les opérations de ce genre. Ceux-ci n'acceptent les solutions, si audacieusement qu'elles soient lancées, que sous bénéfice d'inventaire. Ils ont grandement le désir, à coup sûr, de contribuer à ce que la viande puisse être consommée en abondance par les populations ouvrières; mais aucune déclamation ne saurait leur faire comprendre qu'il puisse être bon que cela soit à leurs propres dépens. Ils sont industriels avant tout. Ils calculent, et ils font bien. Pour peu qu'ils aient de bon sens, en outre, ils se disent que pour pouvoir manger de la viande, il faut commencer par être en mesure de l'acheter; et s'ils observent, ils s'aperçoivent bien vite que, dans l'état actuel des choses, en fait de viande, ce n'est point tant la production qui fait défaut à la consommation, que le moyen d'arriver à celle-ci, pour la partie de la population qui n'y a point encore atteint. Les hommes auxquels il est quelquefois arrivé de réfléchir sur les questions économiques de cet ordre n'ont pu manquer d'être frappés par l'évidence de cette loi élémentaire, que la production obéit toujours aux besoins réels de la consommation et ne leur commande point. Ce qu'elle peut faire seulement de conforme à la science, c'est de les prévoir et de s'y préparer, de manière à se trouver en mesure d'y satisfaire dès qu'ils se seront manifestés effectivement.

Stipuler en vue d'une consommation certainement fort désirable, mais qui n'est même pas probable, est donc d'abord le renversement de la plus simple et de la plus facilement saisissable des lois économiques. Je sais bien qu'on peut dire que le bon marché du produit en stimule la consommation, et que l'abondance de ce produit conduit au bon marché. Mais ce raisonnement, vrai d'une façon absolue, se prête facilement à ce que Bastiat appelait des sophismes économiques. Et c'est précisément ici le cas. Pour l'appliquer avec justesse, il est nécessaire que le bon marché ne résulte point de l'avilissement de la marchandise, mais bien de la réduction de son prix de revient. Résoudre avec cette désinvolture le problème de la consommation de la viande peut être acceptable au point de vue d'une philanthropie vague et déclamatoire; aux yeux de l'économiste, cela ne soutient pas l'examen. On ne peut admettre que le bien-être des masses soit en opposition avec la fortune publique, qui dépend avant tout de la prospérité de la production. Il ne peut y avoir antagonisme entre les diverses branches de celle-ci. Les consommations de toutes sortes suivent l'accroissement du salaire et du revenu, et le salaire et le revenu s'élèvent à mesure que les productions de tout genre deviennent plus avantageuses. C'est du fonctionnement normal, régulier et dépourvu d'entraves ou de réglementations arbitraires, de ces lois naturelles, que résultent les harmonies économiques, dont la conséquence est le bien-être de tous, dans la mesure du possible et de l'inévitable; dans la mesure de la justice, en un mot. Trancher la question de la viande par un seul de ses côtés, en ne s'occupant que de la production de cette denrée, sans tenir aucun compte de la situation économique, c'est au moins faire preuve d'une grande inattention.

Cette question est autrement complexe qu'elle ne le semble à ceux qui la tranchent ainsi. Occupons-nous de mettre en lumière la vérité; l'erreur tombera d'elle-même devant son éclat. Nous ne nous donnerons pas le tort de prendre au sérieux plus qu'il ne convient des dissertations sans danger réel au demeurant, parce qu'elles sont en réalité sans valeur. Les nécessités imposées par la situation économique comportent l'emploi de toutes les aptitudes de l'espèce bovine et par conséquent l'utilité de plusieurs fonctions autres que celle dont il vient d'être parlé. Pour ne pas s'en écarter, il est indispensable de passer ces fonctions en revue et de déterminer le rapport exact qui existe entre elles et la situation. Cela seul peut indiquer, pour cette espèce ainsi que pour toutes les autres, le sens dans lequel doivent être dirigées les opérations zootechniques qui la concernent. Leur utilité et leur efficacité sont à ce prix.

Outre l'aptitude fondamentale et générale précédemment considérée, deux autres sont utilisées dans l'exploitation de l'espèce qui nous occupe. La situation présente exige que cette espèce fournisse du travail et du lait durant sa vie, avant que d'arriver sous le couteau du boucher. Ces trois termes : travail, lait et viande, résument donc ses fonctions économiques, envisagées dans l'ensemble. Le cours naturel des choses, entraîné précisément par la domination des circonstances économiques, sur laquelle nous avons insisté, a, dans une certaine mesure, spécialisé quelques-unes des aptitudes de l'espèce bovine, ainsi que nous le verrons ultérieurement, surtout pour la faculté laitière; mais cela est exceptionnel; ce qui s'observe le plus communément, c'est la succession des trois fonctions, dans l'espèce embrassant les deux sexes. On ne peut concevoir, ai-je dit ailleurs [1], une exagération simultanée de toutes les aptitudes et, par là, de toutes les fonctions économiques. Je ne saurais mieux faire, du reste, que de reprendre ici, pour ce qui concerne l'espèce bovine et l'espèce ovine, les considérations relatives à cette partie de notre sujet, telles que je les avais déjà déduites de mes études antérieures, en imposant seulement au texte quelques corrections dans la forme, et en y ajoutant de nouveaux développements.

Le problème à résoudre, dans le cas qui nous occupe, se pose avec des données plus simples que celles de la simultanéité des aptitudes et de leur développement porté à son plus haut degré. Il s'agit seulement d'apprécier, dans l'ensemble de l'espèce, la triple fonction qui lui est dévolue, et de déterminer le degré d'importance qu'il convient d'accorder à chacune des spécialités fonctionnelles que nous avons tout à l'heure énoncées. Cette notion est capitale pour l'exploitation lucrative de l'espèce bovine. Il n'est pas possible de s'en départir sans abandonner au hasard l'économie du bétail. La production animale ne peut pas être envisagée autrement, dans une exploitation conduite d'après les principes de la science. Il faut, avant tout, savoir ce que l'on veut et ce que l'on fait, afin d'assurer l'harmonie de toutes ses opérations.

Nous avons à déterminer, en nous plaçant à ce point de vue, dans quelle mesure les aptitudes dont il est question peuvent exister, et quelles sont, pour l'espèce bovine, les conditions économiques de la spécialité de fonction. Nul doute qu'en se préoccupant seulement du côté doctrinal ou absolu, cette spécialité ne doive être considérée comme désirable. C'est le but de l'avenir, celui qu'il faut toujours se proposer d'atteindre, et vers lequel le progrès nous conduira infailliblement. Il est

_____

1. *Livre de la ferme*, t. I, p. 628.

bon, par conséquent, de le faire entrevoir, et même d'y planter son drapeau. Mais il importe en même temps de bien reconnaître la voie au bout de laquelle ce but se trouve, et qui seule y peut faire arriver sans accident ni retard. Or, cette voie est celle où se rencontrent les fonctions économiques diverses sur lesquelles nous insistons ici et qui sont inévitables. N'en point tenir compte, c'est, par conséquent, s'exposer à butter au premier pas.

La réalisation du progrès, en ces matières, est inséparable de la satisfaction complète des nécessités économiques résultant de la situation. Ce qui revient à dire, en d'autres termes, que cette réalisation ne peut s'entendre que d'une appropriation exacte de la fonction prédominante aux besoins de cette situation. Cette proposition fondamentale de l'économie industrielle va être appliquée aux trois aptitudes spéciales de l'espèce bovine. On verra qu'elle s'y vérifie d'une manière à rendre impuissante toute contestation.

La fonction la plus immédiate et la plus utilisée de l'espèce bovine, dans la plupart des régions de notre pays, est celle du travail. Les habitudes, et je dirai même les exigences de la culture, dans le plus grand nombre des cas, comportent l'emploi de la force mécanique des bœufs, durant une période plus ou moins longue de leur existence, avant qu'ils puissent fournir leur viande à la consommation. Ce n'est pas ici le lieu de justifier cette nécessité du travail du bœuf, qui ne manquera point d'être niée par les retardataires de l'école du produit brut. Il suffira, j'espère, de poser le fait, qui est, lui, absolument incontestable, sauf à renvoyer, pour sa justification, aux travaux des maîtres de l'économie rurale et notamment à ceux de M. E. Lecouteux [1]. Le savant économiste, qui peut bien passer aussi pour un agriculteur consommé, dit et prouve que

1. *Traité des entreprises de grande culture, ou principes généraux d'économie rurale*, t. I, p. 379 et suiv. Paris, Librairie agricole, 1861, 2ᵉ édition.

3.

La question du bœuf de travail est « une véritable question de
système de culture. » Or, sachant que le système de culture
dépend tout à la fois de la situation climatérique et de la situation économique, on en doit conclure que la question du travail
du bœuf appartient à l'économie rurale, non à la zootechnie.
Celle-ci ne peut que constater le fait. Ce serait de sa part une
prétention déplacée de chercher à s'en affranchir, et presque
une ineptie de le négliger dans ses propres combinaisons. De
tous les éléments de la situation, c'est à coup sûr le plus facile à dégager, en thèse générale. On peut dire de lui, selon
la locution vulgaire, qu'il « crève les yeux. »

Cela étant, nous avons seulement à envisager l'emploi du
bœuf au travail dans ses rapports avec la fonction proprement
dite. À ce point de vue, on ne saurait disconvenir que le bénéfice d'un tel emploi soit corrélatif à l'aptitude des animaux
producteurs de force. Le prix de revient du travail se mesure
à la quantité que chacun en peut fournir, eu égard aux dé-
penses d'entretien qu'il occasionne. Le bénéfice s'évalue, en
conséquence, d'après ce même prix de revient. Envisagée dans
ces termes, et d'une façon absolue, la question se résout donc
tout entière dans l'aptitude. Plus celle-ci est développée, plus
le produit est considérable pour une dépense égale ; moins le
prix de revient est élevé nécessairement. D'où il suit que les
bœufs les plus avantageux, dans une exploitation où le travail
est leur fonction exclusive, sont ceux qui présentent au plus
haut degré l'aptitude à cette fonction. Il resterait à examiner
si ce sont là les meilleures conditions pour cette exploitation.
Quant à présent, nous n'avons pas à nous en occuper. Encore une fois, c'est affaire d'économie rurale. Il suffit que
cela soit. L'économiste peut comparer, en pareil cas, le travail des bœufs à celui des chevaux, supputer les avantages
économiques de l'emploi des uns ou des autres. Pour l'instant,
nous faisons de la zootechnie. Il faut s'en tenir à constater que
l'espèce bovine a parfois pour fonction exclusive de produire

de la force, du travail, et qu'en raison de ce fait, elle remplit d'autant mieux son objet qu'elle est apte à en fournir davantage.

A des degrés moindres, avec des nécessités moins exclusives et moins impérieuses, le nombre est grand encore des situations où le travail est pour l'espèce bovine la principale fonction. Ici comme là, tant que subsistent les conditions qui rendent cette fonction nécessaire, il n'est pas possible de songer à l'éluder. S'il est démontré que le progrès soit relatif à son amoindrissement, ce n'est pas en réduisant l'aptitude que ce progrès trouvera sa réalisation ; car il importe, avant tout, que la fonction soit aussi complétement remplie que possible. L'entretien lucratif de l'animal en dépend. La vraie solution consiste, dans ce cas, à diminuer la nécessité du travail. L'aptitude doit être toujours en rapport avec la tâche ; sans cela l'équilibre serait rompu. La première de toutes les conditions économiques est que le bœuf travailleur produise de la force en raison de la nourriture qu'il consomme, parce qu'il y a lieu d'abord de réduire à ses dernières limites la ration d'entretien, qui est improductive. Ce n'est pas le moyen d'arriver à ce résultat que de préférer pour cela des animaux ayant une faible aptitude pour le travail. Le but serait alors manqué doublement, pour ce motif qu'on n'obtient, à coup sûr, pas une production économique de viande avec des bœufs excédés même par une insuffisante quantité de travail. Et ils sont nécessairement excédés, quand on exige d'eux au delà de ce que leur aptitude comporte.

De même en est-il, à d'autres égards, de l'aptitude laitière. L'économie rurale nous apprend que l'exploitation du lait de vache, en nature ou autrement, est le moyen le plus avantageux de tirer parti des fourrages spontanément produits par le sol, dans des circonstances déterminées. Cela entraîne l'obligation de les faire consommer par des individus dont la faculté laitière soit prédominante. L'entretien de ces individus con-

sommateurs est d'autant plus lucratif, nécessairement, que
pour une proportion donnée de nourriture, la somme du produit est plus forte ou sa qualité plus estimée. Il y a lieu, d'a-
près cette considération, de subordonner les autres aptitudes
à celle-là, et de la rechercher toujours, dans ce cas, à son plus
haut degré de développement. Les produits qu'en outre du lait
donne la vache laitière, deviennent accessoires. On ne peut
viser économiquement à les augmenter qu'à la condition de
laisser intacte la fonction principale. Ici comme dans le premier cas, où le travail est la fonction essentielle, il faut d'a-
bord que l'animal remplisse son premier objet, qu'il soit, avant
tout, doué de l'aptitude laitière. Les bénéfices qu'on en attend
dépendent uniquement de cette condition.

Mais si l'énergie et la puissance musculaire, qui font les
meilleurs travailleurs, sont peu favorables au développement
prompt et notable des qualités qui caractérisent l'animal de
l'espèce bovine producteur de viande ; si le bœuf spécialisé pour
le travail s'éloigne beaucoup, quant à ses formes et à ses aptitudes, du bœuf spécialisé pour la boucherie ; l'incompatibilité
n'est pas, à beaucoup près, aussi tranchée entre le type de ce
dernier et celui de la vache laitière. Il est certain que l'exercice
simultané des deux fonctions en vertu desquelles le lait se sé-
crète abondamment et la graisse s'accumule avec les sucs dans
les tissus, ne se conçoit pas facilement. Ces fonctions s'excluent,
à la vérité. On ne voit point de vaches fortes laitières, donnant
un produit journalier abondant, qui soient en même temps
grasses ou seulement en état moyen d'embonpoint. L'activité
des mamelles transforme tout ce qui, dans les matières nutritives absorbées, n'est pas indispensable à l'entretien des autres
organes, et même souvent au delà. La phthisie, si commune
chez les grandes laitières, le prouve suffisamment. Mais il suffit
que cette activité cesse pour que l'inverse ait aussitôt lieu.
D'où il suit que les deux aptitudes peuvent exister chez le même
individu, sans pour cela s'exercer simultanément. Et on l'observe

d'ailleurs assez souvent, dans certaines familles des races bovines les plus remarquablement spécialisées pour la boucherie.

Ce fait physiologique incontestable, sur lequel ce n'est pas le moment d'insister, et qu'il suffit quant à présent de constater, fournit même à l'examen de la fonction économique qui nous occupe un des caractères sur lesquels il entre dans notre objet actuel d'appeler l'attention. En effet, nous nous préoccupons du rapport qui doit exister, pour que les opérations zootechniques soient fructueuses, entre les aptitudes du bétail, d'où résultent leurs fonctions, et la situation économique. Or, il est clair ici que l'aptitude à la production du lait, considérée dans l'ensemble de l'espèce, aura des résultats économiques d'autant plus avantageux que le capital engagé dans son exploitation subira moins de dépérissement et pourra être plus souvent renouvelé. S'il est possible, au lieu d'épuiser la vache laitière jusqu'à la fin de sa carrière naturelle, en exploitant son unique aptitude, d'accroître à un moment donné sa valeur échangeable par un engraissement facile et prompt, de telle sorte qu'avec le produit de sa vente on la puisse remplacer dans sa fonction principale en faisant entrer dans la caisse un bénéfice en argent; nul doute que, s'il en est ainsi, on doive préférer ce mode d'exploitation à l'industrie laitière complétement spécialisée. Eh bien, étant admis que l'aptitude à la production de la viande n'est pas absolument incompatible avec la faculté laitière, — ce que la physiologie, d'accord avec l'expérience, permet parfaitement, — il s'ensuit que les deux fonctions peuvent être combinées de façon à se succéder, à un moment déterminé, chez le même individu. Et, dans cette combinaison, peut intervenir une opération qui la rend encore plus efficace. Je veux parler de la castration, sur les avantages de aquelle j'ai été le premier à fixer l'attention sous ce rapport.

Personne ne conteste que la castration des vaches, rendue inoffensive ou du moins ramenée à des risques de mortalité presque insignifiants par l'invention des procédés de M. Charlier, ait pour effet de faciliter considérablement l'engraissement. Tant qu'on ne l'a envisagée qu'au point de vue de la production du lait, qu'elle augmente réellement en quantité comme en qualité, c'est même là l'objection principale qu'on lui ait opposée. Le fait est donc acquis. Chez la vache neutralisée par la castration, à mesure que la sécrétion baisse, après un temps plus ou moins prolongé de pleine lactation, suivant les individus, l'engraissement fait de rapides progrès, sans augmentation ni changement de la ration. Et c'est dans ce fait, à mon avis, qu'est le plus grand mérite économique et le véritable but de la castration des vaches, quel que soit le moment de son application. Mais je veux prouver en peu de mots que cette application doit être faite surtout au point de vue de la combinaison dont il était question tout à l'heure, et dont le but principal est de conserver au moins intact le capital que représentent les bêtes employées à la production laitière, en faisant disparaître de leur compte la prime d'amortissement.

Il y a dans l'existence du bétail, pour l'économiste, trois phases ou périodes qui correspondent exactement aux âges déterminés par la physiologie. — Et les considérations que nous allons faire valoir s'appliqueront aussi bien aux animaux exclusivement de boucherie et à tous ceux dont l'aptitude et la fonction sont doubles, qu'aux vaches laitières. — Les trois périodes dont il s'agit sont : 1° celle de la jeunesse, durant laquelle l'animal croît et augmente de valeur marchande; 2° celle de l'âge adulte, où il arrive à son développement et à sa plus grande valeur, qu'il conserve pendant un certain temps; 3° enfin celle de la vieillesse et de la décrépitude, dont le commencement s'accompagne bientôt d'une diminution croissante de la valeur. Le propre du capital représenté par chaque individu qui parcourt entièrement sa carrière naturelle est donc de s'accroître d'abord, puis de demeurer stationnaire, enfin de décroître plus ou moins rapidement. C'est ce qui fait que, dans ses inventaires, la comptabilité tient toujours état de ces circonstances et que, dans la balance des produits, elle stipule, pour les individus qui doivent atteindre leur période décroissante et la parcourir, une prime annuelle d'amortissement à défalquer sur le produit net. Or, l'économie rurale doit viser évidemment à réduire le plus possible la nécessité de cette prime, et ne se mettre dans le cas d'être obligée de la stipuler que quand elle ne peut pas faire autrement. Il me paraît que, pour ce qui concerne la production du lait, rien n'est plus facile de s'en affranchir, grâce surtout à la castration. Il suffit pour cela de se mettre en mesure de livrer au boucher, à l'état de vaches grasses, toutes celles qui arrivent à cette période de leur existence où le capital qu'elles représentent décroîtrait. Le prix du bétail gras est toujours supérieur à celui du bétail maigre de même âge, quelle que soit son aptitude. Il y a donc toujours avantage à procéder ainsi pour les vaches laitières. C'est en même temps un moyen certain de réduire la somme des rations d'entretien ; et il n'est pas besoin sans doute de faire remarquer que le nombre total des vaches laitières demeurant au moins le même, et ces vaches devant donner annuellement leur veau, jusqu'au moment où elles seront engraissées, châtrées ou non, l'espèce n'en serait point mise en péril. Du reste, ce ne sont pas habituellement les pays exploiteurs des vaches laitières qui sont les pays producteurs. On observe là, comme pour l'espèce chevaline, une application, pour ainsi dire inconsciente, de la loi de division du travail.

Entrer plus avant dans l'analyse de ce phénomène économique serait quitter le terrain des principes généraux pour pénétrer sur celui des applications particulières, dont nous aurons ultérieurement à nous occuper. Il était nécessaire seulement de montrer de quelle façon les deux fonctions du lait et de la viande se peuvent concilier sans fausser le rapport qui doit toujours exister entre ces fonctions et les exigences de la situation. Voyons maintenant à considérer isolément l'unique fonction de la production de la viande de bœuf.

Nous n'en sommes pas arrivés à rencontrer normalement, dans l'économie rurale de notre pays, cette fonction économique avec le caractère exclusif chez l'espèce bovine. Les bœufs produits et élevés uniquement en vue de la boucherie demeureront longtemps encore, vraisemblablement, une très-minime exception partout ailleurs que dans les Îles Britanniques. Sans entrer dans les développements qui seraient nécessaires pour motiver l'assertion, — ce qui est du ressort de l'économie rurale, — je dirai qu'il n'y a lieu ni de le déplorer ni de s'en réjouir, et qu'il suffit de constater le fait pour le justifier au point de vue de la situation économique, dont nous avons seulement à nous préoccuper ici. Le bœuf exclusivement propre à un engraissement précoce n'est ni dans les conditions de cette situation ni dans les goûts de la consommation. Ceux qui le voudraient faire entrer de prime saut dans l'économie rurale du continent poursuivent donc une pure utopie, contre laquelle le bon sens se révolte et a jusqu'à cette heure réagi victorieusement. Ils négligent de tenir compte des conditions sans lesquelles aucune production animale ne se saurait concevoir, et ils raisonnent absolument comme s'il suffisait, pour résoudre le problème, de substituer aux aptitudes de l'espèce bovine actuelle d'autres aptitudes, par voie de génération. Ce problème, ainsi que je l'ai déjà dit, n'apparaît pas à l'économiste avec ce degré de simplicité. Les fonctions nécessaires doivent être remplies, tant que leur nécessité subsiste; sans quoi la production manque de base, parce que les sources de la consommation se tarissent. L'équilibre est rompu dans la situation économique, sur laquelle on ne peut agir que progressivement et dans le sens indiqué par la logique. Et ce sens, le voici tel que l'analyse peut nous le révéler, pour ce qui concerne l'espèce bovine :

Que la fonction principale soit le travail ou la production laitière, il est permis de se proposer de développer, par l'emploi des méthodes que la zootechnie enseigne, l'aptitude à la

production de la viande, qui est la fin dernière de la vache ou
du bœuf. Là est, en vérité, le problème posé à l'industrie bovine par les nécessités économiques de notre temps. Il faut que
tout en satisfaisant aux conditions de travail imposées par la
culture, nos bœufs acquièrent une aptitude plus prononcée à
la production de la viande. Comment y arriver? Cela ne paraît
pas difficile, du moins en principe, sinon en fait. Les termes
mêmes du problème en impliquent la solution. Mais cette solution dépend d'abord de l'économie rurale, avant d'être du ressort
de la zootechnie. Elle consiste purement et simplement dans le
changement des conditions du travail rural et dans l'adoption
préalable de tous les moyens capables de le rendre plus efficace
et moins pénible pour les animaux. Au nombre de ces moyens,
on peut énumérer en première ligne le bon entretien des chemins ruraux; le perfectionnement des instruments aratoires et
des véhicules, en vue de leur faire produire un plus grand effet
utile, tout en nécessitant une force de traction moindre; l'amélioration des modes d'attelage, dans le but d'utiliser sans perte
toute la force des animaux, et par conséquent de l'économiser;
enfin les progrès de la culture, produisant des fourrages en
quantité suffisante pour permettre d'augmenter le cheptel
vivant. A des nécessités moindres peuvent dès lors suffire des
aptitudes moindres ou plus nombreuses, et celles qui leur sont
opposées se développent conséquemment en proportion inverse.

Ceci n'est pas une chimère ou une simple hypothèse. Le phénomène peut être tous les jours observé. A mesure des modifications qui se produisent dans les conditions ci-dessus énoncées, et qui constituent ce qu'on appelle le progrès agricole,
l'espèce bovine devient partout plus apte pour la boucherie;
elle s'améliore en ce sens, pour ainsi dire, spontanément. Il
n'est nullement douteux qu'on en exige moins de travail, à mesure que la culture progresse. Les aptitudes étant corrélatives
aux fonctions économiques, l'espèce bovine nous donne plus de

viande, pour cet unique motif qu'elle dépense moins de force mécanique.

La conclusion à tirer de toutes les considérations sur cette espèce, que nous avons précédemment exposées, c'est que les réformes, dans l'économie rurale, entraînent les modifications d'aptitude, et doivent logiquement les devancer. La plus impérieuse des lois de cette économie est celle d'après laquelle la spécialité de service ou de fonction veut être toujours intégralement remplie. Avant d'entreprendre de modifier l'aptitude, il faut donc, d'abord, s'attaquer à la situation. Les nécessités de celle-ci, l'on ne saurait trop le répéter, règnent en souveraines absolues sur toutes les théories zootechniques, ainsi que nous allons le constater encore plus clairement peut-être, pour ce qui concerne l'exploitation du mouton.

Espèce ovine. — Comme le bœuf, le mouton a pour destination dernière, de servir à l'alimentation de l'homme. Sa carrière se termine également à l'abattoir. Sous ce rapport, l'étude économique de son aptitude a donc beaucoup d'analogie avec celle que nous venons de faire. Mais, à son sujet, le problème est un peu moins compliqué. Tandis que l'espèce bovine, en effet, outre sa chair, doit d'abord fournir dans la plupart des cas du travail ou du lait, le mouton n'a qu'une seule fonction à remplir avant d'atteindre le terme de son existence. En général sa toison est seule utilisée. C'est tout à fait exceptionnellement que le lait des brebis sert, dans certaines localités, à la fabrication des fromages. Ce service peut être, ici, sans inconvénient, négligé.

Mais, pour être unique, la fonction économique de la production des laines n'en est pas moins d'une importance sociale considérable. On ne prévoit point le moment où cette fonction pourra devenir accessoire, en la considérant dans ses rapports avec l'ensemble de l'espèce. L'usage de la laine, dans les sociétés civilisées, est tout aussi indispensable que celui de la viande. Pour ce qui concerne le mouton en particulier, on comprendrait mieux qu'il fût possible de se passer de l'usage de sa chair que de celui de sa toison.

Les espèces alimentaires sont assez nombreuses parmi les animaux domestiques qui composent notre bétail. Il est admissible que la viande de mouton soit suppléée par celle de l'une d'entre elles, dans la consommation générale, sans qu'il en puisse résulter une trop grande perturbation de l'économie publique. On ne voit point, au contraire, comment l'emploi de la laine pourrait être tout d'un coup remplacé, tant sont essentiels et multipliés les usages auxquels cette matière première est utilisée. Au même titre que la viande, la laine est un objet de première nécessité. L'irréflexion, qui porte à ne saisir jamais qu'un seul côté des choses, peut bien faire négliger cette considération capitale. En restreignant la question à un cas particulier, elle peut ainsi conduire à des conclusions absolues, qui, dans quelque sens qu'elles soient tirées, sont également erronées. L'étude approfondie de cette question la fait voir sous un tout autre jour. S'il était absolument nécessaire d'opter entre les deux fonctions économiques de l'espèce ovine, et de décider sur le point de savoir laquelle des deux il convient de placer en première ligne, à coup sûr la toison devrait obtenir le pas sur la viande. Mais fort heureusement la question ne se pose point en ces termes. L'option n'est pas nécessaire. Et ceux-là se trompent, qui résolvent cette question dans le sens opposé. L'occasion s'est présentée déjà pour moi de soumettre au contrôle de la critique ma manière de l'envisager. Ce que j'ai écrit ailleurs sur ce sujet a reçu des adhésions trop compétentes, pour que je ne me sente pas obligé de le reproduire ici sans y rien changer.

Ainsi qu'elle se présente aux méditations de l'économiste, ai-je dit, l'exploitation du mouton n'est pas plus exclusive au point de vue de la laine qu'à celui de la viande. L'espèce comporte, au même titre, l'une et l'autre destination. Il en est, fait remarquer excellemment M. Lecouteux, de la question ovine comme de toutes les questions agricoles et zootechniques de notre pays : c'est une question complexe où les climats, les sols et les débouchés jouent un rôle qu'on ne saurait trop étudier sous ses faces multiples. La France, ajoute le même auteur, c'est, à tout prendre, par la variété du climat, du terrain, des récoltes, des bestiaux, l'Europe en miniature. C'est dire que chacune des deux aptitudes prédominantes de l'espèce y trouve sa raison économique dans des circonstances données, et qu'il ne serait pas plus raisonnable de proscrire l'une que l'autre. Comme pour le travail du bœuf, c'est une question de système de culture. Ici, la production de la viande doit être, dans une certaine mesure, sacrifiée à celle de la laine ; là, c'est le contraire qui doit avoir lieu ; ailleurs, les deux aptitudes se concilient parfaitement : c'est le cas des situations intermédiaires.

On s'est beaucoup occupé, dans ces derniers temps, du problème de cette conciliation. On a cherché, de divers côtés, à créer le type unique du mouton qui conviendrait également à toutes les situations en réalisant à la fois, dans une mesure suffisante, les deux aptitudes de l'espèce. Plusieurs personnes sont même fortement convaincues qu'elles y ont réussi. C'est une telle préoccupation, expliquée par l'absence de la notion économique complète, qui caractérisait les études sur le bétail avant l'avénement de la zootechnie, que l'on rencontre encore chez quelques esprits attardés du moment présent. Elle a donné lieu à ces croisements multiples entre individus présentant, à leur état de pureté, l'une ou l'autre des deux aptitudes à un haut degré, et dont les produits métis sont offerts comme des types non pas seulement améliorés, mais encore améliorateurs. Le moment n'est pas venu de nous expliquer sur cette prétention. Elle sera discutée plus loin et réduite à sa valeur. Constatons seulement le fait dès à présent, en faisant remarquer.

à notre point de vue actuel, que l'économie rurale de la France
ne comporte point l'adoption d'un type unique de l'espèce
ovine, capable de fournir à la fois de la belle laine en abondance et beaucoup de viande. Il est permis de prévoir sans
doute ce résultat pour un avenir plus ou moins éloigné. Le progrès agricole aura pour conséquence de niveler les situations
et de nous mettre en mesure de pouvoir lutter contre les influences climatériques; mais de telles conditions ne se réalisent
point de prime saut. Elles sont l'œuvre du temps. Elles dépendent de réformes que la zootechnie doit suivre, répétons-
le, et dont elle doit profiter, mais qu'il ne lui appartient pas
de devancer, sous peine de demeurer dans le domaine de la
spéculation pure, où les hommes positifs de la pratique ne sauraient consentir à s'aventurer. Toutefois, il est permis d'affirmer,
dès à présent, l'impuissance des métis à contribuer, pour
quelque part que ce soit, à la transformation, autrement qu'en
leur qualité de produits. C'est ce que nous aurons à démontrer péremptoirement, lorsque nous en serons à l'étude physiologique de la reproduction.

Sous l'influence de ces circonstances progressives, dont il
vient d'être parlé, et dont le mouvement entraîne tout ce qui
dépend de l'exploitation du sol, les fonctions économiques de
l'espèce ovine ont déjà subi de notables changements. La production des laines fines, par exemple, qui est l'apanage des
terres en période pacagère, disparaît devant le progrès, à mesure que celui-ci fait substituer aux pâturages une culture plus
variée. Les races qui fournissent ces laines reculent vers des
régions moins avancées, et font place à d'autres plus propres à
tirer parti d'une nourriture abondante, pour la transformer en
viande, ou bien elles se modifient au détriment de leur aptitude
première et au bénéfice de la nouvelle. C'est ce mouvement
qu'il s'agit de suivre en le secondant, parce qu'il s'accompagne
nécessairement de changements corrélatifs dans les débouchés
des produits. Il s'opère sans secousse, entraînant autour de lui

tout ce qui en dépend. Les substitutions brusques, entreprises avant que les conditions de leur succès soient préparées, mènent infailliblement à des échecs. Les considérations économiques, ici comme pour toutes les espèces animales produites par l'agriculture, dominent impérieusement toutes les opérations.

En considérant la situation, on est conduit à cette observation qu'il y a, dans notre agriculture française, des circonscriptions que nous apellerons des régions à laine, parce que, dans l'exploitation de l'espèce ovine, la toison y est le produit principal. La Beauce, la Champagne, les Ardennes, le Roussillon, etc., par exemple, sont du nombre. Dans ces régions, on ne pourrait point brusquement faire du mouton un animal surtout propre à la production de la viande, sans qu'il en résultât aussitôt un temps d'arrêt fatal pour le revenu du sol et un grand amoindrissement de la richesse publique. La raison en est que l'équilibre n'existerait plus entre la fonction et la situation. Ceux qui rêvent de pareilles révolutions ne voient, répétons-le, qu'un seul côté de la question, et ce n'est pas, à coup sûr, le côté économique. Le progrès, en toutes choses, s'effectue par évolutions, non par révolutions.

Chez le mouton, entre l'aptitude à se couvrir d'une toison formée de laine très-fine et celle à fournir une grande quantité de viande, l'antagonisme est certain. L'alimentation copieuse, nécessaire pour le développement de cette dernière aptitude, grossit normalement le brin de laine, en fournissant à sa sécrétion des matériaux plus abondants. Les progrès de la culture, qui augmentent les ressources alimentaires, doivent donc agir infailliblement sur les deux aptitudes opposées, en diminuant l'une au bénéfice de l'autre. Or, comme ces progrès ne bornent pas seulement leur influence au résultat qui vient d'être dit, mais l'exercent au contraire sur toutes les activités au milieu desquelles ils s'effectuent, les conditions économiques se modifient en suivant des transitions insensibles, parce que l'harmonie ne cesse pas un seul instant d'y exister. Là se trouve la donnée capitale de toute question d'économie politique, dont la notion féconde n'a point encore suffisamment pénétré dans les esprits. A la lumière de cette notion, celle qui nous occupe, par exemple, devient d'une clarté éblouissante, et l'on a peine à comprendre qu'elle puisse faire l'objet de la moindre controverse, de la part des hommes capables de quelque réflexion.

Ainsi, quand on observe en se plaçant au point de vue des harmonies économiques de la situation, il apparaît qu'aux pays à culture intensive appartiennent les races à viande de l'espèce ovine; au système pastoral, les races à laine fine; aux conditions intermédiaires entre ces deux extrêmes, celles qui réunissent, dans une moyenne mesure, les deux aptitudes et peuvent remplir les deux fonctions. Et il est remarquable que les conditions de débouché sont en parfait accord avec cette division. Dans le voisinage et au milieu même des régions où fleurissent les cultures avancées et intermédiaires, se trouvent les grands centres de consommation et les ateliers industriels, qui utilisent la viande et la laine dont la valeur ne pourrait pas supporter de grands frais de transport. Rares ou tout à fait absents, au contraire, sont-ils dans les contrées à système pastoral plus ou moins exclusif. L'activité industrielle entraîne les grandes agglomérations de population et la nécessité de soumettre la terre à un travail plus actif. Elle crée des capitaux et des engrais plus abondants, premier levier de la culture intensive. En son absence, il faut produire des denrées transportables au loin et d'une valeur élevée sous un petit volume. C'est le cas des laines fines, qui sont, d'ailleurs, produites par des animaux propres au parcours, en raison de leur agilité et de leur rusticité.

Ces situations diverses se présentent dans la plupart des États de l'Europe, et particulièrement en France. Elles tendent, il ne faut pas en disconvenir, à se niveler. C'est l'œuvre du progrès. Mais, tant qu'elles existent, il n'est pas permis de négliger leur influence dans l'appréciation de la question qui nous occupe.

L'exploitation de l'espèce ovine doit sans doute être dirigée vers le développement de l'aptitude à la production de la viande. De vastes régions d'outre-mer, l'Australie, le Cap, la Nouvelle-Hollande, sont maintenant consacrées à l'entretien de troupeaux mérinos producteurs de laine fine, et les toisons que ces troupeaux fournissent arrivent en abondance sur les marchés européens. Les négociants se les disputent aux enchères publiques. Sous l'influence de leur concurrence, le prix des laines fines a subi d'abord une baisse considérable. Mais, dans les dernières années, la consommation des étoffes de laine à l'intérieur et leur exportation ont pris tout à coup une telle extension, qu'un très-vif mouvement de hausse s'est produit sous cette influence et s'est depuis maintenu. Il n'est même point déraisonnable de prévoir que le terrain perdu sera regagné sous peu; car l'extension de la consommation, et par conséquent celle de la demande, est conforme à la tendance et à la loi du progrès, tandis que la production des laines exotiques est nécessairement limitée et ne s'accroît pas, en tout cas, dans la même proportion. Pour raisonner justement sur la question, il faut donc tenir compte de ce nouveau phénomène économique; et c'est ce que n'ont point fait ceux qui en ont parlé, depuis même qu'il s'est produit particulièrement au point de vue de l'industrie ovine de la Beauce, où le mérinos domine, comme on sait. En discourant ainsi sur des sujets que l'on n'a qu'imparfaitement étudiés; en prenant pour base de ses dissertations économiques des lieux communs vieillis, ramassés sans contrôle dans des ouvrages où ils ont été déposés alors qu'ils étaient encore vrais, on s'expose à formuler des conclusions fausses. Et c'est ce qui est arrivé.

Quoi qu'il en soit, sous l'influence de la baisse, les producteurs français n'en ont pas moins senti la nécessité de compenser, par l'abondance du produit, la valeur intrinsèque de la marchandise. Depuis lors les races à laine fine, dans notre économie rurale, vont perdant du terrain ; non point qu'elles disparaissent en fait ; mais elles se modifient sur beaucoup de points avec le milieu dans lequel elles vivent, et se mettent en rapport avec la nouvelle situation. Le système pastoral pur se restreint : la culture améliorante l'envahit. C'est un mouvement que la zootechnie doit seconder, mais non devancer au mépris des harmonies économiques, sur lesquelles nous ne saurions revenir trop souvent.

Poser en thèse absolue la nécessité de substituer partout la production exclusive de la viande à celle de la laine n'est donc pas plus sensé que de prétendre pareillement à faire admettre la production des toisons comme la fonction principale du mouton. Il n'est pas possible de ramener à ces termes simples une question qui est, de sa nature, nécessairement complexe. Seuls, les gens insuffisamment éclairés sur ces sujets peuvent dire que le mérinos, le premier de nos producteurs de laine, a fait son temps ; ou bien qu'il doit régner sans partage dans notre économie rurale. L'une et l'autre assertion sont également éloignées de la vérité. Et elle n'en est pas moins loin, la prétention qui vise à le remplacer par un type mixte, réunissant à la fois les deux aptitudes dans de fortes proportions. Les enseignements de l'observation ne justifient en rien de semblables généralisations, et c'est pour cela que la science les repousse. Elles sont de l'ordre purement spéculatif. Les influences géologiques, dont les auteurs de ces conceptions arguent quelquefois, ne souffrent pas qu'on les transgresse ainsi. Le mérinos est par excellence le mouton des terrains calcaires. La carte zootechnique construite par Baudement, rapprochée de la carte géologique de la France, donne la démonstration de ce fait antérieurement énoncé par M. Yvart. Le mérinos ne prospère chez nous que sur ces terrains. Là seulement, en conséquence, la production de la laine d'une cerlaine finesse peut s'allier avec celle de la viande, sous l'influence des progrès de la culture. Partout ailleurs, la toison devient accessoire : le mouton y est avant tout un animal de boucherie.

En résumé, les fonctions économiques de l'espèce ovine sont telles, que cette espèce doit fournir en même temps, dans son ensemble, de la laine et de la viande. Dans quelque situation qu'on l'exploite, elle donne toujours à la consommation ces deux produits. Absolument, il n'est point loisible d'opter. Il en est ici comme de ce qui se rapporte au lait et à la viande, pour l'espèce bovine. Mais la difficulté de la solution économique touche tout à la fois à la qualité et à la quantité proportionnelles de chacune de ces matières premières. L'abondance des fines toisons est incompatible avec les circonstances dans lesquelles ces toisons se produisent. Réciproquement, la grande finesse du brin l'est de même avec l'activité d'assimilation qui caractérise l'aptitude de l'animal de boucherie. Dès qu'il en est ainsi, le choix du praticien, au lieu d'obéir à des considérations générales sans fondement positif dans la situation, doit donc s'inspirer avant tout des conditions particulières au milieu desquelles il lui est donné d'agir. Cela devient une simple affaire de comptabilité. D'elle-même, l'espèce ovine suit le cours normal des choses qui l'entourent. Les races à laine fine perdent de la grande finesse de leurs toisons, à mesure que le poids de ces toisons augmente et que leur conformation les rend plus propres à la production de la viande. Dans cette double modification se trouve une compensation plus qu'équivalente à la diminution de valeur absolue des toisons. Celles-ci, d'ailleurs, trouvent de plus larges débouchés dans les conditions nouvelles des manufactures qui les mettent en œuvre.

Les laines propres au peigne, en effet, les laines dites longues, tendent à se substituer, dans l'industrie des tissus, aux laines courtes, propres à la carde. Et c'est là une de ces harmonies économiques dont nous avons parlé. Le développe-

ment de l'aptitude à l'assimilation plus active de la nourriture
qui caractérise principalement l'animal de boucherie, entraîne
précisément la sécrétion laineuse vers cet allongement du brin,
qui répond aux nouveaux besoins, en lui laissant toutefois les
caractères essentiels résultant de l'aptitude native de la race,
c'est-à-dire les ondulations ou les zigzags. Que le brin de
laine soit grossier, moyen ou relativement fin, il s'allonge,
voilà tout. Les mérinos à double aptitude de M. Noblet et bon
nombre de ceux de la Brie et de la Bourgogne en ont fourni
l'incontestable démonstration. Les laines fines, ainsi modifiées
par les nouvelles conditions culturales et une alimentation
plus riche, n'en conservent pas moins leurs qualités respecti-
ves et leur valeur relative, malgré l'extension prise par l'autre
fonction économique du mouton.

De tout ce qui précède il faut conclure que l'espèce ovine a,
dans notre économie, deux fonctions à remplir, en outre de la
production des matières fertilisantes, commune à l'ensemble
du bétail. Il faut conclure, de plus, que ces deux fonctions
sont, par leur nature même, nécessairement permanentes.
Pour l'espèce bovine, nous avons pu prévoir la cessation ultérieure de l'une des trois qui lui incombent actuellement, de
celle du travail. La science ne peut l'admettre qu'à titre tran-
sitoire, parce qu'elle est radicalement incompatible avec l'idée
de l'espèce spécialisée en vue de sa principale fonction économique.

Il n'en est point ainsi pour l'espèce ovine. Le mouton
sera toujours à la fois exploité pour sa laine et pour sa viande.
Et puisqu'il en est ainsi, puisque, d'un autre côté, nous avons
vu que l'industrie de la laine a, dans notre économie rurale,
des situations de prédilection comme celle de la viande, la solution de la question ovine est facile à indiquer. Elle ne consiste pas à niveler l'espèce au point de vue exclusif de la production de la viande, ainsi que le prétendait l'auteur des *Considérations sur les bêtes à laine au XIXe siècle* et que le préten-

dent encore les partisans quand même des croisements anglais.
Elle ne consiste pas davantage à la conduire au type mixte et
moyen des deux aptitudes réunies, qui n'a jamais pu dépasser,
après trente ans d'efforts, les limites d'une expérience personnelle, et reste encore, comme il demeurera toujours, à l'état
de conception spéculative. La véritable solution économique
est celle qui respecte les exigences des situations avant tout.
Ces exigences ont fait répartir, sur la surface de notre pays,
les races suivant leur aptitude prédominante. Rien ne doit
être changé radicalement à cela. Il faut seulement développer,
chez les races dont la laine est le produit principal, l'aptitude
naturelle à la production de la viande, dans les limites com-
patibles avec le maintien de leur fonction dominante. Pour
toutes les autres, la situation agricole seule peut donner la
mesure dans laquelle il convient de les spécialiser dans le sens
de la boucherie ; mais il n'y a pas d'autre but à se proposer.

La question économique ainsi résolue, il appartient à la zootechnie d'indiquer à son tour les méthodes propres à faire
passer de l'analyse à la synthèse. Nous marquons en ce moment le but. Chacun des moyens de l'atteindre nous sera plus
tard fourni par la science, en son lieu.

ESPÈCE PORCINE. — Nous avons peu de chose à dire ici de
l'espèce porcine, au point de vue de son étude économique.
L'objet de l'exploitation à laquelle cette espèce est soumise est
des plus simples, en raison de l'unité de sa fonction. Il n'en
faut point conclure que la question soit indifférente. Elle présente au contraire au zootechniste et surtout à l'éleveur un
grave côté, qui est celui de l'harmonie du rapport entre la
situation et l'aptitude. Mais en raison précisément de cette
unité de fonction qui la caractérise, il n'y a lieu de se préoccuper que de ses divers modes, lesquels sont eux-mêmes peu
nombreux et découlent uniquement d'une situation toute locale
et facile à apprécier.

Le porc n'ayant à fournir que sa graisse et sa chair, en sa qualité d'espèce exclusivement alimentaire, toute la question est de savoir lequel des deux produits doit prédominer dans son exploitation. En thèse générale, ceci est une affaire de débouché. Et le sujet, il faut le dire, a été trop souvent envisagé d'une manière absolue. On ne s'est pas assez pénétré de cette vérité que le porc est le plus ordinairement, en France, le fournisseur de viande des petits ménages ruraux, qui l'élèvent et l'engraissent principalement avec les débris de leur cuisine, auxquels se joint un libre parcours sur les bordures des chemins ou les pâturages communaux. Pour répondre à cette situation si fréquente, il ne faut point songer à faire prédominer l'aptitude à l'accumulation prompte et facile de la graisse, qui exige une alimentation copieuse et un repos presque absolu. En outre, c'est surtout de la chair que les petits ménages dont nous parlons attendent du porc, pour fournir à leur soupe du dimanche le morceau de lard salé. Il importe moins, dans les cas de ce genre, d'obtenir un engraissement prompt et de la graisse en forte proportion, que d'avoir des animaux qui puissent s'accommoder du régime auquel ils doivent être soumis, et dont leurs possesseurs n'ont pas le choix.

Avant donc de se livrer à la production de l'espèce porcine, pour agir dans les conditions d'une industrie bien entendue, il convient de s'enquérir de la situation des consommateurs en vue desquels il s'agit de travailler. Toute la question est là. Est-ce pour la campagne ou pour la ville? pour les paysans ou pour les charcutiers? Dans ce dernier cas, le problème est fort simple. Il consiste à produire, avec une quantité déterminée de nourriture et dans un temps donné, le plus fort poids vif possible de matière porcine, graisse ou chair, mais graisse surtout, en raison du prix plus élevé de cette substance dans les grands centres de consommation. Il ne reste plus, pour atteindre ce résultat, qu'à choisir dans l'espèce les meilleurs producteurs, c'est-à-dire les meilleurs consommateurs de nourriture appropriée à ce résultat. A la condition que la situation puisse fournir cette nourriture à des conditions de prix de revient convenables, tout est pour le mieux : les exigences économiques sont remplies; l'industrie fonctionne régulièrement. Son succès ne dépend plus que de la conduite des opérations zootechniques proprement dites.

Il serait superflu d'insister. Cela rentre dans la loi générale et fondamentale de l'économie du bétail, d'après laquelle la production est partout et toujours commandée par le débouché.

Et nous sommes conduits, par cette dernière proposition, à conclure sur les considérations exposées dans ce long chapitre. On ne le trouvera point trop long, cependant, si l'on veut bien songer à l'importance des objets auxquels il est consacré. Les théories de la zootechnie, si savantes qu'elles fussent au point de vue de l'histoire naturelle et de la physiologie, ne seraient que de brillantes inutilités, des utopies décevantes le plus souvent, en l'absence d'une subordination constante aux lois économiques de la production. Et c'est ce qu'elles ont été trop longtemps. Il ne faut pas perdre un seul instant de vue l'impérieuse autorité de ces lois, lorsqu'il s'agit d'entreprendre une opération zootechnique quelconque. La logique la plus évidente commandait donc de commencer par les exposer. Elles se résument en une formule qui sera, j'espère, parfaitement comprise, maintenant que nous en avons vu les développements. Cette formule, la voici :

Rechercher toujours, dans les entreprises zootechniques, un rapport constant d'équivalence ou d'équilibre entre la situation économique et les aptitudes qui correspondent aux fonctions économiques du bétail.

Le caractère propre et différentiel de la zootechnie, relativement aux conceptions théoriques qui l'ont précédée, est précisément, ainsi que nous l'avons vu, d'avoir placé cette notion au premier rang de celles qui forment son objet. C'est là son

principe général dominant, qui avait échappé plus ou moins
complétement aux devanciers, pour ainsi dire le phare qui
éclaire tout le reste de sa route. C'est sans doute pour ne
l'avoir point allumé que ces derniers se sont si souvent égarés.

Quant à nous, il ne nous restera plus maintenant qu'à étudier
les méthodes zootechniques au seul point de vue de la science
physiologique positive. Nous saurons désormais dans quel sens
doivent être dirigées leurs applications.

CHAPITRE III

DE LA RACE

Avant d'aborder les principes physiologiques sur lesquels les méthodes et les procédés zootechniques sont basés, il est extrêmement important de fixer d'une manière exacte la valeur et la signification des expressions empruntées à l'histoire naturelle des animaux, dont nous aurons à nous servir fréquemment désormais. La zootechnie n'est pas encore assez solidement constituée, assez universellement acceptée, pour qu'il soit possible de dogmatiser à son sujet et d'en traiter sous la forme didactique. On a déjà vu qu'il faut souvent avoir recours à la discussion pour établir le bien-fondé de ses principes. Et pour ne point s'égarer dans cette discussion, la nécessité première est de bien s'entendre sur les termes. Il n'est pas loisible à chacun de les employer arbitrairement, ainsi qu'on l'a vu faire trop souvent dans les controverses zootechniques. Dans le langage scientifique, je l'ai déjà dit, les mots ont une signification précise, qui doit être la même pour tous ceux qui s'en servent.

Lorsque nous les empruntons à l'une des branches constituées de la science, il ne nous appartient pas de les faire dévier du sens qui leur est accordé. Si nous ne voulons pas tomber dans la confusion, il est indispensable de les accepter avec leur signification propre. A cet égard, il est permis de dire que les auteurs qui ont raisonné sur le bétail ne se sont point, en général, montrés assez scrupuleux, surtout pour ce qui concerne la notion de la race, d'un intérêt capital en zootechnie.

L'expression de *race*, comme celles d'*espèce* et de *genre*, appartient à la nomenclature des classifications de l'histoire naturelle. Il n'y a aucune raison valable pour qu'elle ne conserve pas le sens exact et précis que les naturalistes y doivent attacher. C'est au mépris des règles les plus élémentaires du langage scientifique, et bien certainement à l'encontre et au détriment de la clarté des principes de la zootechnie, qu'on lui ferait subir des altérations par voie d'extension ou de restriction. Il n'est assurément pas un seul mot, dans toute la langue zootechnique, qui ait plus que celui-là donné lieu à des abus et entraîné par là plus de confusions, chacun l'employant au gré de sa fantaisie et sans même se donner la peine de le définir. Il est donc on ne peut plus nécessaire d'établir avant tout ici sa signification propre, c'est-à-dire, suivant l'excellente formule de Lavoisier, l'idée précise à laquelle il correspond.

Définitions. — En histoire naturelle, on appelle *Race* une variété *constante* de l'*espèce*, qui se conserve par la génération.

Pour bien faire comprendre aux personnes étrangères à l'étude approfondie des classifications naturelles la portée complète de cette définition, et la leur rendre tout à fait claire, il est nécessaire d'entrer dans quelques détails, en remontant un peu plus haut. Une définition de l'espèce sera particulièrement utile.

On ne veut pas parler, bien entendu, de la définition géné-

rale, dite philosophique, de l'espèce. Il a été écrit des volumes
entiers sur ce sujet-là ; et il faut bien le dire en passant, la question n'en semble pas beaucoup plus avancée. Les botanistes ne
s'entendent point avec les zoologistes, et réciproquement ; non
plus que les chimistes acquiescent aux dires des uns ou des
autres. C'est là le propre de l'abstraction pure. Mais nous n'a-
vons pas à nous en occuper ; si ce n'est pour faire remarquer,
— parce qu'il y aura lieu par la suite d'en tirer à l'occasion
quelques enseignements, — que l'incertitude des classifications
botaniques, au sujet de la délimitation de l'espèce, entraînerait
à de fréquentes confusions, si l'on n'y prenait garde. Dans les
comparaisons, on s'exposerait assez souvent à tirer argument,
pour l'espèce animale, de ce qui ne peut s'appliquer qu'à la
race, bon nombre de variétés végétales fixes, ou de races, étant
qualifiées d'espèces par les botanistes. Ce dont il ne serait pas
possible de s'apercevoir, si l'on s'en tenait seulement aux mots
usités dans les deux branches de l'histoire naturelle dont il
s'agit, ainsi que cela est arrivé déjà quelquefois à des auteurs
accrédités en matière de bétail, mais insuffisamment informés
sur les questions de science pure.

Il ne peut donc être tenu compte ici que de la définition de
l'espèce en zoologie.

Dire que l'espèce est une réunion d'individus du même
genre, offrant des caractères communs par lesquels ils se
distinguent de tous les autres groupes d'individus appartenant également à ce genre, ce n'est pas dire assez. Il reste
à déterminer exactement les caractères spécifiques. Ceux-
ci ne peuvent être arbitraires. C'est le défaut de détermination
précise qui fait naître à cet égard la confusion et donne prise
à des controverses interminables. Partout où l'imagination intervient, la science perd ses droits. Les caractères spécifiques
ne peuvent être basés sur des nuances, sur des à peu près, susceptibles d'appréciations variables.

Les caractères du genre étant fournis, comme ceux de la

classe et de l'ordre, par des dispositions anatomiques générales ou communes, à mesure qu'on arrive à des démembrements plus détaillés, les distinctions tranchées deviennent plus difficiles. C'est pour ce motif que la plupart des zoologistes se sont arrêtés au choix d'un caractère unique, capable de différencier radicalement l'espèce. Et ce caractère, ils l'ont emprunté à la physiologie de la reproduction. Comme base de la classification naturelle, comme seul caractère spécifique positif, certain, ils ont adopté la fécondité continue, c'est-à-dire la reproduction indéfinie, par voie de génération, d'individus constamment féconds et capables de se féconder entre eux. Ainsi, l'âne et la jument, le chacal et la chienne, peuvent effectuer des accouplements féconds, dont les produits peuvent eux-mêmes, dans certains cas, être fécondés par l'un ou par l'autre de leurs ascendants ; il y en a des exemples assez nombreux ; mais l'accouplement de ces produits entre eux est nécessairement infécond : ce qui en fait des *hybrides*. Et de là il est conclu que l'âne et la jument, le chacal et la chienne, appartiennent à autant d'espèces différentes. Le fait de la fécondité restreinte entre eux établit qu'ils sont réciproquement du même genre. Les descendants de l'âne et de l'ânesse, du cheval et de la jument, du chacal et de sa femelle, du chien et de la chienne, donnent indéfiniment des produits des deux sexes capables d'accouplements féconds. C'est là ce qu'on appelle la fécondité continue, caractéristique de l'espèce, comme la fécondité restreinte est caractéristique du genre.

Les variétés de forme, pourtant bien réelles entre les diverses espèces d'un même genre, dans la plupart des cas, ne suffiraient point pour distinguer sûrement celles-ci, attendu qu'elles peuvent être également fort minimes, sinon même presque nulles en apparence, et n'en pas moins appartenir à des espèces et jusqu'à des genres distincts. Il y a certainement moins de différences anatomiques entre telle race de l'espèce de la chèvre et telle autre race de l'espèce du mouton, qui appartiennent cependant à deux genres distincts, de l'avis unanime des naturalistes, qu'entre un basset à jambes torses et un lévrier, un bouledogue et un braque, qui sont de l'unique espèce canine. Et ceci nous ramène à la définition de l'espèce, indiquée seulement plus haut, d'après les bases que M. Flourens surtout a fait prévaloir.

Pour être utiles et durables, ainsi que nous l'avons dit déjà, les classifications ne peuvent être arbitraires, — ce qui ne signifie pas systématiques, ainsi qu'on le répète trop souvent ; — il faut, au contraire, qu'elles soient systématiques ou réellement naturelles, en d'autres termes, établies sur l'exacte interprétation des faits.

Les idées de spécificité et de non-permanence sont contradictoires. Un fait ne peut être spécifique qu'à la condition de se reproduire toujours avec les mêmes caractères. Ce sont les préoccupations étrangères à la science et relatives à l'origine première des choses, qui obscurcissent ce sujet, en lui-même d'une grande clarté. La notion de l'espèce *(species)* implique la permanence relative, ou elle n'a plus de sens exact. Sans remonter à la création du premier type ou des premiers types de chaque espèce, sur laquelle la science ne possède aucune donnée précise, et sans exercer à cet égard notre imagination, qui s'égare forcément sur des matières encore mystérieuses, il faut nous en tenir à l'observation. Or, il est certain que l'espèce organique ne peut conserver sa valeur de classification qu'à la condition d'être basée sur la fixité dans le genre. Si l'infécondité n'en était la limite, l'espèce n'existerait plus dans la nature, et le genre pas davantage ; il n'y aurait plus que des individus. La classification cesserait d'avoir sa raison d'être.

Je comprendrais, pour ma part, sans l'approuver, qu'on rejetât la notion de l'espèce, comme sans fondement dans la nature. Et c'est à cette conclusion que conduit logiquement l'hypothèse de sa mutabilité, de même que celle de la fécondité continue des hybrides. Mais cette notion étant admise comme nécessaire à l'interprétation des phénomènes naturels, je ne comprends plus qu'elle puisse subsister avec de tels attributs. Si elle existe, elle est fixe. Le caractère de l'hybride est l'infécondité absolue ou la fécondité restreinte, par son retour à l'une des deux espèces qui ont contribué à le former, ou par l'épuisement de sa fécondité directe. Il n'y a pas là de cercle vicieux, ainsi qu'on l'a prétendu. Il y a le seul moyen sûr, positif, de distinguer les espèces, indépendamment de toutes les déterminations arbitraires fondées sur des apparences fugaces ou des idées préconçues. Pas plus l'une que l'autre, les deux opinions en présence sur l'origine des espèces ne concordent avec l'examen scientifique des faits. Elles sont également en dehors et ne doivent pas nous arrêter. Nous constatons ce qui est et ce qui a toujours été depuis qu'on observe la nature. Nous n'avons pas le droit d'aller au delà. Les espèces, depuis lors, se reproduisent constamment et se conservent avec leur caractère propre de fécondité continue. La paléontologie nous apprend que quelques-unes, dans les âges de la terre antérieurs à l'époque actuelle, se sont éteintes. Nous n'en savons pas le motif, de même que nous ignorons ce qui est réservé définitivement à celles qui peuplent actuellement notre globe. Le seul fait qu'il nous soit permis de retenir, c'est que leur puissance d'hérédité, en vertu de laquelle leurs attributs se transmettent par la génération, ne s'affaiblit aucunement.

L'espèce zoologique, ainsi définie, offre des variétés quant à ses formes extérieures. Avec ce caractère fondamental de la fécondité continue, qui seul suffit à la délimiter dans le genre, elle présente des caractères différentiels qui ont surtout de l'importance au point de vue de la zootechnie, auquel nous sommes ici placés. Avant que ce point de vue fût apprécié à toute sa valeur, les naturalistes purs avaient admis le terme de *Variété*, pour désigner chacun des groupes d'individus présentant des caractères extérieurs différentiels dans l'espèce et se reproduisant invariablement avec ces caractères dans leurs conditions naturelles. A ce terme s'est substitué celui de *Race*, avec la même signification. Il est absolument indispensable de conserver à la race cette signification, si l'on ne veut sortir des limites de la science positive pour entrer dans le domaine des classifications imaginaires. Pour être bonnes et utiles, les classifications ne doivent rien présenter d'arbitraire. Il faut absolument qu'elles soient établies sur des bases fixes et inébranlables, autant que nettes et précises. Et ces bases, les lois naturelles seules peuvent les fournir.

Ce n'est pas tant pour la commodité de la description de la population animale du globe que pour le dégagement des principes de la science, que les classifications ont exercé la sagacité des esprits de l'ordre le plus élevé. Le démembrement de l'espèce en variétés ou races différentes serait au moins de toute inutilité, s'il ne trouvait son appui sur des lois naturelles solides et immuables, comme le sont toutes ces lois. La race, ainsi que l'espèce et le genre, pour ne pas remonter plus haut, sont au même titre soumis à l'ordre naturel, dont la cause première nous échappe, et dont nous pouvons seulement constater les phénomènes accessibles à notre observation. Et cela nous conduit à l'examen sommaire d'un problème fort agité maintenant, qui est tout à fait dans notre sujet. Je veux parler de l'origine des espèces par voie de variabilité et de mutation, affirmée en Angleterre par M. Darwin.

Avant de déterminer la caractéristique précise de la race, qui est un des principes fondamentaux de nos études zootechniques, il est bon de montrer clairement où s'arrêtent les limites de notre pouvoir sur les formes des animaux dont nous avons à nous occuper. Si la race est immuable, quant à ses attributs essentiels, à plus forte raison l'espèce. Dans l'ordre des démonstrations entreprises par le naturaliste anglais et ses partisans, celle-ci vient nécessairement après celle-là. Ce sont, du reste, les variations apparentes de la race qui lui fournis-

sent ses arguments les plus spécieux pour conclure à la mutabilité de l'espèce. Voyons donc ce que nous savons, en réalité,
de l'origine des races que nous observons.

Origine. — Parmi les hommes qui cultivent la science, on
distingue facilement deux ordres d'esprits. Tous empruntent
leurs arguments aux faits, — car il n'y a pas de science en dehors des faits, — mais dans des conditions bien différentes.
Les uns observent ces faits avec un soin scrupuleux, les ana-
lysent avec méthode et précision, pour en déduire les lois naturelles : ils y cherchent la vérité ; les autres, croyant avoir préalablement trouvé cette vérité dans leur propre imagination, et
persuadés qu'ils la possèdent à l'état d'intuition, ne cherchent
dans les faits que des arguments pour la prouver. Il suffit à
ces derniers d'arriver à ce résultat d'établir que leur conviction est probable, et même seulement qu'elle n'est pas impossible, pour qu'ils se croient autorisés à la soutenir. Ils ne tar-
dent pas à prendre leur hypothèse pour une réalité ; et, s'ils ont
du talent, surtout si leur thèse concorde avec une de ces idées
générales que l'on appelle philosophiques et qui passionnent
plus ou moins, les partisans et les défenseurs ne leur manquent
point.

Mais ils n'ont point de chance d'en rencontrer parmi ceux qui,
professant avant tout le respect de la méthode scientifique, n'acceptent pour vrai que ce qui est démontré. Il ne saurait suffire,
en effet, pour ceux-ci, qu'une chose soit donnée comme possible,
ou même comme probable, pour qu'elle ait à leurs yeux le caractère de la vérité. La chose vraie est celle qui est directement prouvée ou observée, et qui est ainsi parce qu'elle ne
peut pas être autrement. Sans doute, il est des hommes qui ont
le privilège de deviner, pour ainsi dire, la vérité. C'est le caractère du génie, qui consiste, en somme, à voir vite, juste et loin.
Mais les conceptions du génie ne passent néanmoins dans la
science qu'à dater du moment où les faits ont prouvé leur justesse. La démonstration expérimentale, en définitive, permet

seule de distinguer l'homme de génie du songe-creux. En présence des affirmations théoriques, il n'y a donc qu'un parti à prendre : c'est de les soumettre au contrôle des faits ; de ne confondre point l'hypothèse, simple instrument de recherche à l'usage des bons esprits, solution purement provisoire jusqu'à ce qu'elle ait été vérifiée par la méthode scientifique, avec l'induction imaginaire qui se donne pour la vérité.

M. Darwin appartient évidemment à la seconde des catégories de chercheurs plus haut indiquées. Il veut prouver que les espèces vivantes actuelles dérivent toutes d'un petit nombre de types primitifs, par voie de mutations successives. Et pour cela il commence par imaginer ce qu'il appelle deux forces naturelles, deux attributs de la *nature*. Ces deux forces sont : 1° la *concurrence vitale (struggle for life)*; 2° la *sélection naturelle (natural selection)*. La concurrence vitale, en vertu de laquelle les déviations du type, ou ses variations plutôt, seraient maintenues dans de certaines limites, toutes celles qui dépassent ces limites ne pouvant pas résister à la concurrence des premiers occupants, et devant par conséquent périr ; sorte de loi de Malthus appliquée aux populations végétales et animales dans le cours des siècles. La sélection naturelle, qui conserve et perpétue les générations par l'accouplement des procréateurs les mieux constitués et les plus résistants.

Jusque-là, rien ne paraît s'opposer à ce que l'on admette l'existence des deux lois ainsi désignées, comme juste interprétation des faits observés. Ce que M. Darwin appelle la concurrence vitale n'est en effet point douteux. Il est certain que, dans un milieu déterminé, le rapport est nécessaire entre la population et les subsistances. Au banquet de la vie, il n'y a de place que pour un nombre déterminé de convives, et cette place appartient aux plus forts, qui sont en mesure de la conquérir et de la conserver. Le fait appelé sélection naturelle n'est pas moins certain, et il procède de la même source. La satisfaction des instincts, quels qu'ils soient, engendre la lutte, toujours et partout. Sur ces deux points donc, pas d'objection. Ce que l'on peut seulement reprocher à M. Darwin, c'est d'attribuer à la nature des forces, lorsqu'il ne s'agit que de constater des lois de l'ordre naturel ; de partir de ces lois certaines, immuables comme le sont toutes les lois naturelles, et qui assurent précisément, en raison de leur immuabilité, la conservation des espèces, pour arriver à prouver la mutabilité de celles-ci, appuyé sur des hypothèses que rien ne justifie.

Ce sont ces hypothèses qu'il nous appartient surtout d'examiner, car c'est à la zootechnie, autant au moins qu'à la botanique, que sont empruntés les arguments à l'aide desquels leur auteur cherche à les faire prévaloir. Et ses affirmations à cet égard sont souvent invoquées, à l'appui de leurs théories sur l'amélioration du bétail, par les auteurs qui sentent le besoin de les abriter sous quelque célèbre autorité.

Je conçois fort bien, pour ma part, que l'on se préoccupe de remonter à l'origine des choses, quoique j'ignore absolument s'il nous sera jamais donné de la pénétrer. Ce dont j'ose me dire certain, toutefois, c'est que toute recherche est nécessairement oiseuse, qui porte sur autre chose que l'étude rigoureuse des faits. Dans la matière qui nous occupe, avant de se lancer à perte de vue jusqu'à l'apparition des premiers êtres qui ont peuplé notre globe et de remonter ensuite, guidé par les seules lumières si fragiles de l'imagination, la série des mutations qui en auraient multiplié les formes primitives, un premier point fondamental est à établir. L'hypothèse veut que les espèces soient le résultat de déviations d'abord produites par le milieu, puis successivement fixées pour un temps sous l'influence de la sélection naturelle. La variabilité se produirait sans cesse dans le cours des siècles, et dans cette hypothèse, les variétés, que nous appelons des races, ne seraient autre chose que des sortes de candidats à l'espèce nouvelle.

Cela peut être, à la rigueur ; il ne serait aucunement possible de prouver que cela n'est pas. Mais la preuve négative est-elle nécessaire? Nullement. Nous sommes en droit d'exiger, au contraire, que la preuve positive nous en soit donnée. Et pour commencer, bornons-nous à demander qu'on nous prouve seulement la variabilité de la race. Ce n'est pas se montrer trop exigeant. Qu'on nous fixe d'une manière précise sur l'origine d'une seule de nos races domestiques! Je défie, en ce qui me concerne, quiconque de fournir à cet égard autre chose que des suppositions ou des histoires absolument apocryphes.

Nous ne savons positivement rien de l'origine des races que nous observons. Telles nous les voyons aujourd'hui, telles nous les retrouverons toujours, aussi loin que nous puissions remonter vers leurs commencements, qui se perdent dans la nuit des temps historiques, fort peu éloignée du reste en ces sortes de choses.

J'entends ici bien des gens se récrier et contester ces propositions, pourtant de la plus rigoureuse exactitude. On m'opposera deux ordres d'arguments : des légendes, faites après coup et à plaisir, conformément aux hypothèses suggérées par l'imagination, comme celles de Buffon, par exemple ; puis, l'histoire véritable des migrations du bétail et des modifications que l'industrie humaine lui a fait subir. On parlera surtout de ces prétendues créations de races plus ou moins récentes, — et fort nombreuses, — par nos éleveurs modernes. Ce sont ces dernières que M. Darwin a réunies en grande profusion dans son volumineux travail. Il les invoque fort habilement à l'appui de sa thèse.

La vérité est qu'il convient d'abord d'éliminer les légendes qui ne sauraient avoir cours dans la science, celle-ci ne pouvant faire état que des documents sérieux et positifs. Sur l'origine des anciennes races de bétail du continent, non plus que de celles des Iles Britanniques, encore une fois, nous ne savons rien, à part ce qui peut se rapporter à leurs migrations, lesquelles n'ont apporté aucun changement aux caractères typiques de ces races, ainsi qu'il nous sera facile de le prouver ultérieurement. Les modifications qu'elles ont subies et qui se continuent sans cesse, ces modifications étant précisément l'objet des méthodes zootechniques, portent sur des points tout autres que ceux auxquels la race emprunte sa caractéristique propre. Quant aux nouvelles créations, les seules sur lesquelles le naturaliste anglais insiste, et ses adeptes ou ses émules avec lui, il n'en est aucune qui puisse supporter un examen compétent, qu'elle soit le produit de la seule sélection, ou bien qu'on ait visé à l'obtenir par des croisements opérés entre les anciennes races. Sur ces divers points, M. Darwin et ceux qui partagent son opinion affirment et dissertent, mais les preuves font défaut à leurs argumentations. Et c'est là-dessus qu'il importe d'abord de fournir une démonstration péremptoire, si l'on ne veut voir crouler tout l'édifice de la théorie.

Je n'ai pas à m'enquérir, pour mon compte, si cette théorie est, plus ou moins que celle de la permanence de l'espèce, conforme à la loi de progrès, ni à la rattacher aux croyances philosophiques ou aux dogmes religieux. Il me paraît que ces considérations n'ont rien à faire ici. Je rencontre sur ma route une question scientifique et je l'examine en homme de science, non en homme de parti ou en avocat d'une cause quelconque autre que celle de la vérité démontrée. Il me serait au demeurant fort indifférent, à tous les points de vue, que cette question fût résolue dans un sens plutôt que dans l'autre, pourvu que la solution résultât de faits rigoureusement exacts. Je ne me sentirais nullement humilié d'apprendre que mon espèce dérive de celle du singe, par voie de perfectionnement. Et je ne comprends pas du tout les efforts de dialectique et les protestations que je vois opposer, au nom de la dignité humaine, à cet innocent rêve de l'imagination. Cela me paraît, en tout cas, fort oiseux. Nous n'avons à nous préoccuper que d'un seul soin : celui de soumettre au contrôle de la critique les faits zootechniques articulés. Quant aux preuves empruntées à la botanique, à la zoologie, à la paléontologie, elles ont été réduites à leur valeur par les nombreux savants qui ont cru devoir réfuter l'hypothèse de M. Darwin.

Eh bien ! parmi ces faits zootechniques si souvent invoqués et accumulés en si grande abondance par le naturaliste anglais dans son livre [1], je n'en sache pas un, mais un seul ! où la création d'une race nouvelle, par voie de sélection ou de croisement, soit nettement démontrée. De même, d'abord, que l'auteur néglige de dire à quels caractères se reconnaît l'espèce, à l'étude de laquelle tout le livre est consacré, de même il ne s'embarrasse, non plus que les partisans de sa doctrine dont nous discutons ici les affirmations, de déterminer la caractéristique de la race. Ce serait là cependant l'important. Il conviendrait, avant tout, de ne point confondre les nécessités diverses de la classification naturelle ; de ne point qualifier de race toute collection d'individus ayant quelques caractères communs, n'importe lesquels ; de ne point prendre pour une race, par exemple, ce qui n'est qu'une famille.

Les classifications ont pour but de distinguer, non pas de jeter la confusion dans la science, au profit d'une thèse absolue. Il faut, si l'on veut être entendu, parler un langage qui soit intelligible et le même pour tous. Les nomenclatures scientifiques n'ont pas d'autre objet. Il n'est pas loisible à chacun de faire la sienne. Et je ne saurais trop le répéter, nous n'avons pas le droit, en zootechnie, de nous placer en dehors de celle dont la zoologie nous fournit les bases. Or, il est facile de voir, en considérant les groupes d'individus si arbitrairement qualifiés de races pour les besoins de la cause ici discutée, qu'aucune de ces bases ne leur est applicable.

On ne peut pas, assurément, en passer la revue à cette occasion pour le démontrer. Cela nous entraînerait beaucoup trop loin et nous mettrait dans l'obligation d'anticiper sur des sujets

[1] *De l'origine des espèces, ou des lois du progrès chez les êtres organisés*, par Ch. Darwin. Traduction française de Mlle Clémence-Auguste Royer. Paris, Victor Masson et fils.

qui trouveront leur place dans d'autres chapitres, lorsque nous nous occuperons des méthodes et des procédés en vertu desquels ces groupes d'individus sont obtenus. Pour l'instant, nous avons à faire ce que nous reprochions tout à l'heure à ceux dont nous contestons les affirmations de n'avoir point fait. Nous avons à déterminer d'une manière précise la caractéristique de la race d'après les bases de la classification zoologique. Nous nous demanderons ensuite sommairement, en prenant quelques-uns, entre autres, des exemples donnés en preuve de la mutabilité de la race, première étape de la mutabilité de l'espèce, si ces exemples prouvent bien ce que l'on veut leur faire prouver. Ainsi se trouvera formulé, en outre, l'un des principes généraux les plus essentiels de la zootechnie.

Caractères. — Rien n'est moins méthodique, et par conséquent moins scientifique, que les procédés de description généralement usités pour les races animales domestiques. Dans cette partie des études consacrées au bétail, l'arbitraire règne en plein. Chacun s'y livre à son gré, et sans nulle règle fixe, aux déterminations les plus variables, plaçant tous les caractères sur la même ligne et donnant à tous une valeur et une importance égales. Sans médire des auteurs qui ont écrit sur le sujet, — et ils sont nombreux, surtout depuis que les exhibitions d'animaux reproducteurs classés par races dans les Concours universels et régionaux ont lieu, — il est permis d'avancer que ces auteurs n'ont pas peu contribué à entretenir la confusion due, en ces matières, à l'absence de la méthode scientifique. Il n'est point surprenant, à coup sûr, que tant d'illusions aient cours parmi les éleveurs au sujet des races, et que les discussions qui s'élèvent à l'endroit de leur amélioration ou de leur classement soient si difficiles à vider. Il y a toujours grande chance pour que les contradicteurs ne parlent point la même langue et ne s'entendent pas, en conséquence, sur leurs faits. Les termes, pour chacun, ont des significations différentes.

Chacun les emploie dans le sens qui correspond à l'idée qu'il a adoptée, et qu'il qualifie pompeusement de *doctrine*.

La science ne s'accommode pas de ces façons-là. Elle veut être traitée plus sérieusement. Les classifications sont soumises à des lois précises, dont il n'est permis, sous aucun prétexte, de s'écarter.

La race est une division naturelle de l'espèce, au même titre que celle-ci est une division du genre. De même que les espèces se distinguent entre elles par l'unique caractère précédemment indiqué (celui de la fécondité continue), de même les races ne se peuvent distinguer certainement que par des caractères univoques et exclusifs. Le point de vue zootechnique comporte, dans la description et la classification des races, l'introduction d'autres éléments ayant leur utilité particulière, mais qui ne viennent qu'en seconde ligne, s'ils ne sont même tout à fait inutiles, en ce qui est de la détermination caractéristique.

Un caractère, en effet, ne peut être distinctif qu'à la condition d'appartenir exclusivement à l'objet qui le présente. Dès qu'il se montre chez plusieurs, il n'a plus de valeur spécifique ou typique. Pour rendre sur ce point important notre pensée plus saisissable, prenons des exemples dans le sujet même qui nous occupe.

La couleur de la robe ou du pelage ne peut pas être acceptée comme un caractère de race, et cela pour deux raisons : la première, c'est que la même couleur se trouve à la fois chez plusieurs races ; la seconde, plus péremptoire encore, est que, dans la même race, on observe le plus souvent un certain nombre de couleurs différentes, surtout dans l'espèce bovine. Il en est ainsi de la conformation du tronc, ou du corps proprement dit. Chez les races bovines et ovines anglaises, pourtant parfaitement distinctes et qu'il est impossible de confondre entre elles, l'application des procédés zootechniques a produit, sous ce rapport, une telle uniformité, qu'on les dirait toutes coulées dans le même moule.

Ces exemples, qui pourraient être multipliés, prouvent suffisamment que la condition fondamentale, pour qu'une qualité extérieure puisse servir à caractériser la race, c'est que cette qualité lui appartienne en propre et d'une façon tout à fait exclusive.

Après cette condition, il en est une autre non moins indispensable et sur laquelle il importe tout autant d'appeler l'attention. Elle découle, du reste, de la première et en est la confirmation. Il faut que le caractère soit, de sa nature, indélébile, c'est-à-dire non susceptible de se modifier ou de disparaître sous une influence quelconque. Il faut enfin que ce soit bien et dûment un caractère naturel, persistant, quelque changement qui survienne dans les conditions de milieu. La forme du corps, dont nous venons de parler tout à l'heure à propos des races bovines et ovines anglaises, et dont nous pourrions également parler à propos de plusieurs de nos races françaises, n'est pas, ainsi que nous l'avons vu, dans ce cas. Il en est de même pour la taille. Nul n'ignore qu'elle est susceptible de varier et qu'elle suit assez exactement la progression des subsistances.

En dernier lieu, pour qu'un caractère puisse être définitivement considéré comme capable de servir à la détermination de la race, il est de toute nécessité qu'il joigne à ces deux conditions d'être unique et fixe ou constant, celle de se transmettre sûrement par la génération ou l'hérédité. Les races n'existent que par là; car si le propre de l'espèce est la fécondité continue, celui de la race est la ressemblance nécessaire et parfaite dans la descendance, quant aux caractères essentiels. Et l'on ne saurait trop arrêter son attention sur cette dernière proposition qui, bien comprise et retenue, peut seule éviter des méprises qui se sont trop souvent produites.

Ainsi, unicité, fixité ou constance et puissance héréditaire, voilà donc les trois conditions ou propriétés indispensables des caractères de race. Une seule manquant leur fait perdre toute leur valeur spécifique. La race n'existe point si elle ne peut être basée sur cette triple assise. L'on doit prévoir dès à présent combien sont nombreuses les prétendues races qui ne pourront pas résister à l'application de ce principe fondé sur les plus rigoureuses exigences de la méthode scientifique, et qui disparaîtront pour nous, au grand bénéfice de la vérité d'abord, puis de la clarté des méthodes zootechniques.

Il résulte du principe qui vient d'être posé, que la race a des caractères propres, exclusifs, essentiels, et des caractères secondaires ou communs. Les premiers servent à la déterminer, à la distinguer des autres races de la même espèce; les seconds, dont la plupart indiquent l'aptitude à la fonction économique, permettent de la rattacher au groupe de races auquel elle appartient sous ce rapport. Et à ce point de vue ils ont, eux aussi, une grande valeur, mais une valeur d'un tout autre ordre que celui auquel appartiennent les caractères essentiels ou typiques.

Il est de la plus grande importance d'insister sur cette distinction, parce qu'elle est capitale pour l'éclaircissement de toutes les questions dont nous aurons plus tard à nous occuper. Afin de ne point s'égarer dans le jugement de ces questions, on doit bien savoir ce que l'on veut dire en qualifiant de race un groupe de familles, et quels sont les caractères qui peuvent lui faire appliquer justement cette qualification. Il faut demeurer convaincu, plutôt persuadé par la démonstration précédente, que l'aptitude, pas plus que les dispositions physiologiques ou les formes anatomiques d'où elle dérive, ne peut nullement entrer en ligne de compte pour la caractéristique de la race; que cette caractéristique s'emprunte exclusivement à des dispositions anatomiques tout à fait indépendantes de l'aptitude, par conséquent fixes, et qui donnent à l'individu sa physionomie propre.

Quelles sont ces dispositions typiques? C'est ce que nous avons maintenant à indiquer, après avoir fait remarquer, toutefois, qu'il ne s'agit pas ici d'une innovation véritable, mais bien d'une application pure et simple de la méthode usitée en anthropologie, et suivie du reste parfois en zootechnie, bien que d'une manière inconsciente. Nous ne ferons guère, au demeurant, que préciser et rendre clair, c'est-à-dire méthodique, ce que les connaisseurs en bétail mettent en pratique pour leur propre usage, quoiqu'ils ne s'en rendent vraisemblablement point compte. Très-habiles à distinguer les races à la vue, ils le sont beaucoup moins à les décrire, parce qu'ils obéissent à des impressions reçues, dont l'analyse leur échappe, l'expression synthétique les frappant seulement.

Les caractères de race se tirent principalement, dans toutes les espèces, de particularités relatives aux os du crâne et de la face, c'est-à-dire de la tête. Le plus immédiatement saisissable est en général celui qui résulte de la comparaison entre l'étendue ou le volume de l'une ou de l'autre de ces parties de la tête, de la direction des os du nez et de la situation des cavités orbitaires. A ces caractères fondamentaux, qui donnent à la race sa physionomie propre, s'en ajoutent d'autres plus superficiels, plus immédiatement accessibles à l'analyse, et dont quelques-uns parfois ont une valeur presque absolue, tant ils sont exclusifs et persistants. Mais il est bon de ne pas perdre de vue que les caractères ostéologiques de la tête sont seuls essentiellement typiques et que tous les autres ne peuvent que venir s'y ajouter : ils les confirment, sans jamais les suppléer. Pour l'étude sérieuse des opérations de croisement, cette donnée est du plus grand intérêt, attendu qu'il importe avant tout d'être en mesure de démêler, dans les produits croisés, les caractères de race qu'ils peuvent présenter et de les rattacher à ceux de leurs ascendants avec toute l'exactitude possible.

Ces caractères superficiels, empruntés à des organes ou à des régions variables de la tête, suivant l'espèce, sont le plus souvent fournis par les appendices du crâne et de la face. Ce sont, par exemple, dans l'espèce bovine, les cornes et le mufle, et par-

fois les paupières ; chez le mouton, les oreilles, la coloration
de la face, la présence ou l'absence de la laine sur le crâne, etc.

La race à laquelle appartient un animal est donc exclusivement indiquée par les caractères de sa tête. De là se tire son
type, et il ne peut pas être tiré d'ailleurs, lorsqu'on sait le
classement hiérarchique des organes par ordre d'importance
anatomique. Parmi les caractères secondaires, il en est dont la
valeur est plus ou moins grande en raison tout à la fois de leur
rareté et de leur degré de fixité. Celui qui est tiré de la toison,
par exemple, dans l'espèce ovine, peut avoir à lui seul une
certaine valeur. Il n'est point douteux que le lainage du mérinos présente une particularité qui ne se montre nulle part
ailleurs. Mais cette particularité, séparée des caractères typiques, ne peut en aucun cas suffire toute seule pour permettre de considérer comme appartenant à la race mérinos
l'individu sur lequel elle se fait observer. Elle autorise à le rattacher par un point à cette race, ainsi que nous le verrons en
étudiant l'hérédité, voilà tout.

Ces caractères secondaires, au nombre desquels il faut
encore mentionner la robe ou le pelage, ont de l'importance au point de vue zootechnique proprement dit, je le
répète ; pour la classification zoologique, ils sont de nulle
valeur. Et c'est, encore un coup, la confusion trop fréquente de ces choses nécessairement distinctes, qui est la
source des erreurs et des illusions dans lesquelles on tombe si
souvent à cet égard, en donnant pour des races caractérisées
des groupes d'individus en réalité disparates, dont chacun
réunit arbitrairement des types positivement divers. C'est ce
qui arrive pour les individus classés d'après leur aptitude, la
conformation de leur corps, la couleur de leur robe ou la nature de leur toison, tous caractères secondaires, modifiables
sous l'influence du milieu, par le fait des procédés de sélection
ou de croisement qui sont sous notre dépendance, tandis que
les caractères essentiels ou typiques échappent absolument à

notre pouvoir. Tels ces derniers se sont montrés chez les animaux, en vertu d'influences que nous ignorons complétement, tels ils se sont transmis dans le cours des siècles par la génération et se transmettent encore avec une persistance immuable qui atteste leur fixité.

Quelle que soit la doctrine ou la philosophie que l'on professe, il faut s'incliner devant ce fait démontré par l'observation.

Et c'est ce fait, précisément, que M. Darwin n'a pas cessé un seul instant de méconnaître dans toutes ses argumentations, et, avec lui, tous ceux qui ont voulu prouver la mutabilité de l'espèce ou même seulement de la race sous l'influence du milieu. Pour arriver à celle-là, il est indispensable, en effet, de commencer par celle-ci. Personne ne s'est avisé de faire admettre la création d'espèces nouvelles autrement que par induction. Nul n'en a jamais encore observé. On pourrait donc, à la rigueur, se refuser à les admettre pour ce seul motif. Mais ce serait une présomption assez forte en faveur de la thèse, s'il était vrai que la race variât sous nos yeux. Impuissants à marquer la limite de ses variations possibles, il nous suffirait d'en constater la réalité, pour être forcés de convenir qu'elles peuvent aller, avec le concours du temps, dont il ne nous appartient d'embrasser ni de mesurer la puissance, jusqu'à la constitution d'espèces nouvelles. Nous ne savons pas si l'espèce est susceptible de variabilité; et en ceci j'ose me séparer des savants adversaires de M. Darwin, qui concèdent ce point au naturaliste anglais, en lui refusant leur adhésion quant à la mutabilité; — nous constatons seulement que l'espèce présente des variétés appelées races, ce qui est bien différent. L'origine de ces variétés ou de ces races nous demeure complétement inconnue, comme celle des espèces. Pour être autorisés à l'attribuer à des variations ou à des dérivations successives et continues, il faudrait que nous fussions en mesure d'établir que ces modifications de type se sont quelquefois produites à notre connaissance, si faible qu'en ait pu être le degré. Toute la question est là. Si, dans une période déterminée, le type avait varié comme un, il se pourrait qu'il variât comme dix, comme cent, mille, etc. Ce ne serait plus qu'une question de temps. Et la puissance du temps est indéfinie dans les phénomènes naturels.

Le premier point à vider dans la question qui nous occupe, est donc, ainsi que je l'ai déjà dit, celui de la variabilité de la race. On l'affirme, mais nul ne l'a jusqu'à présent prouvé. Tous les raisonnements invoqués s'appuient sur la confusion des caractères secondaires avec les caractères essentiels, dont nous venons d'essayer la radicale et fondamentale distinction. J'ai eu, pour mon compte, l'occasion de discuter sur ce point de la science avec M. de Quatrefages, l'un des adeptes les plus éminents de l'école à laquelle appartient aussi M. Darwin. Dans ces controverses, où l'on se rencontre face à face, sous les yeux d'une galerie compétente, où les arguments sont pesés dans la balance de la méthode scientifique, et où pas une allégation ne passe qui ne soit vérifiée et démontrée exacte par le fait expérimental, je ne crains pas de dire qu'aucune de celles qui m'ont été opposées par le savant membre de l'Institut n'est demeurée debout. Il est resté acquis à la science que les milieux influencent les aptitudes physiologiques et les caractères secondaires de la race d'où elles dérivent, non pas, dans aucun cas, les formes anatomiques d'où se tire la caractéristique de son type. Aucune des prétendues races nouvelles invoquées n'a pu satisfaire aux exigences de l'analyse basée sur le principe général de toute classification naturelle posé plus haut [1].

Que l'on considère, en effet, les races animales de l'Angleterre, qui ont été, de toutes celles de l'Europe, les plus modifiées par l'intervention de l'homme, à l'aide de la sélection ou du croisement; que l'on pénètre, avec M. Darwin, M. de Quatrefages ou tout autre, dans les détails de ce qui concerne les

1. Voyez *Bulletins de la Société d'anthropologie de Paris*. T. IV, p. 254. Paris 1863. Victor Masson et fils.

bœufs, les moutons, les porcs, les chiens ou les pigeons, on n'arrivera jamais à constater que deux choses : 1° que les races modifiées par la sélection n'ont subi de changements que dans leurs caractères secondaires ou leurs aptitudes, les caractères typiques ou essentiels demeurant intacts : la tête des bœufs de Durham, d'Hereford, de Devon, d'Angus, de Suffolk, de West-Highland, etc., des moutons de Leicester, de Kent, de Cotteswold, de South-down, de Hampshire-down, etc., cette tête est aujourd'hui ce qu'elle a toujours été, ce qu'elle était avant les enseignements de Bakewel ; 2° que les groupes d'individus, les familles constituées à l'aide du croisement dans les espèces porcine, canine, etc., ne présentent, quant aux caractères typiques, aucune fixité, et ne conservent les caractères secondaires en vue desquels ils ont été formés qu'au prix des soins les plus assidus et les plus attentifs. Dès qu'ils sont abandonnés aux seules influences naturelles, ils font retour complet à l'une ou à l'autre de leurs souches, dont les caractères typiques persistent malgré tout, séparément. Ce sont des produits industriels, plus ou moins appropriés au but qu'ils doivent atteindre, en vue duquel, d'ailleurs, le type est indifférent, qu'il s'agisse de l'odorat du braque ou du limier, du jarret du chien de chasse à courre, ou de l'aptitude à l'obésité du porc, aussi bien que du développement et de l'activité des mamelles de la vache laitière, du beau plumage du pigeon ou de la longueur de son bec. Pour maintenir ces diverses aptitudes, ou plutôt pour en obtenir la transmission héréditaire dans une proportion toujours fort chanceuse, une sélection relative demeure constamment indispensable. Les caractères ne sont pas plus fixes, plus constants que le premier jour. Il faut toujours éliminer de la reproduction les produits qui ne les présentent pas. Et c'est ce qui se fait observer en France comme en Angleterre et ailleurs.

Cela peut bien être contesté par ceux qui affirment la fixité des prétendues races nouvelles, sans savoir au juste ce que c'est que la fixité; mais parmi les auteurs plus éclairés, dont l'erreur consiste seulement à confondre l'utilité du croisement avec sa puissance créatrice de races nouvelles, il n'en est aucun qui le conteste. Ces derniers reconnaissent même la vérité de la thèse que nous soutenons ici, au point de vue de l'histoire naturelle. Nous n'en demandons pas davantage. Cela suffit, en effet, pour ruiner à la fois l'hypothèse de M. Darwin et leurs prétentions zootechniques. La race n'a d'existence que par les conditions exigées en zoologie. Si elle n'existe pas pour le naturaliste, elle ne peut exister pour le zootechniste. Celui-ci doit obéir aux lois de la zoologie, comme à celles de la physiologie et de la science économique. Autrement, il ne ferait que de l'empirisme pur. Or, en définitive, la race ne se compose, ainsi que nous l'avons vu, que d'individus de la même espèce, dont les caractères typiques sont homogènes, exactement semblables et sûrement transmissibles par l'hérédité. Homogénéité et puissance héréditaire, tels sont donc les deux attributs indispensables de la race, qui sont l'indice certain de sa pureté, c'est-à-dire de l'absence de tout mélange avec une autre race. L'expression de race croisée est donc contradictoire et doit être abandonnée. Chez les individus croisés, les attributs de la race n'existent plus.

Il faut prendre garde, toutefois, de ne pas commettre à cet égard de confusion. On ne veut point parler ici de cette pureté mystique, en quelque sorte, et érigée en dogme. Il ne s'agit que de physiologie, et par conséquent de la pureté de race qui se constate par la puissance héréditaire dans une suite de générations assez longue pour attester la fixité des caractères. Les seuls individus croisés ou métis sont ceux qui présentent à la fois des caractères typiques appartenant à deux races distinctes; les purs, quelle que soit leur origine, ne proviennent en réalité que d'une seule, et ils en reproduisent tous les attributs. Dans leur appréciation et leur classement, les caractères secondaires ne peuvent entrer en ligne de compte à ce point de vue. Ils n'ont pas de valeur pour l'histoire naturelle. C'est seulement pour la fonction économique, au titre industriel, qu'ils intéressent la zootechnie. Une race est donc nécessairement pure, ou elle n'est pas. Et en conséquence admettre l'expression de *race pure* dans le langage zootechnique, c'est contribuer à entretenir une erreur, c'est faire croire qu'il peut y avoir des races impures ou croisées, que l'on appelle parfois des *sous-races*, de même que l'on donne improprement aussi ce nom à certaines familles dont les caractères secondaires se sont modifiés sous l'influence du milieu.

Il importe de renoncer à ces habitudes vicieuses de langage, dont l'inconvénient est de rendre difficile l'application des principes scientifiques. Ceux-ci ne peuvent être utiles et d'une interprétation simple et claire, qu'à la condition d'une grande précision. C'est pour cela que nous insistons sur ces définitions de termes, qui seules peuvent nous permettre de dégager nettement, dans les faits de la pratique, les enseignements de la science. Une fois la signification exacte de ces termes bien comprise et acceptée, nous aurons coupé court à des discussions qui dès lors n'auront plus d'objet. D'accord sur les faits, on s'entendra facilement ensuite sur leur interprétation et sur les principes qui en découlent.

On ne conclura point, par exemple, de ce qui précède, que dans la description des races animales il faille laisser de côté les caractères appelés par nous secondaires, pour s'en tenir uniquement aux caractères essentiels ou typiques. Pour être complète, au point de vue de la zootechnie, qui embrasse à la fois la caractéristique zoologique et les aptitudes industrielles, cette description n'en doit négliger aucun. Le point important seulement est de ne pas s'abuser sur leur valeur respective, de ne pas prendre pour essentiel ce qui n'est qu'accessoire, de ne pas s'exposer enfin à créer arbitrairement et de son autorité privée des races dépourvues de leurs attributs réels.

Nous avons vu que le principal de ces attributs est la puissance héréditaire des caractères typiques en d'autres termes, leur transmission certaine par la génération. Il convient de nous occuper maintenant en particulier de ce phénomène physiologique, non moins utile à étudier en même temps pour ce qui concerne l'hérédité des caractères secondaires de la race ou des aptitudes. Parmi les principes généraux de la zootechnie, c'est un des plus importants.

CHAPITRE IV

DE L'HÉRÉDITÉ

Théorie physiologique de l'hérédité. — Avant que la science soit définitivement fixée sur les phénomènes physiologiques de l'hérédité, il reste encore bien des découvertes à faire. L'analyse expérimentale a pénétré fort loin déjà dans l'étude de la fonction génératrice. Grâce aux travaux des embryologistes modernes, grâce à ceux de M. Coste surtout, nous connaissons la plupart des conditions de la fécondation de l'œuf ou ovule par la liqueur séminale du mâle. M. F. Pouchet d'abord, puis M. Balbiani, nous ont fait assister au développement, au sein de l'ovaire de la mère, de l'ovule qui doit donner naissance à l'être nouveau, après sa fécondation. M. Ch. Robin nous a initiés à l'apparition des propriétés qui communiquent au fluide séminal sa vertu prolifique. Mais là s'arrêtent présentement nos connaissances sur cet acte encore mystérieux. Nous savons que le conctact des deux subtances est indispensable pour que la conception ait lieu. Nous savons tout ce qui concerne l'évolution de l'être, à partir du moment où la cellule primitive de l'ovule apparaît. Les phases de la ponte, de la fécondation, de l'incubation nous sont connues. Le microscope ne nous a encore rien révélé touchant la constitution intime des deux éléments mâle et femelle dont la combinaison ou le simple rapprochement produit l'embryon. L'observation ultérieure permet de supposer que, dans ce phénomène si curieux d'où résulte un individu nouveau, la part d'influence des deux reproducteurs n'est pas toujours nécessairement la même. Sous plusieurs rapports, cet individu diffère plus ou moins de l'un ou de l'autre de ses parents. Quant aux attributs du sexe, par exemple, il doit hériter exclusivement de l'un deux. Pour le reste de sa constitution, la notion positive des circonstances ou conditions, qui permettrait de déterminer d'une manière exacte le rôle de chacun, nous échappe à peu près complétement. Nous en sommes réduits sur ce point à des connaissances purement empiriques, toujours sujettes à révision.

Lorsque nous saurons distinguer dans l'ovule et dans le spermatozoïde les éléments primitifs de l'embryon, et que nous serons ainsi mis en mesure d'en suivre les diverses phases de développement, nous aurons sur le phénomène de l'hérédité des données plus certaines. Et l'espoir d'en arriver là n'est point une prétention trop ambitieuse ou déplacée. L'histoire de la science nous autorise à le concevoir. Celui de pénétrer les secrets de l'embryologie qui nous sont maintenant acquis devait paraître à nos devanciers tout aussi éloigné. Dans la science, une conquête en amène une autre. Il est au moins prudent de réserver l'avenir. En ces matières, la véritable vanité consiste à croire que l'on possède sur toutes choses la vérité définitive, et à poser des bornes infranchissables aux investigations de l'esprit humain. Pourvu qu'il ne s'écarte point de l'observation des phénomènes, afin de saisir le rapport qui les unit entre eux, celui-ci peut être considéré comme tout-puissant.

Dans l'état actuel de nos connaissances, nous savons donc seulement que la reproduction de l'espèce dépend du contact opéré, au sein des organes génitaux de la femelle, entre l'ovule formé dans l'ovaire de celle-ci et certains éléments de la liqueur séminale du mâle. Le fait a été indiqué et développé dans la première partie du présent ouvrage, au chapitre de la génération. Quant à la part proportionnelle qui peut revenir à chacun de ces éléments reproducteurs, dans la constitution ultérieure du produit, et surtout quant au mode d'intervention de ces éléments, notre ignorance est complète. C'est vers là que doivent être dirigées les études, pour arriver à baser l'hérédité sur des données positives. Jusqu'à ce que nous soyons éclairés à cet égard, il faut se contenter provisoirement de constater les effets ou les résultats de l'observation apparente, sans chercher ailleurs le comment des choses. Les hypothèses ne nous avanceraient aucunement. Ce n'est pas au moyen des faits complexes qu'elles peuvent être vérifiées. Et ici, comme nous venons de le voir, le fait simple, le phénomène primitif nous est encore inconnu. Si nous voulons pénétrer le secret de l'hérédité, — prétention que je trouve fort légitime, pour ma part, — c'est, je le répète, ce phénomène qu'il faut étudier.

Mais cela n'est pas ici de notre ressort. Nous ne pouvons que prendre la science dans son état présent, en marquant ses *desiderata* pour ce qui concerne l'éclaircissement complet des questions dont nous avons à nous occuper. Dans les applications zootechniques, nous avons à tenir grand compte des lois de l'hérédité physiologique. Il nous faut par conséquent exposer celles qui semblent pouvoir, dès à présent, être déduites de l'observation. Nous ne sommes pas en mesure, encore un coup, de dire comment il se fait que les choses soient ainsi. L'observation ne nous fournit que des solutions empiriques. C'est un résultat considérable, toutefois, que de pouvoir les appuyer sur la constante répétition des mêmes faits. Ne nous dissimulons point que, sur le chapitre de l'hérédité, il convient de ne rien considérer comme ayant acquis encore le caractère de la certitude scientifique. Certaines propositions, cependant, trouvent dans les faits qui se produisent sous nos yeux une confirmation si générale, et cela leur donne un degré de probabilité si élevé, qu'il n'est guère permis d'en douter, en attendant que la vérité nous en soit complétement démontrée par une analyse plus approfondie des phénomènes auxquels elles se rapportent. Elles vont être exposées, indépendamment des hypothèses qui ont été proposées pour les expliquer et qui ne pourraient qu'en obscurcir la signification.

Auparavant, il sera peut-être bon même d'écarter explicitement une de ces hypothèses, qui s'est présentée avec un caractère tel, que des savants sérieux ont pu s'en émouvoir et se mettre en mesure de la vérifier. En la considérant attentivement, on serait en droit de s'en étonner, car les faits acquis à la science permettaient de la rejeter avant toute autre vérification ; mais puisqu'il est vrai que de divers côtés l'on a cru nécessaire de la soumettre au contrôle de l'expérimentation, et que surtout celle-ci, poursuivie dans des conditions insuffisamment rigoureuses, a pu donner des résultats en apparence confirmatifs, il ne sera pas sans utilité d'en montrer clairement l'erreur. Je veux parler de l'hypothèse de M. Thury, de Genève, relative à l'hérédité du sexe et aux conditions d'après lesquelles cette hérédité pourrait être dirigée à volonté.

Hérédité du sexe. — Le sujet vaut la peine qu'on s'en occupe, en zootechnie surtout. Il n'est pas indifférent pour l'éleveur de produire des animaux de tel ou tel sexe, la valeur commerciale des mâles et des femelles étant bien rarement la même dans la plupart des espèces, et dans telle espèce donnée, suivant les conditions économiques ou la situation. Ici la pouliche se vend plus cher que le poulain, la génisse plus que le veau ; là, c'est le contraire qui a lieu ; partout la mule a plus de valeur que le mulet. Il serait donc du plus grand in-

térêt que l'on pût, à cet égard, régler la production à volonté.
Et le problème a occupé plus d'un chercheur, à diverses reprises. On ne saurait donc être surpris de l'intérêt qui s'attache
aux solutions proposées et que nous aurons à signaler tout à
l'heure, ceci faisant nécessairement partie de notre objet actuel.
L'hérédité du sexe, bien qu'elle soit à coup sûr la plus
obscure, est la première de toutes les questions qui doivent
nous occuper dans ce chapitre, parce qu'elle semble obéir à
des lois très-différentes de celles qui régissent l'hérédité des
divers autres caractères individuels.

L'hypothèse de M. Thury consiste à supposer que tous les
ovules ou œufs, au moment où ils vont abandonner l'ovaire,
commencent par être femelles ; c'est à mesure que leur maturité se complète qu'ils deviennent mâles. En conséquence, le
sexe de l'individu qui doit résulter de leur développement dépendrait uniquement de l'instant auquel la fécondation par la
liqueur séminale s'en opère. Comme conclusion pratique de
cette prémisse, appuyée sur l'étai fragile de considérations empruntées à la constitution et au développement de l'organe
sexuel des plantes, M. Thury prétend que le sexe du produit,
chez les animaux, peut être obtenu au gré de l'expérimentateur,
s'il a soin de diriger l'acte de l'accouplement. Celui-ci ayant
lieu dès que le rut de la femelle ou ses chaleurs se manifestent,
alors que, d'après le naturaliste genevois, la maturité de l'ovule
n'est pas encore complète, c'est un individu femelle qui se
produit ; vers la fin de la période du rut, au contraire, avec des
ovules plus mûrs, on aurait toujours des mâles.

Les objections se présentent en foule pour réfuter une telle
hypothèse. Tout ce que nous savons en embryogénie comparée dépose contre elle, et M. Thury ne prétend point y avoir
rien ajouté. Il paraît même s'en être peu soucié, pour emprunter plutôt ses arguments aux ressources d'une féconde imagination.

Pour qu'il y eût quelques chances de probabilité dans cette

hypothèse, il faudrait que le phénomène de la fécondation se produisît, chez les mammifères, tout autrement qu'il se produit. En admettant que les analogies empruntées aux plantes et aux insectes, sur lesquelles on l'appuie principalement, fussent à l'abri de contestation, — ce qui est bien loin d'être démontré, — cela ne suffirait point. Dans la science, l'analogie a sa valeur, mais ce ne saurait être celle d'une preuve démonstrative. Chez les mammifères, la fécondation de l'ovule a lieu dans l'intérieur ou à la surface de l'ovaire, au moment où la vésicule dite de Graaf, qui contient l'ovule, vient de se rompre pour lui livrer passage dans le pavillon de la trompe utérine, moment qui coïncide avec celui de l'apparition du rut ou des chaleurs. A cet instant, l'ovule est mûr pour la fécondation. S'il n'est pas fécondé, au lieu de mûrir en cheminant dans le conduit de la trompe de Fallope, il s'y altère et n'est plus propre à recevoir l'imprégnation de la liqueur séminale. C'est là un fait que les recherches de M. Coste ont démontré. La vésicule ne se rompt que pour laisser passer un ovule arrivé à sa maturité, c'est-à-dire ayant atteint le degré de développement nécessaire pour qu'il puisse être fécondé. Il sera mâle ou femelle, par des raisons d'organisation que nous ignorons encore absolument. Mais il est permis de considérer dès maintenant comme tout à fait improbable que son sexe puisse dépendre de son degré de développement ou de maturité. Les organes génitaux des deux sexes apparaissent au même instant dans l'embryon. Ceux de la femelle sont aussi parfaits, eu égard à leur fonction, que ceux du mâle. On ne voit point sur quoi l'on pourrait se fonder pour considérer les uns comme représentant un degré inférieur du développement des autres. Entre les deux l'analogie est complète; il n'y a que de pures différences de forme.

Voilà donc un premier point essentiel qui manque à l'hypothèse de M. Thury, pour qu'elle puisse avoir le moindre fondement scientifique. Il resterait à vérifier une autre supposition,

quand même celle-là ne serait pas démontrée inexacte. Qu'est-
ce qui prouve que le degré de maturité des ovules correspond
à des instants divers de la période du rut ou des chaleurs? On
sait que les manifestations de cette période coïncident avec le
phénomène de la ponte, avec le travail qui se produit dans
l'ovaire et dont la conséquence est la rupture de la vésicule
de Graaf. L'apparition des chaleurs précède certainement ce
phénomène même, et dans l'état normal elles ne persistent pas
après son accomplissement. La fécondation ne peut s'effectuer,
chez les animaux mammifères, que pendant leur durée; mais
personne ne sait encore rien sur l'instant précis de sa possibilité. Ce que l'on sait seulement, c'est qu'il faut, pour qu'elle
ait lieu, l'établissement d'un contact entre l'ovule de la femelle
et les spermatozoïdes du mâle. M. Coste montre, à son cours
du Collège de France, sur des femelles ouvertes après l'accouplement, des ovules couverts de ces animalcules, soit à la surface de l'ovaire, soit dans le pavillon, soit dans le trajet de la
trompe, suivant le temps qui s'est écoulé depuis l'acte de l'accouplement.

Tout cela fait voir à quel point les suppositions du professeur de Genève sont peu fondées. Mais il faut le suivre jusqu'au
bout et examiner les résultats de l'expérimentation directe à
l'aide desquels il a pu faire prendre son hypothèse en considération. Sur les indications de M. Thury, un honorable éleveur du
canton de Vaud, M. Cornaz, a fait saillir ses vaches au commencement ou à la fin des chaleurs, et d'un certificat délivré par lui il
résulte que, dans le premier cas, il a obtenu constamment des
femelles, dans le second, des mâles. Les personnes qui ne sont
pas initiées aux difficultés et aux exigences de la méthode expérimentale ont pu se laisser impressionner par les attestations
de M. Cornaz. Pour la science rigoureuse, ces attestations, —
quelle que soit d'ailleurs la parfaite honorabilité de M. Cornaz,
— n'ont aucune valeur. Pas une des circonstances indispensables à leur contrôle n'y est mentionnée. Et dans ces expé-

riences, les résultats obtenus s'expliquent encore mieux à l'aide d'une autre hypothèse, qui a été antérieurement proposée pour rendre compte de la production des sexes, que par la supposition relative à la maturité de l'ovule. Nous n'avons pas, du reste, à les expliquer en ce moment; il suffit d'écarter ces expériences du débat, comme tout à fait insuffisantes à rien prouver, et par conséquent non avenues.

Il en est une qui se produit chaque année sous nos yeux, sur une grande échelle, et qui a plus de valeur probante. Nul n'ignore comment se fait, en général, la monte dans l'espèce chevaline. On sait que, peu de jours après la mise-bas, les juments sont conduites à l'étalon, bien avant que les chaleurs se soient spontanément manifestées. L'on agit ainsi précisément pour en provoquer la manifestation, et afin que les juments puissent être fécondées de bonne heure. Elles sont soumises aux excitations de l'étalon d'essai, et dès qu'elles se montrent disposées à recevoir le mâle sans trop de résistance, elles sont saillies. Dans ces conditions, on ne peut pas douter que la fécondation ne s'effectue toujours, ou du moins à peu près toujours, au commencement de la période des chaleurs. Or, d'après cela, si l'hypothèse que nous discutons était vraie, il en devrait résulter, pour l'espèce chevaline, au moins une forte prédominance du sexe femelle dans les naissances annuelles. Et c'est ce qui n'a point lieu. Dans cette espèce comme dans les autres, les proportions relatives des deux sexes se balancent à peu près, en général. Il suffirait de cet argument incontestable pour ruiner définitivement les prétentions du naturaliste genevois. J'en ai été tout de suite frappé, pour mon compte, indépendamment des impossibilités embryologiques plus haut énoncées.

Mais une expérimentation conduite avec toute la rigueur qu'exige la méthode, et dont on peut voir les résultats dans le laboratoire de M. Coste, au Collège de France, confirme celle-là d'une manière éclatante. Chez les femelles multipares, telles que la lapine, par exemple, où les pontes et les fécondations sont nécessairement successives, et où les ovules présenteraient infailliblement des degrés divers de maturité, au moment de leur fécondation, si ces degrés n'étaient imaginaires ; chez ces femelles accouplées dès que le rut se manifeste, ainsi qu'on a bien eu le soin de le faire au Collége de France, on devrait observer, dans leur portée de petits, deux séries continues et bien tranchées de femelles et de mâles. Eh bien ! tout cela y est mêlé sans ordre, et ce qui se présente le plus souvent, c'est l'alternance. M. Gerbe, l'habile préparateur du cours de M. Coste, conserve dans l'alcool, clouées sur des planchettes, les matrices ouvertes de plusieurs lapines pleines et arrivées au dernier terme de la gestation, où se lit facilement la condamnation formelle de l'hypothèse de M. Thury.

Après cela, que dans la pratique des fermes se produisent des résultats qui semblent la confirmer, cela est possible, mais sans aucune importance, du moment qu'une expérimentation rigoureuse, jointe à la connaissance des phénomènes embryologiques, a démontré que ces résultats ne peuvent lui être logiquement attribués. La loi de l'hérédité du sexe nous est encore inconnue, mais elle n'en existe pas moins pour cela. Tous les phénomènes naturels ont leur loi. Il nous reste à la chercher, non pas dans l'hypothèse, mais bien dans l'observation. Evidemment, il y a des conditions pour que le produit hérite du sexe de l'un de ses procréateurs plutôt que de celui de l'autre. Dans l'acte de la génération, du moins sous ce rapport, l'influence des deux reproducteurs n'est jamais égale. Dans quelles conditions se trouve, par rapport à l'autre, celui qui transmet son sexe au produit ?

Souvent on s'est posé cette question. Sans parler des fantaisies indignes de la science auxquelles elle a donné lieu, bien des observateurs sérieux en ont cherché la solution. On est même arrivé sur ce point à formuler une conclusion qui offre un assez grand caractère de probabilité. Des observations de Girou de Buzareingues et de M. Martegoute sur l'espèce ovine de celles de Lemaire et de M. le professeur Tisserant sur l'espèce bovine, il semble résulter une concordance de résultats capable de commander un examen approfondi. J'ai soumis moi-même cette question à des recherches suivies, durant plusieurs années, au point de vue de la production des mules, et j'ai rencontré le plus souvent la confirmation de la loi provisoirement posée par Girou de Buzareingues, même dans l'espèce humaine. Cela, bien entendu, n'a pas la valeur d'une démonstration expérimentale. Le fait simple ne s'y dégage pas nettement des conditions complexes dans lesquelles on observe, et ce fait simple ne nous est point en conséquence assez connu dans ses caractères propres, pour que nous puissions l'énoncer d'une manière tellement précise qu'il soit susceptible d'être facilement contrôlé dans tous les cas. Nous ne pouvons donc avoir à cet égard que des apparences plus ou moins plausibles. Quoi qu'il en soit, il convient d'exposer l'état de la science sur ce sujet.

Ce qui paraît résulter de l'observation empirique, c'est que le reproducteur le plus vigoureux, celui dont l'état physiologique est le meilleur, communique ou transmet son sexe au produit. Et c'est ici que se présente la difficulté. Elle est dans le vague nécessaire, quant à présent, de cette proposition. Son énoncé synthétique peut être vrai. Mais comment démêler au juste, par l'analyse de phénomènes aussi complexes que ceux qui constituent l'état physiologique, les conditions comparatives qui pourraient établir la supériorité de l'un des reproducteurs sur l'autre? La comparaison comporte nécessairement des nuances presque infinies, ce qui rend l'appréciation fort difficile dans la plupart des cas. Il nous manque la connaissance d'un ou de plusieurs signes précis, dont les degrés tranchés puissent être comparés; il nous manque surtout celle de la part exacte qui revient à la substance de chaque procréateur, dans le phénomène du développement de l'embryon. En cet état, il faut enregistrer les apparences fournies par l'observation, avec

leurs imperfections, en les présentant seulement comme des
indications probables, sujettes à révision, et attendant au moins
de nouveaux éclaircissements. Ce sont de faibles lueurs sur la
voie qu'il s'agit de parcourir, pour arriver à la découverte de
la vérité.

À ce titre, les observations de M. Martegoute sont les plus
importantes que nous connaissions. Les conditions d'état relatif,
de différence d'âge et celles de situation identique qu'il faut
absolument exiger pour qu'il soit permis de conclure, s'y trouvent réunies. En outre, les résultats y sont énoncés en chiffres,
et les nombres, sans être très-forts, le sont assez pour communiquer aux faits qu'ils expriment les caractères d'une suffisante
probabilité.

Les faits notés par M. Martegoute, dans le troupeau de son
beau-frère, M. Vialet, où s'opérait sous sa direction un métissage avec des béliers anglo-mérinos d'Alfort, sont de deux catégories. Dans la première de ces catégories, voici ce dont il
s'agit : On a chiffré le nombre exact des mâles et des femelles
produits dans chacune des trois périodes de l'agnelage des
brebis, toutes couvertes par un unique bélier, faisant dans le
troupeau la lutte en liberté. Le nombre total des brebis, pour
chaque période, donne la mesure de celles qui, étant devenues
en chaleur en même temps, ont été couvertes par le bélier durant ce temps, et aussi la mesure de l'épuisement que cela lui
a causé. Chaque brebis n'y allant que pour son compte, tandis
que le bélier devait suffire à toutes, il est clair que l'état relatif
des reproducteurs, dans ce cas, peut être assez exactement représenté, au détriment du bélier, par le nombre de brebis couvertes dans chacune des trois périodes, et surtout par l'ordre
de leur succession. Or, dans la première période de l'agnelage
la proportion des agneaux mâles a été de 13 contre 4 femelles
dans la deuxième, qui a suivi de près, la proportion se trouve
renversée, au point qu'il n'y a plus que 3 mâles contre 15 femelles ; dans la troisième, enfin, où les brebis à couvrir on

été moins nombreuses et l'apparition de leurs chaleurs moins simultanée, on a trouvé 9 agneaux mâles contre 4 femelles.

Comme résultat total, on voit néanmoins que les proportions ne sont pas sensiblement différentes, puisqu'il y a eu 25 mâles contre 23 femelles seulement. C'est apparemment que les conditions se compensent à peu près, dans l'ordre naturel. Mais il n'en est pas moins visible, en pénétrant dans le détail, que la plus forte proportion des mâles correspond au moment où le bélier se trouvait, par rapport aux brebis, dans le meilleur état de vigueur et de santé, comme celle des femelles correspond aux conditions inverses.

La seconde catégorie des faits relatés par M. Martegoute, dans le travail auquel nous empruntons ces résultats [1] laisse encore moins de place au doute. Un bélier très-vigoureux et fortement nourri fit la lutte, en 1853, avec 34 jeunes brebis antenaises. On obtint 25 mâles et 9 femelles seulement. Le même bélier saillit en outre des brebis fort épuisées, au moment où elles finissaient d'allaiter leur fruit ; une première fois, en 1853, on en obtint 8 agneaux mâles contre 4 femelles ; une seconde fois, en 1854, on observa 27 naissances de mâles contre 9 de femelles.

Des résultats en apparence contradictoires ont été opposés à ceux-là. Un honorable éleveur d'Ille-et-Vilaine, prenant complétement le change sur la signification des choses, a cru prouver par ses propres observations, que la vigueur du mâle étalon était, au contraire, une raison pour que le nombre des femelles produites fût plus considérable. Et ce qui l'a conduit à cette conclusion, c'est que ses vaches bretonnes, saillies par de jeunes taureaux de Durham, lui ont constamment donné plus de vêles que de veaux. C'est précisément le cas de M. Cornaz, qui, dans son expérience faite en suivant les indications de M. Thury, a

---

1. *Journal d'agriculture pratique et d'économie rurale pour le midi de la France*, publié par les Sociétés d'agriculture de la Haute-Garonne et de l'Ariége. Toulouse, 1858.

obtenu de ses vaches suisses des femelles avec le taureau durham, et des mâles avec un taureau métis. Cela rentre tout à fait dans les probabilités que nous cherchons à faire ressortir en ce moment, car on ne songera point à comparer, sous le rapport de la vigueur de la constitution, la race de Durham améliorée avec les races de la Bretagne ou de la Suisse.

J'ai raconté déjà [1] la curieuse observation que j'ai pu faire, durant plusieurs années, à Aulnay (Charente-inférieure), d'un baudet dont les saillies étaient fort disputées par les propriétaires de juments mulassières du canton. C'était à qui arriverait le premier pour en bénéficier. Cependant cet animal, fort beau d'ailleurs comme conformation spéciale, était atteint d'une infirmité qui lui rendait très-difficile la marche et même la station debout. Il demeurait toujours couché, excepté le court instant durant lequel on le forçait à se lever pour saillir. A la suite de la fourbure, si commune chez ces animaux, dont l'hygiène est en général déplorable, il lui était survenu une rétraction si prononcée des tendons fléchisseurs des membres antérieurs, que ses articulations du boulet touchaient, dans la marche, à chaque instant le sol. Je voulus savoir la raison des préférences si accusées dont il était l'objet, de la part des propriétaires de juments, malgré la chétive apparence que lui donnait son infirmité. Je m'informai. Les réponses que j'obtins furent unanimes : c'était parce qu'on était à peu près sûr, avec ce baudet, d'avoir une mule, dont le prix, comme on sait, est de beaucoup supérieur à celui du mulet. Sa réputation, à cet égard, était solidement établie, et non point basée sur un préjugé. Chaque paysan poitevin vous dira au juste le nombre de mules nées dans sa commune et le nom du baudet qui en a fait le plus, et cela par la bonne raison qu'il y est fort intéressé. Dans le cas que je viens de relater, il y a, ce me semble, une forte présomption en faveur de l'influence de l'é-

____

[1] Livre de la Ferme, t. I, page 442.

tat relatif des reproducteurs sur le sexe du produit. Il n'est
pas besoin, sans doute, d'insister sur les conditions d'affaiblissement faites au baudet d'Aulnay par son infirmité.

C'en est assez sur ce point, et nous ne poursuivrons pas jusque dans l'espèce humaine les probabilités que l'observation
peut fournir au sujet de l'hérédité du sexe. Ce n'est pas que
nous ne possédions, à cet égard, des données assez plausibles.
Mais il faut prendre garde de ne pas fournir trop d'arguments
à ceux qui sont toujours enclins à dépasser les limites de la
logique, et à tenir trop facilement pour certain ce qui est
seulement probable. Nous ne serions point arrêté toutefois par
la crainte explicitement formulée des conséquences que cela
pourrait entraîner dans la société. Si nous étions, sur cet objet,
en possession de la vérité, nous la dirions tout entière et sans
hésitation, persuadé que le vrai ne peut jamais conduire qu'au
bien. Ne cessons donc point de chercher, mais sans jamais
confondre le probable avec le certain. Quant à présent, la loi
d'hérédité relative au sexe ne nous est pas connue. Nous pos-
sédons seulement quelques indices, dont les plus probables
viennent d'être indiqués. Tâchons d'en tirer parti dans leur
imperfection, en attendant que des études plus approfondies sur
la fonction génératrice nous aient éclairés davantage. Il s'agit là
d'une question fort complexe, dont l'analyse n'est pas possible
en ce moment. Faute de science, on fait de l'empirisme. C'est
toujours par là qu'on est obligé de commencer, lorsqu'il y a
nécessité d'agir. Où les règles précises manquent, on a recours
au tâtonnement.

Hérédité des formes. — La faculté de conservation de
l'espèce, par influence héréditaire, est, au même titre, l'attribut
de la race, ainsi que nous l'avons déjà fait remarquer. Mais
ici, de plus, l'influence s'étend sur les formes extérieures caractéristiques. On peut ériger en loi résultant de l'observation
dans la race, cette proposition : *Les semblables engendrent leur*

semblable. À cela, il n'y a pas une seule exception réelle. Les écarts ne sont qu'apparents, et nous en donnerons la raison plus loin. Les formes existant à un égal degré chez les deux reproducteurs, se répètent exactement dans le produit, pourvu qu'elles aient le cachet de fixité qui appartient aux caractères de race. Ces caractères essentiels ou typiques, sont tous héréditaires au même titre et au même degré, ce qui assure la conservation de la race et témoigne précisément de sa permanence ou fixité. Nous avons déjà énoncé le fait. Nous en donnons ici l'explication physiologique, comme on en verra, plus loin, les conséquences zootechniques. C'est un fait de pure hérédité naturelle, contre lequel les combinaisons artificielles ne peuvent rien. Encore une fois, bien que nous ne sachions pas au juste la part qui revient aux deux sexes dans la constitution du produit de leur accouplement, l'observation démontre qu'ils donnent infailliblement naissance à un individu qui est la reproduction exacte de leur propres formes, lorsque ces formes sont exactement semblables entre elles. L'hérédité s'exerce pour toutes de la même façon. Rien ne nous autorise à supposer qu'elle soit plus puissante pour l'une que pour l'autre, que ses chances soient moindres ou plus fortes dans un sexe que dans l'autre, toutes choses étant d'ailleurs égales.

Nous aurons à tenir compte des considérations de cette nature en nous occupant des opérations de croisement, qui comportent des conditions complexes. Quant à présent, il ne s'agit que de l'hérédité des formes typiques de la race, et de la sûreté de leur transmission héréditaire, lorsqu'elles existent au même degré chez les deux reproducteurs, c'est-à-dire lorsqu'ils sont également purs de tout mélange avec une autre race. Dans le cas contraire, par cela même que la puissance héréditaire est égale pour les caractères typiques de toutes les races, les chances sont les mêmes, et il n'y a pas de raison pour voir apparaître, dans le produit, les caractères de l'une plutôt que ceux de l'autre.

C'est ce principe physiologique incontestable, qui fournit la démonstration péremptoire de l'erreur radicale dans laquelle sont tombés la plupart des auteurs antérieurs à l'école zootechnique actuelle, agronomes, hippologues ou vétérinaires, qui ont écrit sur les préceptes relatifs à la production du bétail. C'est en le méconnaissant complétement qu'ils ont pu arriver à la conception de *l'appareillement*, dans laquelle certains d'entre eux persistent plus que jamais, se refusant à voir que l'analyse des faits leur donne le plus éclatant démenti. Incapables apparemment d'apercevoir la véritable signification de ces faits, ils continuent de les invoquer à l'appui de leur conception purement spéculative, sans tenir aucun compte de la loi d'hérédité, égale pour toutes les formes fixes; ils raisonnent, ainsi que je l'ai dit ailleurs, comme si l'être organisé était un composé chimique à proportions définies, dont les éléments se combinent en neutralisant mutuellement leurs propriétés.

A les entendre, on croirait qu'il suffit d'opposer, dans l'ensemble des formes, à une imperfection relative une perfection correspondante, pour que l'hérédité fasse nécessairement élection de celle-ci plutôt que de l'autre. C'est là l'idée fondamentale de ce qu'ils appellent l'appareillement. Nous verrons plus loin que les résultats du croisement, d'où cette singulière idée a été déduite, s'expliquent d'une tout autre façon et par les données d'une physiologie moins hasardée. La vérité, c'est que, pour conserver les races, il n'y a point à se préoccuper de ces combinaisons, puisque leur propre est l'identité des caractères typiques chez les deux reproducteurs, identité sans laquelle il s'agirait d'un croisement, non de la reproduction d'une race. En ce qui touche aux caractères secondaires, variables dans des limites que nous aurons à mesurer, et dont les variations constituent les améliorations zootechniques, que nous devrons également définir, lorsque nous en serons là ; dans ce cas, l'idée de l'appareillement, pour être en apparence moins inacceptable, n'en est pas plus fondée.

En effet, l'hérédité des caractères secondaires, comme ceux des caractères essentiels ou typiques, n'est assurée que par leur identité chez les deux reproducteurs. Si la forme en diffère, il n'y a pas de raisons, je le répète, pour que le produit hérite, sous ce rapport, plus de l'un que de l'autre. Les chances sont égales, et ce qui arrive ordinairement alors, c'est que le produit représente à peu près une moyenne entre les deux, à moins que des circonstances particulières ne soient venues troubler les effets physiologiques de l'hérédité. On observe des reproducteurs mâles doués à un plus haut degré que d'autres de la puissance héréditaire. On dit de ceux-là qu'ils se reproduisent bien, — qu'ils *racent* bien, en langage d'éleveur, — parce que leurs descendants ont habituellement plus de ressemblance avec eux qu'avec la mère. Mais cela n'infirme en rien la loi générale, en vertu de laquelle cette puissance est sensiblement égale pour les deux procréateurs, lorsqu'elle n'est pas contrariée par des conditions dont l'exacte appréciation nous échappe encore en grande partie.

On s'est livré sur ce point à de nombreuses dissertations, dont le défaut est de n'avoir aucun fondement scientifique solide. On a, dans l'hérédité des formes, fait la part du père et celle de la mère; et pour la généralité des auteurs, il n'est point douteux que la part du mâle doive être toujours plus forte. Écartons d'abord cet argument puéril, qui a été produit, et qui consiste en ce que celui-ci suffit toujours à féconder un nombre plus ou moins considérable de femelles. Évidemment, il ne s'agit point de cela. Ceux qui se servent de cet argument en un tel débat prouvent suffisamment qu'ils raisonnent sur des choses qu'ils n'entendent pas. Il n'est pas besoin de faire remarquer aux autres, sans doute, qu'on ne parle ici que de l'influence du sexe sur l'hérédité des formes anatomiques. Eh bien ! en observant de près et avec compétence, on s'aperçoit que cette influence est absolument nulle. Et il n'en faut pas chercher d'autre preuve que celle-ci, savoir : que l'on rencontre aussi fréquemment des individus ressemblant à leur mère que d'autres ressemblant à leur père, et cela dans toutes les races comme dans toutes les espèces. La seule conclusion raisonnable qu'il en faille tirer, c'est que l'hérédité des formes à certain degré dissemblables chez les deux procréateurs, dépend de circonstances étrangères et résultant probablement, comme pour le sexe lui-même, des états physiologiques réciproques.

Les caractères de l'hybride de l'âne et de la jument sont le plus souvent invoqués pour éclairer cette difficile question. En comparant les formes extérieures du mulet à celles de ses ascendants paternels et maternels, on cherche à déterminer celles qui lui viennent de l'une ou de l'autre ligne. Il suffit de réfléchir à la difficulté de telles comparaisons, basées seulement sur des nuances, pour demeurer convaincu qu'elles ne peuvent manquer d'être l'objet de fréquentes illusions. Nous ne rapporterons pas ce qui a été si souvent écrit à cet égard depuis Buffon, la plupart des auteurs ayant successivement et sans contrôle copié l'illustre naturaliste. Un seul fait d'observation, et bien précis celui-là, suffira pour montrer combien peu sont fondées toutes les conclusions absolues déduites des apparences fournies par la comparaison des formes du mulet avec celles de l'âne et du cheval. Il existe entre les deux espèces une différence essentielle dans la constitution de la colonne vertébrale. Ce n'est pas une nuance de forme, difficile à déterminer exactement, mais bien une différence constante de nombre. Tandis que la jument, comme le cheval, a six vertèbres lombaires, l'âne n'en a que cinq.

Il y avait par conséquent dans cette disposition anatomique un moyen certain de résoudre d'une manière non douteuse la question qui nous occupe, et j'en fus frappé. Évidemment, si l'influence héréditaire était soumise uniquement à des lois fixes dépendant du sexe des procréateurs, le nombre des vertèbres lombaires du mulet devait être constant et toujours de

cinq ou de six, suivant que le père ou la mère lui communi-
querait infailliblement telles ou telles parties de sa constitution ; car il n'était pas possible de supposer que ce nombre fût
de cinq et demi. Je m'en suis enquis, et je suis arrivé à ce
résultat de constater que le nombre des vertèbres lombaires
du mulet est tantôt de cinq, comme chez l'âne, et tantôt de
six, comme chez le cheval. D'où il faut conclure que l'influence
héréditaire varie dans cette circonstance et qu'elle dépend de
conditions autres que celles tirées du sexe même.

Nous n'ignorons point que le bardot, hybride du cheval et de
l'ânesse, se rapproche parfois plus, extérieurement, par le vo-
ume de sa tête, les dimensions de ses oreilles, les lignes arrondies
de sa croupe, de la conformation du cheval que de celle de l'âne,
de même que le mulet ressemble plus à ce dernier qu'à la jument
sa mère, quant à la physionomie générale ; mais outre que les
occasions d'observer des bardots ne sont pas fréquentes, et
qu'il manque une comparaison bien établie entre les caractères de race des individus de l'espèce chevaline qui concourent
à les former et ceux des juments mulassières, il n'y a pas là
de quoi trancher une question si difficile.

Ce qui s'observe dans l'espèce humaine, où les filles ressemblent si souvent au père et les garçons à la mère, quant aux
traits du visage, ajoute encore à la preuve que nous essayons
de fournir, qu'il n'y a rien d'absolu dans l'hérédité des caractères dissemblables, et qu'il est tout à fait impossible de déterminer à l'avance, dans l'état actuel de la science, quelle
sera sur les formes du produit l'influence de l'un ou de l'autre de ses procréateurs.

Dans l'accouplement des chameaux à deux bosses avec ceux
à une seule bosse, c'est encore le fait de tout à l'heure, relatif
au mulet, qui se produit. Le petit naît indifféremment avec
deux bosses ou avec une seule.

Un seul fait est positif, en ces matières, c'est que l'hérédité
n'est assurée que pour les formes qui se rencontrent à *la fois*

chez le père et chez la mère, sauf le cas d'atavisme, dont nous parlerons plus loin. Il faut donc poser en principe que pour les caractères ou formes dissemblables et également fixes, les chances d'hérédité se balancent, et que la transmission des uns plutôt que des autres a lieu suivant des circonstances qui dépendent moins du sexe du reproducteur que de l'état relatif dans lequel il se trouve au moment de la fécondation. D'où il suit que jusqu'à ce que nous soyons éclairés sur les diverses conditions de cet état relatif, qui commandent bien certainement l'hérédité des formes, comme elles paraissent commander celle du sexe, ainsi que nous l'avons vu, il convient de considérer les accouplements d'individus dissemblables comme toujours chanceux et leurs résultats comme dépendant provisoirement du hasard, mot bête, a dit un homme d'esprit, mais qui a du moins le mérite de masquer notre ignorance. Il suit également du principe posé, que les chances contraires d'hérédité diminuent dans la même proportion que les dissemblances, pour arriver à être tout à fait nulles dans les conditions de la loi des semblables énoncée plus haut, la seule, quant à présent, qui puisse être formulée d'une manière absolue.

M. Magne, en cherchant à déterminer l'influence du père et de la mère sur le produit de la conception, conclut, contre son habitude, assez nettement sur ce sujet, dans le sens que nous venons nous-mêmes d'indiquer. Le résultat diffère, dit-il, « selon des circonstances que l'on ne peut pas toujours apprécier. » — « Et, ajoute M. Magne, des observations faites sur toutes les espèces démontrent qu'en effet les deux sexes exercent, dans les circonstances ordinaires, une influence à peu près égale. » Sans se soucier pour l'instant de l'opinion qu'il soutiendra plus tard et qu'il va ruiner dans ses fondements, — ce qui arrive toujours aux hommes de bonne foi qui, observateurs sincères, manquent seulement de logique, — le même auteur cite à cet égard des observations personnelles qui ont une grande valeur, précisément pour ce motif. Après avoir parlé des croisements avec les taureaux des races sans cornes : « On ne peut pas soutenir non plus, fait-il remarquer, que les béliers communiquent les toisons plutôt que les brebis, tandis que celles-ci impriment la conformation ; car les agneaux issus d'un père dishley ont généralement les formes carrées, le corps trapu qui distingue le père, mais ils présentent aussi à un haut degré la laine longue, grosse, souvent dure qui le caractérise également. Du reste, nous avons vu souvent des agneaux issus d'un même bélier et de brebis de la même race (il s'agit de la prétendue race dishley-mérinos) avoir la tête nue et les arcades orbitraires saillantes du bélier anglais, quand ils avaient la mèche carrée, la laine courte, la toison fermée de la race mérine ; tandis que parfois, à une tête essentiellement de race espagnole, ils réunissaient la laine longue, la mèche pointue des bêtes anglaises[1]. »

On pourrait être surpris de compter, après cela, M. Magne parmi les plus grands partisans de la création des races nouvelles par le croisement. Une telle inconséquence se trouve suffisamment expliquée, toutefois, par l'idée fausse qu'il conçoit de la race ; mais ce qui est tout à fait inexplicable, autrement que par une lacune de logique, c'est que le même auteur, qui accumule dans ce paragraphe de son livre tous les faits de ce genre les plus connus, et sans essayer de les rattacher à aucun fait plus général, suivant la méthode scientifique, n'expose pas moins dans un autre paragraphe de la même section les règles de l'appareillement par rapport à la taille, aux formes, aux défauts et aux qualités, à l'âge, à la robe, etc. Et, à travers des conclusions contradictoires sur ces divers objets, se laisse formellement découvrir son opinion préconçue, qui est que dans l'accouplement les caractères opposés se corrigent les uns par les autres. S'il combat l'idée de Cline, à propos de la taille ; si, à propos des formes, il oppose aux observations de lord Spencer cette remarque : « Cependant nous devons faire

____

1. *Hygiène vétérinaire appliquée.* t. I, p. 142. Paris, Labé, 1857.

remarquer qu'il est rarement avantageux d'employer à la reproduction des *individus ayant un vice de conformation très-prononcé, car presque toujours ils le transmettent à leurs descendants* »; il n'en pose pas moins en précepte, un peu plus loin, que « pour corriger des défauts, imprimer des qualités », il faut chercher « des individus qui se complètent. »

Il n'est pas besoin sans doute d'insister pour faire apercevoir combien peu le précepte découle du principe. S'il est vrai, en effet, ainsi que cela est reconnu par M. Magne lui-même, que les deux reproducteurs exercent une influence à peu près égale, et que les chances d'hérédité soient égales de même pour toutes les formes, le produit peut aussi bien représenter la somme des défectuosités de son père et de sa mère que celle de leurs perfections. Et l'un arrive comme l'autre en réalité. La restriction de l'auteur, relative au « vice de conformation très-prononcé », s'applique en principe également à celui qui le serait moins. Le résultat est le même au fond, bien qu'il impressionne moins les observateurs inattentifs. Cela rentre dans la loi fondamentale de l'hérédité et ruine de fond en comble la théorie de l'appareillement, en tant qu'elle s'écarte de la loi des semblables.

Appliquée à la conservation des races, auquel cas on a proposé de lui donner les noms d'*appariement* et d'*appatronnement*, cette théorie dévie de son sens primitif, et la zootechnie se charge d'une confusion de plus. Ce dernier cas est celui de la sélection, et il n'y a pas besoin d'autres mots pour l'exprimer. L'appareillement ne peut avoir à la fois des significations si diverses et si contradictoires que celles qui lui sont attribuées par M. Magne. M. Huzard, qui l'emploie comme équivalent de sélection, de même qu'on le trouve employé dans les œuvres de J.-B. Huzard, son père, a pu justement contester l'utilité de l'appellation d'appariement, proposée par M. Gayot, et de celle d'appatronnement, proposée par Demoussy et adoptée par le même M. Gayot en cherchant,

on ne sait trop pourquoi, à baser sa nécessité sur des subtilités de langage, sans aucun fondement dans les faits.

Mais M. Magne, qui donne à l'appareillement les acceptions
multiples que nous avons vues, et en particulier celle de la correction des formes d'un des reproducteurs par les formes opposées de l'autre, prouve qu'il n'a pas compris le sens donné à
ces mots par leurs auteurs, lorsqu'il se dit du même avis que
M. Huzard; et lorsqu'il ajoute, avec ce dernier, que les termes dont il s'agit « doivent être considérés comme ayant la
même signification », il donne un exemple de la confusion qui
s'établit si souvent dans son esprit entre les notions générales
et les notions particulières. Si, pour M. Magne, l'appareillement était l'application de la loi des semblables, comme pour
M. Huzard, comment comprendrait-on qu'il pût avoir été conduit à formuler des préceptes comme celui-ci, par exemple,
que nous sommes bien loin de recommander, nous, les partisans de cette loi : « Il ne faut pas toujours rechercher les individus les mieux conformés : de très-beaux mâles peuvent
convenir moins bien pour certaines femelles, que d'autres qui
pècheraient par quelques-unes de leurs parties, mais qui auraient des défauts opposés à ceux des femelles. Un père et
une mère ayant la même défectuosité, quoiqu'à un degré très-
peu prononcé, produiraient des descendants défectueux; tandis que s'ils avaient des défauts graves, mais opposés, ils
pourraient donner naissance à des êtres bien conformés[1]. »

Il n'y a garde que M. Magne puisse jamais accuser l'école
zootechnique à laquelle nous appartenons de lui avoir emprunté
ce précepte, comme cela lui est arrivé pour d'autres plus conformes à la saine physiologie et que les travaux de nos devanciers nous ont fournis. Il ne viendra point à la pensée d'un
zootechniste soucieux de respecter les lois de l'hérédité de
repousser un mâle, pour ce motif qu'il serait trop beau. On

---

1. Loc. cit., p. 163.

aurait peine à croire à une si singulière opinion, attribuée à l'honorable professeur, tant elle est en opposition avec tout ce que l'expérience de tous les jours enseigne. C'est pour cela que nous en avons cité les termes textuellement. Il est élémentaire que le premier soin à prendre, dans le choix d'un étalon, doit être de rechercher en lui le plus possible des formes que l'on désire rencontrer dans ses produits. C'est ainsi que les éleveurs expérimentés ont toujours agi, sans tenir compte de l'étrange théorie de l'appareillement ainsi comprise, et ils ont bien fait. Ils ont judicieusement pensé qu'en faisant exercer l'hérédité, du côté des mâles, seulement sur des perfections, ils diminuaient au moins de moitié les chances de reproduction des défectuosités ; tandis qu'en accouplant celles-ci entre elles, fussent-elles même aussi opposées qu'on puisse le supposer, ce qui aurait au reste besoin d'être mieux défini, il faut à point nommé, pour obtenir le résultat désiré, que le produit tienne également de l'un et de l'autre de ses procréateurs, qu'il en représente en tout point la moyenne, en un mot qu'il soit une combinaison à proportions définies, comme l'on dit en chimie. Mais on sait bien que, dans un cas pareil, le plus probable est la transmission héréditaire de l'une ou de l'autre des formes défectueuses, au lieu de leur fusion, qui est une conception purement spéculative.

Nous ne nous arrêterons pas davantage à discuter cette conception, que nous n'eussions point du tout relevée, n'était l'autorité qu'a pu lui donner M. Magne en l'acceptant et la préconisant. Il demeurera plus conforme à ce que nous savons de l'hérédité des formes, d'établir que si celles dont il y a lieu de désirer la répétitition dans le produit ne peuvent pas être réunies chez les deux reproducteurs, il faut au moins, pour augmenter leurs chances de reproduction, qu'elles se trouvent chez le mâle, qui peut les transmettre en s'accouplant avec plusieurs femelles. Le seul moyen de corriger des défauts, par voie d'hérédité, c'est de leur opposer ce que l'on appelle des qualités. Et M. Magne ne dit-il pas d'ailleurs lui-même, aussitôt après avoir posé son étrange précepte, et avec cette facilité de contradiction qui rend si pénible l'interprétation de sa pensée dans ses écrits, « qu'il est rarement avantageux d'employer à la reproduction des individus ayant un vice de conformation très-prononcé, car *presque toujours* ils le transmettent à leurs descendants. » C'est là qu'est la vérité. Mais alors que devient le principe des « défauts graves, mais opposés, » du père et de la mère, qui peuvent se traduire dans le produit en perfections, posé par l'auteur quelques lignes plus haut ?

La suite de notre sujet nous amène à peser une autre assertion d'une physiologie non moins hasardée, et que nous trouvons encore acceptée et renforcée par la même autorité. C'est ce qui nous oblige à l'analyser.

Il s'agit de l'influence que le mâle qui a fécondé la femelle primipare conserverait sur ses fécondations et ses gestations ultérieures. L'opinion de cette influence existe depuis longtemps à l'état de préjugé, résultant de la fausse interprétation d'un phénomène physiologique vrai, que les auteurs insuffisamment éclairés sur ce phénomène ont répétée jusqu'à présent, comme si les connaissances embryologiques n'en démontraient pas l'impossibilité. Il faut dire que ces auteurs ne se sont guère préoccupés de ces connaissances, qui ont pourtant quelque importance, ainsi que nous l'avons vu, dans l'étude des questions relatives à l'hérédité. M. Magne est un de ceux qui partagent la croyance dont nous avons à examiner le fondement. Bien que les femelles de mammifères doivent être fécondées de nouveau après chaque gestation, « il se produit cependant, dit-il, une action qui prouve que l'influence du mâle se fait encore sentir après la gestation qu'il a provoquée. » Et l'honorable professeur ne donne pas cela comme une simple probabilité. Il n'hésite point à ajouter : « Des faits nombreux le démontrent [1]. » Voyons donc ces faits.

____

1. Loc. cit. p. 448.

Il y a d'abord la fameuse histoire de la jument arabe fécondée par un couagga, et qui fit, en 1815, dit-on, un mulet rayé comme le père ; puis après avoir reçu l'approche d'un étalon noir, un « poulain tigré, ressemblant plus au couagga qu'à son père ; » successivement plusieurs autres poulains ayant encore, quoique à un moindre degré, de la ressemblance avec le couagga.

On pourrait au besoin récuser cette histoire, qui traîne dans les livres et dont l'authenticité n'a jamais été contrôlée. En 1815, personne ne s'avisa de la vérifier, et elle n'a que la valeur d'une simple assertion, c'est-à-dire une valeur égale à zéro dans une question scientifique de cette importance. En l'état, les faits acquis à la science en démontrent l'impossiblilité, ainsi que nous le verrons tout à l'heure. Pour en trouver l'explication, en admettant qu'elle ne reposât pas sur une illusion de fait, il faudrait nécessairement supposer que la jument arabe ou les étalons qui l'ont ensuite saillie comptaient des couaggas parmi leurs ancêtres. Une telle supposition serait dans tous les cas moins inadmissible que l'influence du couagga de 1815 sur ses gestations ultérieures.

M. Magne cite ensuite la jument *Catty-Sark*. « Cette jument, qui n'avait, dit-il, aucun de ses ascendants gris, saillie, en 1825, par *Visconti*, étalon gris, fit un poulain gris en 1826 et eut aussi, les années suivantes, des poulains gris avec *Champignon*, étalon bai, qui non plus n'avait aucun parent gris. » Il faut remarquer ici que l'absence d'ascendants gris dans la parenté de *Catty-Sark* et de *Champignon* est affirmée, mais nullement prouvée. On ne dit pas jusqu'à quelle génération ont remonté les recherches dans sa généalogie. Si la chose en valait la peine, nous pourrions essayer de vérifier cela ; mais il n'est nullement nécessaire de le faire, et l'on peut hardiment affirmer que l'assertion est inexacte, attendu l'impossibilité physiologique qu'il en soit autrement.

Viennent enfin des chiennes qui donneraient des petits ressemblant par leurs formes à l'un des mâles qui les ont fé-

condées antérieurement; puis les juments d'Afrique ayant eu
des mulets d'abord, et ensuite des poulains qui ressemblent à
ces derniers, et les juments du Poitou « intérieurement mulassières, » comme l'a dit Jacques Bujault et comme le répète
M. Eugène Gayot après lui. Ces juments, qui ont fait des
mules, « font ensuite des *chevaux-mules*, nous disait, en 1845,
rapporte M. Magne, un paysan du Poitou. » Et l'honorable
professeur a pris cela pour argent comptant. — J'oubliais
l'exemple de la truie qui, après avoir été fécondée par un
sanglier, fit ensuite avec des verrats des petits ayant les taches
brunes du « porc sauvage; » et « les brebis blanches qui ont
été couvertes par un bélier noir, » et qui, saillies ensuite par
des mâles blancs, donnent assez souvent des agneaux pies ou
ayant les paupières, les lèvres, les jambes noirâtres. »

Je n'ai point voulu affaiblir, on le remarquera, toutes ces
assertions. Il importe peu de les tenir pour vraies, bien que la
plupart des faits auxquels elles se rapportent soient loin de se
présenter avec le caractère de fréquence qui semble en résulter. On ne peut se dispenser de faire observer cependant,
avant toute interprétation, que ce serait se montrer trop facile
sur les preuves de ne pas exiger plus de détails et des investigations plus circonstanciées, tout à la fois sur les antécédents
des individus femelles dont il s'agit et sur les caractères de
leurs produits attribués à l'influence antérieure du mâle qui a
eu leurs prémices. Quant aux juments mulassières, j'en peux
parler par expérience. Celles du Poitou, de même que leurs
poulains, ont les caractères de leur race, voilà tout. Pour ce
qui est de la faculté qui leur a été gratuitement attribuée de
recevoir avec plus de facilité la fécondation de l'âne, l'expérience démontre maintenant que les juments bretonnes introduites en grand nombre dans le Poitou pour la production des
mules, ne leur cèdent en rien sous ce rapport, pas plus que
sous celui de la valeur des produits. Les chiennes pures de
tout mélange de races sont bien rares. Il n'est pas dit que les

agneaux marqués de noir se produisent dans les races
exemptes de particularités de ce genre, depuis de longues
générations. Et enfin tout le monde sait que rien n'est plus
commun que les taches noires dans la peau des races porcines.

On serait donc autorisé à attribuer les faits invoqués à
l'appui de la supposition que nous examinons, à ce phénomène
physiologique fort important au point de vue des lois de l'hérédité, que les naturalistes ont appelé atavisme et dont nous
nous occuperons bientôt, et en vertu duquel les caractères de
quelque ascendant se reproduisent accidentellement après un
certain nombre de générations qui ne les ont point présentés.
C'en est l'explication réelle, ainsi que nous le verrons ; mais il
suffira de montrer, pour l'instant, l'impossibilité physiologique
de celle qui a été si légèrement adoptée et propagée.

On pouvait concevoir des doutes à cet égard, avant que les
idées sur la fonction génératrice créées par la seule imagination
eussent fait place à des observations positives. Dans le système
de la préexistence des germes, qui régnait alors que les hypothèses avaient le champ libre en ces matières, il était permis
de supposer que ces germes pussent recevoir une première fois
l'imprégnation de la liqueur séminale du mâle et s'en ressentir
lorsqu'ils seraient appelés à devenir des embryons. Maintenant
qu'on sait que leurs éléments se développent spontanément et
successivement dans l'ovaire, et qu'ils ne peuvent, chez les
mammifères, avoir de rapports avec les éléments du sperme
qu'après la rupture de la vésicule ovarique dans laquelle ils sont
contenus, laquelle rupture ne se produit qu'au moment du rut,
et pour fournir les germes ou ovules nécessaires à une portée,
ceux qui ne sont pas fécondés s'altérant et se détruisant bientôt à mesure qu'ils cheminent dans l'utérus pour être expulsés ;
maintenant que les études embryologiques nous ont révélé cela,
je moyen d'admettre l'influence continue du mâle qui féconde
sur des germes dont le premier élément, la cellule primitive

ou cellule mère, ainsi que l'appellent les histologistes, n'est pas encore seulement formé? A ces conceptions imaginaires, le microscope a substitué la connaissance précise des faits. Il faut donc y renoncer. Contre des notions si positives et si précises, l'histoire du couagga de 1815, ne dût-on pas la soupçonner véhémentement d'être apocryphe, ne saurait prévaloir, non plus que les autres moins douteuses, quand même elles ne trouveraient point dans l'influence de l'atavisme leur légitime interprétation.

Hérédité des aptitudes. — Dans la plupart des cas, les aptitudes se confondent avec les formes. L'hérédité de celles-ci entraîne nécessairement alors l'hérédité de celles-là. Il est clair que pour les aptitudes résultant de la conformation particulière d'une partie ou de la totalité du corps, cela ne fait pas difficulté. En thèse générale même, on peut dire que toute aptitude physiologique est la conséquence d'une forme anatomique particulière. Mais ici nous n'entendons parler que de formes extérieures et nous considérons seulement l'aptitude essentiellement zootechnique, c'est-à-dire celle qui est, par son degré d'intensité ultra-physiologique, un attribut de la race ou de l'individu.

Cette distinction régit toute la question de l'hérédité des aptitudes. La faculté laitière, l'aptitude à l'engraissement précoce, celle à la sécrétion d'une laine particulière, l'énergie et la vigueur précoce du cheval de course, toutes les aptitudes enfin présentent d'autant plus de chances de transmission par la génération qu'elles sont plus anciennes dans la race. Leur développement, quelque intense qu'il soit, chez un individu, ne suffit pas pour leur communiquer la puissance héréditaire. Sans cela, rien ne serait plus facile et plus prompt que de modifier les aptitudes des races : il suffirait de quelques générations. Cette puissance héréditaire, lorsqu'il s'agit d'une aptitude accidentellement ou artificiellement développée chez l'individu, est très-limitée. Les chances de transmission unilatérale sont toujours assez minimes. Mais il en est différemment de ce que nous appellerons l'hérédité bilatérale, qui est la condition de la loi des semblables. Les aptitudes qui existent au même degré chez les deux reproducteurs se transmettent à peu près sûrement. Je dis à peu près par simple prudence; car il n'y a pas de fait, à ma connaissance, qui m'oblige à cette restriction.

Parmi les plus remarquables observations capables de donner à cette loi sa confirmation expérimentale, pour ce qui concerne les aptitudes, il faut citer celles qui ont été rapportées par M. Yvart et qui sont relatives à la constitution de la famille mérine à laine soyeuse dans le troupeau de M. Graux, de Mauchamp. En ces matières, ce n'est pas la profusion des faits plus ou moins nets, plus ou moins contestables, qui peut prouver beaucoup. Pour arriver à la démonstration précise et complète, il suffit de mettre en évidence un résultat bien tranché, sur lequel l'illusion ne soit pas possible. Or, comme en histoire naturelle les phénomènes du même ordre obéissent toujours à la même loi, ce qui est vrai pour un cas l'est également pour tous. La nature est très-parcimonieuse en fait de lois, comme on le dit par métaphore; ce que nous exprimerons plus exactement en constatant que les lois naturelles, de quelque ordre de phénomènes qu'il s'agisse, sont toujours très-peu nombreuses.

On sait que la famille mérine à laine soyeuse a eu pour unique souche un agneau né en 1828, dans le troupeau mérinos de la ferme de Mauchamp, près Berry-au-Bac, département de l'Aisne. Dès 1829, M. Graux employa le jeune bélier à la reproduction avec des brebis présentant le lainage ordinaire de la race mérinos, dans l'intention arrêtée de transmettre à ses produits l'aptitude à sécréter de la laine soyeuse. Sur le nombre de brebis que ce bélier put féconder, deux agneaux seulement héritèrent, en 1830, de l'aptitude de leur père, un mâle et une femelle. En 1831, il y en eut cinq, dont quatre agneaux, ce qui peut être attribué à l'âge plus avancé du bélier et par conséquent à sa plus grande puissance d'hérédité. Enfin, en 1833, le nombre des béliers soyeux était assez élevé pour qu'ils pussent faire tout seuls le service du troupeau.

Voici, dans ces conditions, ce qui a été observé, et qui donne pour dégager les lois de l'hérédité de précieux enseignements. Nous en empruntons l'exposé à M. Yvart, dont la compétence ne saurait être mise en doute.

Chaque année, les agneaux obtenus se divisaient en deux catégories. Le plus grand nombre avaient conservé les caractères de la race, avec une laine un peu plus longue et plus douce. L'influence de l'aptitude du père avait été par conséquent très-faible dans l'hérédité ; c'est celle de la mère qui avait prévalu. Une proportion plus petite d'agneaux présentaient la toison complétement soyeuse. Avec le temps, cette proportion s'est accrue, mais d'une manière si lente que, sur 153 agneaux nés en 1848, il s'en trouvait encore 22 présentant entièrement les caractères du lainage mérinos. Pour transformer complétement l'aptitude du troupeau, il a fallu l'intervention sans cesse croissante d'un autre mode de l'hérédité, qui n'a point échappé à la sagacité de M. Yvart, et qu'il a justement qualifié d'important.

On put observer, en effet, dès les débuts de l'opération, que de l'accouplement d'un bélier soyeux avec une brebis également soyeuse, il n'a jamais manqué de résulter un agneau soyeux. Il n'y a eu à cela aucune exception. C'est ici comme partout une éclatante confirmation de la loi des semblables dans l'hérédité. Et ceci fournit à la zootechnie, dont les méthodes ont surtout pour but la création ou le perfectionnement des aptitudes, un enseignement sur lequel nous ne saurions trop revenir. L'hérédité des aptitudes, ainsi que celle des formes fixes, peut être considérée comme infaillible, lorsque ces aptitudes ou ces formes existent à la fois chez les deux reproducteurs.

L'hérédité unilatérale est dans tous les cas chanceuse, le plus souvent précaire, et seulement à mettre en jeu lorsqu'on ne peut pas faire autrement. Ce peut être une nécessité, comme dans les circonstances que nous venons de relater et qui se présentent souvent dans la pratique ; mais il est permis de voir encore dans les faits de ce genre une nouvelle preuve du peu de fondement de la singulière théorie de l'appareillement, telle que M. Magne l'a préconisée. C'est à mesure que, dans le troupeau de M. Graux, les brebis à laine soyeuse se sont multipliées, qu'il a été possible d'obtenir d'une manière constante le nouveau caractère secondaire de la race ; et pour faire disparaître définitivement la reproduction de l'ancien, il a fallu réformer les mères qui le présentaient, à mesure qu'elles pouvaient être remplacées dans le troupeau par des brebis soyeuses.

La démonstration qui résulte de l'étude attentive des conditions de formation de la famille mérine de Mauchamp, ressortirait également de tous les faits analogues, notamment de ceux qui se rapportent à la transmission de la toison mérinos elle-même, dans les opérations de croisement et de métissage dont elle a été l'objet et sur lesquelles nous aurons à nous expliquer plus en détail. Ce qui est vrai pour une aptitude est également vrai pour toutes. Les lois sont uniformes. La transmission héréditaire présente même d'autant moins de chances contraires, que les caractères de l'aptitude considérée comportent moins d'opposition dans leur forme ou leur intensité. Et à cet égard, celle dont nous venons de nous occuper est assurément la plus accusée. La forme de la graisse et son mode de sécrétion ou de développement sont les mêmes chez tous les animaux de la même espèce ; il en est ainsi pour le lait ; et la source de la contraction musculaire ne diffère point non plus par son mode. Les seules différences, dans ces choses, portent sur l'intensité. Cela fait à l'hérédité des conditions meilleures ; car l'aptitude qui correspond à une fonction physiologique existe par cela même toujours chez les deux reproducteurs, mais seulement à des degrés différents. On comprend sans peine qu'à son sujet l'hérédité ne manque jamais de s'effectuer, au moins dans une proportion moyenne. Si donc les effets de l'hérédité ne se manifestent pas toujours, c'est que l'aptitude n'a pas trouvé les moyens de s'exercer, lesquels moyens, nous n'avons pas besoin de le faire remarquer, dépendent uniquement des circonstances hygiéniques.

Les aptitudes dont il s'agit sont des puissances ou des facultés, des forces, pour parler le langage de la physique, qui se constatent seulement par le résultat produit. Ce résultat est un travail pour lequel il faut des matériaux. Le travail devant te borner à des formes nouvelles, pour lesquelles les matériaux habituels suffisent, l'aptitude transmise se manifeste dans tous les cas : c'est ce qui est arrivé pour la laine mérinos soyeuse, ondulée légèrement, au lieu d'être disposée en zigzags ; s'il s'agit au contraire d'une activité plus forte et d'une production plus considérable, il est clair que l'aptitude ne saurait manifester sa puissance en dehors des éléments qu'elle doit transformer.

On voit donc que les lois de l'hérédité sont en fin de compte les mêmes pour les formes et pour les aptitudes proprement dites. Il eût été permis de l'affirmer par induction, en considérant que partout, dans l'économie vivante, la fonction et l'organe sont étroitement liés. Il ne saurait être superflu, cependant, de l'avoir démontré expérimentalement.

Il nous reste à examiner un autre phénomène physiologique, qui vient éclairer les lois de l'hérédité et en compléter la démonstration sur divers points. Ceci est une conquête de l'école zootechnique nouvelle ; car on n'entreprendra pas de soutenir, j'imagine, que cette école n'a rien ajouté à l'interprétation du phénomène auquel les naturalistes avaient donné le nom d'atavisme, et que les éleveurs qui l'ont observé qualifiaient et nommaient seulement comme un fait accidentel.

Atavisme. — Parmi les trop rares écrits qu'a laissés Baudement, il se trouve un important article sur ce sujet [1]. Comme si le regrettable savant avait eu conscience du temps qui lui était mesuré, il semblait saisir toutes les occasions qui s'offraient à lui de fixer pour l'avenir les principales bases de sa doctrine, dépassant ainsi volontiers les limites de son objet actuel. L'article dont nous parlons porte la trace évidente de cette préoccupation, à part les nécessités imposées par la nature même de l'ouvrage dont il fait partie.

L'atavisme (*atavus*, aïeul) est le phénomène physiologique en vertu duquel s'observent, dans les manifestations de l'hérédité, ces accidents que l'on considère comme des dégénérescences, que les Anglais appellent *Retrogradation* (en français *pas en arrière, tendance à rétrograder*) et les Allemands *Ruckschlag*, traduit par *coup en arrière*, littéralement. Cela était connu comme un fait et signalé seulement pour constater des manifestations contraires à la tendance vers laquelle les éleveurs se proposaient de diriger leurs opérations. Baudement a eu le mérite d'apercevoir sous ce fait la loi d'après laquelle il se produit et d'en généraliser la signification, en lui donnant sa véritable valeur. L'atavisme, en effet, n'agit pas seulement dans ce sens tout à fait spécial. Il est un des éléments essentiels de la perpétuité et de la permanence de la race. Et je ne puis accepter, pour mon compte, la distinction que Baudement a proposée entre l'atavisme et l'hérédité. Il y a là deux modes du même phénomène, non deux phénomènes distincts ou deux forces, comme l'a dit le regrettable zootechniste. Ce que l'on veut exprimer par le mot d'atavisme, c'est à proprement parler l'hérédité de la race, l'influence collective des générations, extérieurement manifestée par la constance ou la fixité des caractères typiques, qui vient se joindre ou se substituer, suivant

---

1. Article ATAVISME de l'*Encyclopédie pratique de l'agriculteur*, publiée sous la direction de MM. Moll et Gayot, t. II, 1859, Paris, Firmin Didot.

les cas, à l'hérédité moins puissante et moins certaine des caractères purement individuels.

L'atavisme n'est donc que l'hérédité à puissances cumulées. Celle de l'individu et celle de ses ascendants, lorsque cet individu est le représentant pur d'une race, agissent dans le même sens et assurent la transmission héréditaire de ses caractères. C'est ce qui justifie l'importance accordée par les éleveurs expérimentés à l'origine des reproducteurs, à ce que les Anglais appellent le *Pedigree* et les *Performances*. L'atavisme prime l'hérédité individuelle; et s'il fallait opter entre deux reproducteurs, dont l'un offrirait, avec des qualités moins parfaites, une longue suite d'aïeux célèbres par leurs mérites spéciaux, tandis que l'autre ne présenterait que sa perfection individuelle, nul doute qu'il y eût lieu de préférer le premier dans la plupart des cas. C'est ainsi que les reproducteurs transmettent souvent des degrés d'aptitude ou des formes qu'ils ne possèdent pas eux-mêmes, mais qui sont l'attribut habituel de leur race et se sont présentés dans plusieurs générations de leur propre parenté.

L'observation constante permet d'interpréter ainsi les faits qui se produisent, et qui sont fréquents surtout dans les cas où cette influence héréditaire en puissance, que nous appelons atavisme, n'agit pas dans le sens des qualités individuelles des reproducteurs. Dans les opérations de croisement ou de métissage, par exemple, elle donne la raison des résultats en apparence contraires qui sont obtenus, résultats si souvent confondus par les esprits que la science n'a pas suffisamment éclairés. Dans le croisement où il s'agit d'absorber une race dans l'autre, à chaque génération, l'atavisme de la race indigène ou qui est l'objet du croisement diminue dans une proportion indéterminée mais certaine, tandis que celui de la race croisante augmente de la part représentée par le métis. Dans le métissage, au contraire, l'atavisme des deux races qui ont contribué à la formation des reproducteurs croisés persiste dans des proportions variables, suivant le degré du croisement primitif; mais cet atavisme doit nécessairement amener le retour de l'un ou de l'autre des types de ces deux races, suivant précisément ces proportions et le degré de l'atavisme de chacune d'elles.

Il faut donc considérer avec Baudement le phénomène que nous étudions comme l'expression de la loi qui préside à la conservation des espèces et des races. Le savant zootechniste allait plus loin; il le considérait aussi comme étant l'expression de celle qui a présidé à leur formation. Pour le suivre jusque-là, il faudrait commencer comme lui par une supposition. J'ai déjà eu l'occasion de dire que dans la science je n'en sentais pas la nécessité. Il ne me paraît nullement nécessaire, à cet égard, de supputer des probabilités ingénieuses. Tâchons de dégager et de constater la loi des faits et abstenons-nous d'hypothèses. Encore une fois il sera bon de répéter que nous ne savons rien de positif sur l'origine première des choses; et puisque Baudement soutenait avec raison que nous n'avons jamais vu des races se former sous nos yeux, pas plus que nos ancêtres, cela est à plus forte raison vrai pour les espèces. Tenons-nous en à la constatation des effets de l'atavisme qui sont accessibles à notre observation, en leur accordant la signification essentiellement scientifique sur laquelle Baudement a le premier appelé l'attention. Répétons seulement, en empruntant son beau langage, que dans la race, où les caractères sont fixes, où l'atavisme se confond avec l'hérédité individuelle, « chaque individu n'est plus qu'une épreuve, tirée une fois de plus, d'une page une fois pour toutes stéréotypée. »

Il est au demeurant plus important de savoir comment les races se conservent et s'améliorent, au point de vue zootechnique, que de s'ingénier à faire des conjectures sur la manière dont elles se sont formées.

C'est précisément en raison de l'atavisme, représentant ainsi toute la puissance d'hérédité de la race, que se produisent ces retours accidentels à la ressemblance de l'un des ascendants, dont les caractères paraissaient complétement effacés. Ceci est de l'atavisme affaibli et fortuit. On le constate, on ne l'explique pas facilement. Son effet est fâcheux, lorsqu'il s'agit de faire prédominer des caractères différents, en effaçant ceux de l'aïeul. C'est pour cela que les éleveurs l'ont considéré comme un pas ou un coup en arrière. Les individus sur lesquels son influence se manifeste ont en effet rétrogradé sur la voie de l'amélioration cherchée. Le métis mérinos qui naît avec une toison commune, est évidemment revenu vers son ascendant maternel le plus éloigné. Là est le *Coup en arrière* des Allemands, qui ont créé leur mot pour exprimer précisément ce fait. De même de tous les faits analogues observés en Angleterre et désignés par l'expression de *Retrogadation*. Cela restreint la signification d'un phénomène qui, du moment qu'il se produit pour ce qui est relativement considéré comme des défauts, ne peut manquer de se produire également pour les perfections. L'individu hérite au même titre d'un aïeul parfait ou d'un aïeul défectueux, en totalité ou seulement en partie.

Parmi les caractères sur lesquels l'atavisme s'exerce le plus fréquemment, il faut citer celui de la robe. Rien n'est plus ordinaire que de voir des reproducteurs procréer des individus de robe complétement différente de la leur. Et cela se voit aussi bien chez les femelles primipares que chez les autres. On peut donc avoir une juste idée maintenant de l'importance qu'il convient d'accorder à ces faits cités en preuve de l'influence du mâle sur les gestations ultérieures de la femelle qu'il a une fois fécondée. Parce que la rencontre fortuite d'un accouplement antérieur avec un père présentant les caractères qui se montrent se sera effectuée, on en conclura que ces caractères sont dus à l'influence de ce père! En vérité, ce serait se montrer trop facile sur les preuves, d'accepter une telle hypothèse même comme probable, encore bien que l'atavisme ne donnerait pas du fait une explication plus satisfaisante, et que l'embryologie ne démontrerait pas l'impossibilité de toute autre interprétation.

En somme, dans les phénomènes d'hérédité, l'atavisme est l'expression d'une puissance collective représentée par toute la race à laquelle appartient l'individu, lorsqu'il en est un produit pur. Chez les sujets croisés ou métis, chacune des races ascendantes conserve son atavisme propre, qui combat l'hérédité individuelle, et le plus souvent victorieusement, de telle sorte que l'atavisme de l'une ou de l'autre finit toujours par l'emporter. L'éleveur peut modérer son action, il est impuisant à la détruire. La condition la plus heureuse et la plus efficace de l'hérédité, celle qui la rend absolument certaine, est donc la réunion, dans une direction unique, de l'hérédité individuelle et de l'atavisme, c'est-à-dire la similitude des caractères et la communauté d'origine. Et ce qui est certainement le plus propre à fournir ces conditions, c'est la proche parenté dans la race, ce sont les accouplements de famille ou entre consanguins.

La question, on le voit par là, vaut la peine d'être étudiée en particulier. Elle est d'ailleurs controversée. Il importe par conséquent de l'éclairer dans tous ses détails, en la purgeant des hypothèses auxquelles on s'est trop volontiers laissé entraîner. Dans ce but, nous allons consacrer à ce que l'on appelle improprement la *consanguinité*, force imaginaire distincte de l'hérédité, un chapitre particulier.

CHAPITRE V

DE LA CONSANGUINITÉ

Définitions. — On a donné dans ces derniers temps le nom de consanguinité à une influence supposée, distincte de l'hérédité, et qui résulterait de l'état de proche parenté des reproducteurs. D'après cette manière d'envisager l'action des accouplements dans la famille (*breeding in and in*, des Anglais), le seul fait de l'identité du sang des deux procréateurs suffirait pour provoquer une déviation des lois de l'hérédité, pour détruire l'influence de l'atavisme, enfin pour créer une puissance agissant en sens inverse de celle qui assure la conservation des espèces et des individus.

Malgré les obscurités de langage et de discussion des naturalistes, des agronomes, des hygiénistes et des zootechnistes qui ont exprimé leur opinion sur les dangers qu'ils attribuent aux unions entre parents, c'est toujours cette pensée qui les domine. C'est par conséquent ainsi qu'il convient de définir la consanguinité, telle qu'ils l'ont comprise. Si leur conception était vraie, il faudrait donc admettre, dans la théorie de la reproduction, deux notions distinctes et opposées : celle de l'hérédité et celle de la consanguinité.

Dans son origine grammaticale, cette dernière expression a été tirée du langage juridique, avec une certaine extension. Ce langage, en effet, n'applique la qualification de *consanguins* qu'aux individus provenant du même père et de mères différentes, tandis que celle *d'utérins* est réservée pour désigner la progéniture issue d'une mère unique et de pères divers. Dans la langue hygiénique et zootechnique, la distinction a disparu. Le seul fait de la parenté rapprochée dans une mesure variée, mais qui ne dépasse guère le quatrième degré, suffit pour constituer l'état de consanguinité, résultant de la présence du même *sang* chez les deux reproducteurs.

Et c'est ici la meilleure occasion pour nous de définir une autre expression également métaphorique, dont il est fait un grand abus, dans la langue hippologique surtout. Je veux parler de l'expression de *pur sang*, représentant une idée érigée en une sorte de dogme, et particulièrement appliquée à la race, noble entre toutes, des chevaux orientaux ou arabes, dont le cheval anglais de course (*Horse-Race*) ne serait qu'un dérivé.

Ce n'est pas le lieu d'examiner les subtilités métaphysiques sur lesquelles les partisans de ce prétendu dogme l'appuient. Qu'il nous suffise de dire qu'il a pour premier fondement l'hypothèse d'une pureté immaculée, depuis l'origine des choses, et d'ajouter que dans sa signification usuelle, le mot de *sang*, employé pour exprimer cette idée dogmatique, n'a qu'un sens figuré, sans rapport avec la physiologie. Un usage vicieux a concentré dans ce mot l'ensemble des attributs de la race. On dit d'un homme ou d'un animal qu'il est de sang noble, ou de pur sang, lorsqu'il ne compte, dans sa généalogie, aucune alliance en dehors de sa caste ou de sa race ; et l'on mesure même par des proportions fractionnaires de son sang les degrés de ces alliances, lorsqu'elles ont eu lieu. Tout cela, je le répète, est du langage figuré, que les habitudes précises de la science doivent faire rejeter. Au lieu d'appliquer, comme la tendance s'en manifeste, à toutes les races animales l'expression de pur sang, jusque-là réservée aux races chevalines arabe et anglaise, pour constater leur état de pureté, il convient, dans la langue scientifique, d'appeler les choses par leur véritable nom, en se résignant à subir seulement ce que l'usage nous a imposé.

Il n'est pas nécessaire de faire remarquer, sans doute, après ce que nous avons vu dans les chapitres précédents relativement aux attributs de la race et aux lois de l'hérédité qui assurent sa conservation, que si nous repoussons le dogme du pur sang, produit d'une conception chimérique, ce n'est pas pour mnnerf aitlet ioéca d'où il a été induit. On ne saurait nous reprocher d'amoindrir la valeur ni l'importance de la puissance d'atavisme qui résulte de ce fait. Il s'agit seulement de n'accorder aux mots que leur signification réelle, nette et précise. Et c'est à cela que servent les définitions. Dans le sens figuré qui nous est imposé par l'usage, tous les individus de la même race sont donc du même sang, et ce sang devrait être considéré comme également pur pour toutes les races; mais une seule cependant est réputée de *pur sang* et désignée ainsi; seuls aussi, les individus d'une même famille, ayant de commun le père ou la mère, l'aïeul ou l'aïeule, ou les deux à la fois, sont dits consanguins et peuvent, dans leurs alliances, ou leurs accouplements, donner prise à l'influence que l'on appelle consanguinité. Les alliances, unions, mariages ou accouplements entre consanguins ne s'entendent par conséquent que de la reproduction effectuée entre proches parents.

Influence de la consanguinité. — S'il fallait dire où et quand l'opinion de l'influence malfaisante de la consanguinité a pris naissance, cela serait fort embarrassant. Toujours est-il qu'elle semble avoir existé de temps immémorial, à l'état de préjugé. La loi Mosaïque n'en porte pas de trace, bien au contraire. Est-ce sur des considérations de cet ordre qu'ont été fondées les prescriptions des Pères de l'Eglise relatives aux empêchements mis par les canons aux mariages entre parents? Il est permis d'en douter. En tout cas, ces empêchements peuvent avoir tout aussi bien leur source dans des considérations de morale sociale, que dans les intérêts de l'hygiène du corps, qui ne semblent guère avoir jamais préoccupé les fondateurs du christianisme.

Quoi qu'il en soit de la recherche de l'origine du préjugé dont il s'agit, d'une utilité contestable pour notre objet, et sans remonter si loin dans le temps, il est certain que ce sont les éleveurs d'animaux qui, au dernier siècle, s'en sont montrés le plus impressionnés. Non pas tous, cependant, ainsi que la pratique constante des éleveurs anglais depuis Bakewell en fait foi. Néanmoins, le préjugé n'a pas cessé de faire son chemin, énergiquement soutenu par quelques auteurs autorisés. Et il est remarquable surtout qu'il ait été presque unanimement accepté, sans examen et comme chose axiomatique, par les médecins qui se sont occupés des infirmités endémiques qui affligent l'espèce humaine. On ne trouverait peut-être pas un seul traité sur la scrofule, sur le goître et le crétinisme, l'idiotie, l'aliénation mentale, la surdi-mutité, etc., etc., jusqu'à ces dernières années, dans lequel l'influence de la consanguinité n'eût pas sa part au chapitre de l'étiologie de ces affections, et sans que les auteurs croient devoir prendre la peine de justifier leur imputation. Cela semble considéré comme chose hors de doute, universellement admise, et qui, pour ce motif, n'a pas besoin de démonstration.

Des faits incomplètement observés et mal interprétés, paraissaient en effet conduire à la conclusion si facilement admise. Dans le domaine de la zootechnie, toutefois, des dissidences solidement motivées se produisaient de temps en temps, en Angleterre et en France; mais elles ne franchissaient point ce domaine, auquel les hygiénistes et les médecins semblaient tenir à honneur de demeurer étrangers.

Les choses en étaient là lorsque, tout à coup, la question se posa d'une manière éclatante, grâce au zèle ardent de champions inspirés par des passions qui n'avaient pas précisément leur source dans l'amour exclusif de la science. Résolus à faire triompher une conviction arrêtée et qui, par son origine même, ne pouvait pas être seulement douteuse à leurs yeux, ils se mirent, chacun de son côté, en quête d'arguments. L'un, M. Devay, fit un livre où il s'efforça d'accumuler des observations et des raisonnements plus ou moins concluants, pour démontrer les dangers des mariages consanguins ; l'autre, M. Boudin, dont la spécialité consiste à mettre la méthode numérique ou statistique au service de ses conceptions, cherchant des faits, ainsi que l'a dit fort judicieusement un de ses critiques, pour prouver et non point pour trouver la vérité; M. Boudin, dis-je, écrivit mémoires sur mémoires, dans le but de faire ressortir la nocuité absolue des unions consanguines, des cas de surdi-mutité résultant de mariages entre parents. Ni l'un ni l'autre ne dédaignèrent de faire une excursion sur ce domaine de la zootechnie, dont je viens de parler. M. Boudin surtout y ramassa, sans se montrer trop difficile, toutes les assertions des auteurs favorables à sa thèse; ce qui ne l'empêcha pas plus tard de récuser ce genre de preuves, lorsque des faits positifs et précis lui furent opposés.

La campagne entreprise fut une véritable levée de boucliers contre la liberté du mariage civil. Elle eut pour effet immédiat de troubler profondément la tranquillité des familles unies en consanguinité, tant elle était conduite avec l'ardeur d'un zèle touchant au fanatisme. Cette campagne ne pouvait manquer de susciter des contradicteurs. Les faits et les chiffres de M. Boudin furent examinés et réfutés, notamment par un jeune médecin d'un grand mérite, M. le docteur Eugène Dally, qui s'attira par là, de la part de notre collègue commun de la Société d'anthropologie de Paris, et aussi de celle de M. Devay, des répliques où la violence de la forme dissimulait mal le vide du fond. Jusque-là, l'argumentation ne portant, de part et d'autre, que sur ce qui se passe dans l'espèce humaine, où les observations ne peuvent avoir, dans l'état actuel de la science, aucun caractère de certitude, la question demeurait indécise. Les réfutations prouvaient à la galerie attentive et impartiale le peu de valeur des arguments invoqués contre les alliances entre consanguins, mais ne prouvaient point l'innocuité propre de la consanguinité.

C'est à cette période de la controverse ouverte que je crus pouvoir intervenir utilement et produire les faits acquis à la zootechnie, en leur donnant toute leur signification physiologique. Il me sera permis de dire, j'espère, qu'à partir de ce moment la question se présenta sous une face nouvelle; et si l'on en doit juger par les résultats constatés ultérieurement, et, en dernier lieu au congrès médical de Lyon, où cette question fut l'objet d'une discussion approfondie, ce n'est point trop l'avancer de la considérer comme définitivement résolue dans le sens indiqué par moi lors de la discussion de 1862.

Nous n'entrerons pas ici dans les détails de cette discussion. Il suffit d'en avoir marqué les principaux incidents. Sa portée dépasse les limites du sujet dans lequel nous devons nous maintenir. Il serait d'ailleurs sans utilité pour ce sujet de réfuter nominativement chacun des adversaires de la doctrine que nous avons fait prévaloir, et la polémique ne serait pas à sa place ici. Mieux vaut, à coup sûr, exposer les éléments de l'étude scientifique de la question dont nous avons à mettre en lumière la solution. Ces éléments, nous les trouverons dans les faits très-nombreux que l'observation des races animales nous offre. Le meilleur moyen de faire tomber l'erreur, ainsi que nous avons eu déjà l'occasion de le dire, c'est de mettre en évidence la vérité. Aucune autorité, quelle qu'elle soit, ne peut tenir contre la démonstration nette et péremptoire. Et dans les matières scientifiques, au reste, les opinions ne sont de rien; ce qui vaut, ce sont les preuves.

On peut, aussi bien, admettre sans aucun inconvénient comme exactes toutes les observations invoquées à l'encontre de la consanguinité. Elles le sont en effet. Ce qui ne l'est pas, c'est l'interprétation qui leur est donnée et la conclusion qui en est tirée par les auteurs plus haut cités et par le petit nombre de partisans qui leur sont demeurés fidèles. Il s'agit seulement de savoir comment a agi, dans ces observations, la consanguinité, si les dégradations de type, les dégénérescences, ou les infirmités sont le fait de la proche parenté, ou bien si leur transmission à l'individu procréé ne s'est pas effectuée en vertu de la loi d'hérédité. Là est tout le débat et tout l'intérêt pratique de la solution. La question physiologique prime ici la question hygiénique; car si dans un sens la solution de la première laisse une partie de la seconde indécise, dans l'autre elle l'absorbe tout entière et l'éclaire définitivement. Si, suivant la prétention de M. Boudin, il était établi que la consanguinité est par elle-même, *ipso facto*, une influence morbide, une cause de génération défectueuse, nul doute qu'il ne fallût, dans tous les cas, s'abstenir d'accouplements entre consanguins.

Cette question, les faits seuls de la zootechnie nous mettent en mesure de la résoudre. Nulle part ailleurs il ne serait possible d'en trouver qui présentassent les éléments de la solution d'une manière aussi simple et aussi précise; nulle part on ne pourrait être en état de distinguer aussi exactement ce qui revient à l'hérédité de ce qui appartient à la consanguinité. Au cas où celle-ci suffirait toute seule pour engendrer les résultats qui lui ont été attribués, ces résultats ne devraient jamais manquer de se montrer chez les individus issus de parents consanguins, ou du moins ne faire défaut que chez un nombre très-petit et très-exceptionnel de ces individus.

C'est là ce que nous avons à voir d'abord. Les faits pullulent, on peut le dire, pour éclairer ce sujet. Afin de les exposer méthodiquement et de donner ici plus complète la série de ceux que j'ai produits dans l'occasion signalée plus haut, et qui forment le gros de l'armée par laquelle les dissertations déclamatoires et les statistiques véreuses des anti-consanguinistes (c'est ainsi qu'ils se sont appelés eux-mêmes) ont été mises en déroute, nous les classerons d'après les points de la question auxquels ils se rapportent.

Le fait capital imputé à l'influence de la consanguinité, est en premier lieu l'infécondité. L'accouplement des consanguins serait le plus souvent stérile, et dans tous les cas moins fécond à la première génération que celui des individus issus de familles différentes.

A cela l'on pourrait opposer, en thèse générale, l'exemple si répandu dans la nature des animaux qui font constamment deux petits, un mâle et une femelle, lesquels en s'accouplant perpétuent leur espèce, qui ne s'est point éteinte cependant. Les pigeons, les tourterelles, entre autres, sont dans ce cas. L'argument serait suffisant. Mais tous les faits que nous allons passer en revue peuvent être invoqués avec plus de précision et d'une façon toute spéciale. Ils sont authentiques et ne laissent aucune place au doute.

Les premiers que nous ferons valoir sont empruntés à l'histoire de la race courtes-cornes améliorée (*Short Horned Improved*), dite de Durham, et inscrits au *Herd-Book* anglais.

Hubback, le magnifique taureau dont se servit d'abord Charles Colling, le célèbre éleveur qui améliora l'aptitude de cette race pour l'engraissement précoce, était peu fécond, en raison précisément de son extraordinaire tendance à l'obésité. Après avoir fourni quelques générations de produits auxquels il avait communiqué, en même temps que ses qualités, son propre défaut, il devint bientôt lourd et tout à fait inapte à se reproduire. Le célèbre éleveur de Ketton dut le réformer et se préoccuper des inconvénients que l'exagération de son aptitude avait entraînés dans sa descendance. La famille menaçait de s'éteindre par la stérilité. Heureusement, Colling mit la main

sur *Favourite*, qui joignait, disent les historiens de la race
courtes-cornes, à une ampleur incomparable une solidité de
constitution et une vigueur extraordinaires. Il l'employa, après
Hubback et un autre taureau du nom de *Bolingbroke*, durant
seize années consécutives, à la reproduction dans son troupeau; et tout le monde s'accorde à proclamer la grande influence qu'il a exercée sur l'amélioration et la multiplication
de ce troupeau. *Favourite* féconda consécutivement six génération de ses propres filles et petites-filles, toutes désignées au
Herd-Book par leur nom, avec indication de leur ascendance
et de leur descendance, suivant l'usage. Et loin de porter atteinte à la fécondité, ces accouplements consanguins si persistants contribuèrent au contraire à la relever des coups que lui
avaient antérieurement portés les peu féconds *Hubback* et *Bolingbroke*.

Favourite était fils de la vache *Phœnix*; et c'est avec cette
même *Phœnix*, sa propre mère, qu'il procréa le fameux *Comet*, taureau dont la réputation comme reproducteur fut telle,
de l'autre côté du détroit, que lors de la vente générale du
troupeau de Ketton, en 1810, le prix en fut poussé aux enchères jusqu'à 26,250 fr. Cela n'indique pas, j'imagine, qu'il lais-
sât à désirer sous le rapport de la fécondité, pas plus que sous
celui de ses autres qualités. Et je puis répéter une fois encore
ici, avec Baudement, que l'exemple de *Favourite* suffirait à
lui seul pour enlever tout fondement à l'opinion toute gratuite
qui attribue à la consanguinité une influence sur la faculté génésique.

On pourra continuer d'emprunter au règne végétal des
lumières douteuses sur cette question. Rien ne saurait infirmer les preuves directes fournies par le troupeau de Charles
Colling, dont les produits issus de *Favourite* et de *Comet*, en consanguinité persistante et sans cesse accumulée, étaient tels, que
lors de la vente générale du 16 octobre 1810, dont je viens de
parler, ce troupeau, composé de 47 têtes, génisses, veaux, tau-

reaux et vaches, produisit une somme totale de 177,896 fr. 25.
Quoi qu'on pense de ces faits, au point de vue général de la
constitution de la race courtes-cornes, et quoi qu'on leur oppose, comme on l'a déjà fait lorsque je les ai produits pour
la première fois [1], on ne parviendra pas à infirmer la signification spéciale pour laquelle ils sont encore invoqués ici. Que
les individus dits *améliorés* soient ou non dans un état normal; qu'ils ne puissent pas être donnés en exemple à l'espèce
humaine; on peut faire là-dessus de l'esprit et des mots plai-
sants; il n'en demeurera pas moins établi la preuve incontestable que dans le troupeau de Colling la fécondité n'avait subi
aucune atteinte, lorsque ce troupeau fut vendu; car il est à
peine besoin de faire remarquer que pour être payés le prix
que nous venons de voir, les animaux durent être achetés en
qualité de reproducteurs d'élite. Il n'y avait personne en Angleterre, en 1810, pas plus qu'à présent sans doute, pour se
nourrir de viande à ce prix, si fine et succulente qu'elle puisse
être.

Toute autre preuve, après celle-là, serait superflue. Une
seule, si décisive et péremptoire, suffit pour résoudre un tel
point de physiologie. Nous n'invoquerons donc pas celles que
pourrait encore nous fournir l'histoire de l'amélioration de la
race charolaise, effectuée dans le Cher et dans la Nièvre par
M. Louis Massé et par M. de Bouillé, et où il a été fait de même
un grand usage de la consanguinité. Nous réserverons aussi
pour d'autres points de vue spéciaux de la question ce qui
concerne les quelques races bovines françaises vivant en troupeaux, qui se reproduisent constamment, de temps immémorial, par des accouplements dans la famille. En un tel sujet,
on n'a que l'embarras du choix, tant les faits sont nombreux

---

1. *Bulletins de la Société d'anthropologie de Paris*, T. III, p. 154; *Comptes
rendus hebdomadaires des Séances de l'Académie des sciences*, t. IV, p. 121,
et *Brochure* in-8°, Paris, Asselin, 1863.

dans toutes les espèces et toutes les races. C'est une véritable abondance de richesses.

Il faut pourtant s'arrêter encore un peu sur ce qui se rapporte à la fécondité, pour élucider un point qui pourrait donner prise à l'objection, ou plutôt pour l'indiquer en le réservant. Dans l'élevage des porcs anglais améliorés, il se produit assez fréquemment des cas d'infécondité, caractérisés même chez les mâles par des anomalies apparentes des organes génitaux. Ces faits ont été invoqués et mis à la charge de la consanguinité. Elle y a en effet une part, que nous préciserons plus loin, mais non pas directe. Dans l'espèce porcine, pas plus que dans aucune autre, la consanguinité, considérée indépendamment de l'influence qui agit chez les porcs anglais, n'exerce aucune action dépressive sur la fécondité. La preuve en est que les faits dont il s'agit n'ont jamais été signalés dans nos races françaises, qui se reproduisent presque toutes, et de temps immémorial, en consanguinité. C'est donc la constitution des porcs anglais, ainsi que nous l'expliquerons, qu'il y a lieu d'accuser dans la production du phénomène signalé, non l'influence imaginaire de la parenté des reproducteurs. De même pour les chiens de chasse, dont l'exemple a été quelque part cité.

Si la consanguinité ne porte point atteinte à la fécondité, du moins n'a-t-elle pas pour conséquence d'affaiblir la constitution, de faire naître des vices organiques, des anomalies, la scrofule, le rachitisme, l'albinisme, les cachexies, etc. ? On l'en accuse ; et, pour l'espèce humaine, on s'est appuyé surtout sur la surdi-mutité et sur le sexidigitisme, infirmité qui consiste dans la présence d'un sixième doigt à la main, de même que sur l'arrêt de développement des membres. Les faits précédents montrent déjà ce que peut valoir l'imputation, mais nous allons en exposer d'autres qui auront le mérite particulier de répondre plus directement, à ce point de vue, et d'une manière irréfutable.

Parmi ceux en grand nombre que nous pourrions invoquer, je n'en connais pas, ainsi que je l'ai déjà dit ailleurs, de plus catégorique par sa signification immédiate, que l'histoire de la famille ovine de Mauchamp, citée dans le précédent chapitre à propos de l'hérédité.

On voudra bien se souvenir que dans cette histoire, qui s'est passée de nos jours, puisqu'elle remonte seulement à 1828, il est établi que le premier père de la famille mérinos à laine soyeuse fut un bélier malingre, mal conformé, souffreteux. Pour communiquer au troupeau tout entier les caractères particuliers de sa laine, que l'on voulait fixer, il fallut bien l'accoupler successivement avec ses filles, puisqu'il était unique dans son genre, ainsi que ses fils avec leurs mères, leurs sœurs et leurs tantes. Jamais il ne fut fait nulle part un usage plus grand et plus persistant de la consanguinité rapprochée que dans le troupeau de M. Graux, depuis 1830 jusque vers 1848.

A cette dernière date, loin que les vices originels de l'agneau de 1828 se fussent exagérés ou seulement maintenus et multipliés dans sa descendance, on était parvenu à faire du troupeau de Mauchamp un ensemble extrêmement remarquable d'animaux vigoureux, d'une santé parfaite et d'une conformation presque irréprochable. La famille soyeuse a envoyé des rejetons jusqu'en Australie et au Cap, pour y multiplier son lainage ; sous les auspices de l'État il s'en établit un démembrement d'abord à Lahayevaux, dans les Vosges, puis à Gevrolles, dans la Côte-d'or.

Dans ce dernier démembrement, qui constituait une famille nouvelle, en parenté moins rapprochée nécessairement que celle de la souche, il se produisit une maladie des articulations qui se montra durant plusieurs années sur une assez grande échelle. On a invoqué la production de cette maladie à l'encontre de la consanguinité ; mais il n'a pas été difficile de réduire à néant l'objection, en faisant remarquer que précisément la maladie dont il s'agit disparut du troupeau de Gevrolles, à dater du moment où l'on réforma les béliers malades pour les remplacer par d'autres empruntés à la souche de Mauchamp, qui, elle, était demeurée parfaitement saine et vigoureuse. Les moutons soyeux de l'État avaient contracté leur maladie dans les Vosges, où ils avaient subi de mauvaises conditions hygiéniques. Ce fut, en conséquence, la consanguinité qui répara le mal qu'on lui a faussement imputé.

Autant on en peut dire du rôle qui lui a été si légèrement attribué par des raisonnements médiocres, dans la production des cas de cachexie qui se sont présentés dans le troupeau des New-Leicester de Bakewell, à sa ferme de Dishley-Grange, et qui se présentent encore parfois dans la même race, ainsi que dans celle de New-Kent. D'où vient qu'on n'en observe jamais dans les races de South-Down et de Cotteswold ? Ces races, cependant, se sont reproduites en consanguinité tout autant que les deux autres, et elles ne sont pas moins améliorées au point de vue de la production de la viande. C'est qu'il y a pour cela une raison que les adversaires de la consanguinité n'auraient point manqué d'apercevoir, s'ils n'étaient sous l'empire d'une opinion préconçue et purement spéculative.

Mais le fait, d'ailleurs, parle tout seul, sans qu'il soit besoin d'insister sur la réponse que j'ai opposée à cette argumentation peu sérieuse. Si ceux qui l'ont produite avaient eu plus de compétence en la matière; s'ils avaient eu cette simple circonspection qui consiste à ne pas se croire assez fort, dans la science, de ses propres idées et à ne pas les donner à tout propos comme des solutions, ils auraient su que les races de New-Leicester et de New-Kent habitent les lieux humides du comté de Leicester et de Rommey-Marsh, tandis que les autres vivent sur les dunes calcaires du Sussex et sur les collines de Glocestershire; que les unes, pour ce motif, sont d'une constitution rustique et vigoureuse, tandis que les autres sont molles et faciles à impressionner par les influences débilitantes. Rien de surprenant, par conséquent, que ces dernières n'aient pas toujours résisté à l'amélioration zootechnique qui consiste dans l'exagération de leur aptitude à s'engraisser. Il suffit, en somme, de pouvoir constater la vigueur et la solide constitution des autres, pour prouver que la consanguinité n'y est pour rien. Et si, à ces faits, on opposait encore l'opinion de Jonas Webb, le grand améliorateur des South-Down de notre époque, je pourrais me contenter de dire qu'une opinion, si autorisée qu'elle soit, ne saurait valoir contre dès faits; mais il a été donné, par quelqu'un qui doit s'y connaître en ces matières, une explication de l'opinion de Jonas Webb qui frappera tous les esprits clairvoyants. La spéculation du célèbre éleveur anglais consistait surtout dans la vente des béliers d'élite, qui lui étaient payés, comme on sait, d'assez beaux prix. On comprend que les marchands de béliers soient enclins à trouver bonne une opinion qui doit avoir pour effet d'empêcher de choisir ses béliers dans son propre troupeau.

Il n'y a certainement pas peut-être un seul troupeau de nos races ovines communes où la pratique de la consanguinité ne soit usuelle. Lorsqu'il y a lieu de renouveler le bélier, on réserve le plus fort agneau de l'année, au moment de l'émasculation, et le temps venu, celui-ci fait la lutte avec ses sœurs. S'est-on aperçu que la série des méfaits attribués à la consanguinité se présentât souvent dans les troupeaux de nos campagnes? Pour moi, je n'y ai vu qu'une chose, depuis que je les observe : c'est qu'il vont toujours s'améliorant, sous tous les rapports, à mesure que le progrès agricole leur assure des conditions hygiéniques meilleures.

Ce qui se voit à cet égard dans l'espèce ovine s'observe également pour l'espèce bovine. Deux races, entre autres, fournissent des faits précis.

« Dans un grand nombre d'exploitations du Morbihan, dit M. Bellamy [1], on a la mauvaise habitude d'employer pour la re-

---

1. *La vache bretonne*, p. 137. Rennes, Verdier et Deniel, 1857.

production des taureaux de la même famille, c'est-à-dire le
frère pour la sœur, le fils pour sa mère, etc. » Cette manière
d'exposer le fait indique suffisamment que l'habile vétérinaire
de Rennes ne peut pas être suspect, au point de vue de son
opinion sur l'influence de la consanguinité, lorsque, dans un
autre endroit de son intéressant petit livre, il énonce cet autre
fait pour lequel il ne rencontrera point de contradicteurs : « En
résumé, dit-il, la race bretonne prospère dans un pays où aucune autre race française ou étrangère ne pourrait vivre; elle
est *très-rustique, toujours en bonne santé*, est bonne pour le
travail et possède à un haut degré les aptitudes laitières, beur-
rières et d'engrais [1]. »

Si l'habitude très-réelle signalée en Bretagne par l'auteur
est « mauvaise », on serait donc bien embarrassé de dire
pourquoi. Ce n'est toujours pas parce qu'elle aurait une influence fâcheuse sur la constitution ou la santé de la race bretonne du Morbihan, qui est en effet très-rustique, toujours en
bonne santé, et qui se répand partout en France, en raison
de sa qualité d'excellente laitière, eu égard à la faible quantité
des aliments qu'elle consomme.

Une autre race, qui fournit à un grand nombre de nos dé-
partements leurs bœufs de travail, avant de venir alimenter les
marchés de Sceaux et de Poissy, en passant par les herbages
de la Vendée et de la Normandie ou les étables des distillateurs
de betteraves, la race auvergnate de Salers nous offre un
exemple non moins concluant de la parfaite innocuité de la
consanguinité, sous le rapport que nous examinons en ce moment. Un vétérinaire distingué d'Issoire, M. L. Renard [2], nous
apprend que de temps immémorial, dans les pâturages des
montagnes de l'Auvergne, où cette race se reproduit, les tau-

1. *Mémoire sur la consanguinité* couronné par la Société impériale et centrale de médecine vétérinaire, en 1864. T. VI des *Mémoires* de cette Société.
Paris, P. Asselin.

2. Loc. cit. p. 59.

reaux sont toujours pris dans la famille et fécondent leur mère, leurs sœurs et leurs filles. Je ne pense pas qu'aucune race au monde soit supérieure à celle-là pour la solidité de la constitution, pour la vigueur du tempérament, l'énergie au travail et la rusticité. Pas plus que pour la race bretonne, on ne pourrait argüer à son sujet des modifications d'aptitude qui caractérisent les races dites améliorées pour la boucherie, et que des zootechnistes inattentifs ont gratuitement cru pouvoir attribuer à l'influence de la consanguinité.

Dans ces dernières races, l'usage de la consanguinité a été délibéré, en vue d'un résultat cherché. En Bretagne et en Auvergne, au contraire, c'est uniquement pour n'avoir pas à faire l'acquisition des taureaux, qu'on les prend dans la famille. Et voilà pourquoi les races de ces provinces se conservent avec une pureté et une homogénéité de caractères que peu d'autres égalent. Il en est de même, sans aucun doute, dans les alpages de la Suisse.

Des faits si constants, si généraux, ont, pour décider une question de la nature de celle qui nous occupe, une bien autre importance que celle accordée par certains médecins à leurs observations personnelles sur quelques familles consanguines de l'espèce humaine. Et l'on ne peut manquer d'être surpris de les voir persuadés qu'ils ont fait de la statistique, lorsqu'ils ont chiffré les résultats de ces observations, dans quelque sens qu'ils aient conclu.

Il ne s'agit pas d'ailleurs ici de calcul des probabilités; il s'agit de dégager une loi physiologique; par conséquent, la statistique n'est point applicable au fond de la question; mais le serait-elle, que les applications qu'on en a vu faire ne pourraient que provoquer le sourire des véritables statisticiens. Aucune des données du problème qui ait été posée dans son ordre; aucun respect de la méthode du calcul analytique; et par-dessus tout, aucun souci de la loi mathématique des grands nombres. Pas une des statistiques dressées par des médecins ou des hygiénistes sur la question de la consanguinité, à ma connaissance, qui ne l'ait été au mépris de ce principe élémentaire de la méthode : savoir, que le plus petit nombre est nécessairement compris dans le plus grand, non pas le plus grand dans le plus petit.

Tel, par exemple, après avoir rassemblé dix-huit cas de surdi-mutité, dont neuf observés chez des enfants issus de parents consanguins, en conclut bravement qu'on a 50 chances sur 100 de procréer un enfant sourd-muet, lorsqu'on épouse sa cousine germaine. N'est-ce pas une dérision pour les mathématiques? Comment s'étonnerait-on que la statistique soit si fort discréditée, lorsqu'on voit le plus commun usage qui en est fait, et tant de gens se figurer qu'il suffit, pour s'intituler statisticien, d'avoir la patience nécessaire au racolement des faits, vaille que vaille, et d'être en mesure d'exécuter exactement une simple opération d'arithmétique.

Dans les conditions complexes où s'effectuent les alliances de la société humaine, la statistique véritable a certes un rôle à jouer, pour déterminer les probabilités de multiplication des maladies de famille ou constitutionnelles. Il serait bon que l'hygiène privée fût éclairée sur ce sujet intéressant. Mais, dans l'état actuel de la science, nul n'est en mesure d'exécuter un tel travail, faute des documents indispensables sur lesquels il devrait être appuyé. Tout ce qui a été produit en ce genre n'est donc absolument d'aucune valeur. Et l'on ne saurait comprendre comment il a pu se trouver des esprits sérieux pour s'en émouvoir, si l'on ne connaissait la force des préjugés.

Je ne pouvais me dispenser de faire, en passant, ces remarques, attendu que si les faits relatifs à l'étude de la consanguinité, chez les animaux, sont de nature à démontrer l'absence complète de fondement de l'influence morbide qui lui a été attribuée, on ne manque point d'invoquer, eu faveur de cette influence, les prétendues preuves fournies par l'espèce humaine.

Nous avons vu soutenir cette singulière thèse, qu'en une telle matière il n'était pas permis de conclure des animaux à l'homme, comme si les lois de la génération n'étaient pas uniformes dans toute la série des mammifères, et comme s'il n'était pas contraire au bon sens de supposer que le privilége de celui qui s'intitule « le roi de la création, » qui s'adjuge modestement un règne pour lui seul, — le *règne humain*. — puisse être de résister moins aux causes déprimantes que les animaux qu'il dompte et qu'il fait servir à sa nourriture !

Cette logique aux abois ne saurait être à notre usage ; mais s'il ne nous est pas permis de proposer nos solutions à la vanité humaine, à tout le moins elle souffrira qu'en retour nous récusions les siennes, pour nous en tenir aux conclusions physiologiques où nous conduit l'observation des animaux, par l'analyse rigoureuse et exacte des phénomènes qu'ils nous présentent.

Jusqu'ici nous avons vu qu'au point de vue de la sanité de la constitution, pas plus qu'à celui de la fécondité ou puissance génésique, la consanguinité n'est en elle-même point une influence altérante. Il nous reste à voir ce qu'il en est sous le rapport des propriétés ou facultés de système nerveux.

Parmi les méfaits dont on accuse la consanguinité, celui de donner naissance à des intelligences déchues, à des imbéciles, des idiots ou des crétins, n'a pas été le moins facilement accepté et accrédité par les auteurs qui s'occupent spécialement de ces tristes infirmités. Quelques-uns d'entre eux, éclairés, — j'ose le dire parce qu'ils ont eu la bonne foi de le reconnaître publiquement, — par mes propres publications sur la véritable influence de la consanguinité, se sont à cet égard rendus à la vérité. Mais il n'en est pas moins nécessaire, pour que la présente étude soit complète, d'exposer ici tous les faits probants dont nous disposons. Jamais abondance de preuves n'a été préjudiciable pour aucune cause. D'ailleurs, celles que nous avons encore à fournir et qui sont empruntées à l'espèce chevaline, ne s'appliquent pas seulement au point particulier de la question dont il s'agit ; elles corroborent et confirment de la manière la plus éclatante toutes les précédentes.

Nous allons, en effet, fournir une longue liste de célèbres étalons de la race anglaise dite de pur sang, tous vainqueurs sur l'hippodrome des plus grands prix de course, inscrits au *Stud-Book* avec la mention de leurs exploits, et dont par conséquent la supériorité physique et intellectuelle dans leur espèce, la puissance nerveuse, l'énergie et la force musculaire, pas plus que la vertu prolifique, ne peuvent être contestées.

Je viens de parler de supériorité *intellectuelle*, et ce mot a sans doute fait sourire mon lecteur. Sans discuter ici la question fort intéressante cependant de l'intelligence des animaux, ce qui serait une digression trop longue et vraisemblablement hors de propos, et sans sortir de notre sujet actuel, je me bornerai à demander au lecteur disposé à contester la justesse du mot, comment il conviendrait de qualifier, d'après lui, des actes comme ceux empruntés à l'histoire des courses que j'ai déjà produits en cas pareil et que je vais rappeler.

Est-ce une action instinctive ou bien une détermination résultant d'opérations intellectuelles, celles de ce *Forester*, par exemple, qui, dans une longue carrière d'hippodrome, était demeuré jusque-là toujours victorieux, et qui, se voyant un jour dépassé par *Éléphant*, non loin du poteau d'arrivée, prit le parti de saisir à pleines dents celui-ci par la mâchoire, en se précipitant sur lui par un bond désespéré, pour ne pas subir l'affront d'une défaite qu'il n'avait encore jamais connue ? Et celle de cet autre cheval, dont le nom m'échappe, et qui, dans une occurrence semblable, mordit de même son partenaire au jarret, pour le retenir, et ne consentit que difficilement à lâcher prise, non plus que *Forester* ?

Gagner des prix de course n'est pas, j'imagine, dans les impulsions instinctives du cheval, car ce qui lui en peut revenir est seulement de recommencer de nouveaux labeurs, dont la dépense de force musculaire et par conséquent la fatigue effraie l'imagination. Ce ne peut donc être que l'orgueil de la victoire qui ait ainsi porté les chevaux dont je viens de parler aux actes qu'ils ont accomplis, et qui n'étaient point sans doute dans le programme de leur éducation. Ceux qui, pour les besoins de la cause, ont fait des chevaux de course des êtres particulièrement stupides dans leur espèce, ont prouvé par là seulement qu'ils ne les connaissaient pas. Il y a beaucoup à dire, assurément sur la valeur de ces animaux, à d'autres points de vue ; mais ce qu'il n'est pas permis de contester, c'est qu'ils soient doués jusqu'à l'exagération de tout ce qui constitue la perfection des organes moteurs et celle du système nerveux qui les anime.

Si donc nous trouvons dans le livre généalogique des chevaux de course une série de vainqueurs, c'est-à-dire d'individus dont la supériorité soit attestée, issus d'accouplements entre consanguins, il en faudra bien conclure tout au moins, dès à présent, que la consanguinité n'a pas mis obstacle à leur supériorité. Nous verrons plus loin comment, au contraire, elle l'a rendue plus assurée.

S'il fallait énoncer ici tous les noms que le *Stud-Book* pourrait nous fournir, la liste serait trop longue. Contentons-nous de quelques-uns. Ils seront suffisamment probants. Haukey-Smith, hippologue anglais, les a déjà colligés.

Nous trouvons d'abord *Flying-Childers*, un des plus fameux, par lui-même et par sa descendance, qui était à la fois frère et arrière-petit-fils, par sa mère, de *Spanker*, car sa mère était la propre mère de celui-ci et son arrière-grand'mère une des filles du même *Spanker*.

High-Flyer, également célèbre dans les fastes du turf, était fils d'*Hérode* et de *Rachel*, fille elle-même de *Blank* et petite-fille de *Régulus*, tous les deux issus de *Godolphin-Arabian*.

Old-Fox, excellent cheval de course et reproducteur hors

ligne, dit Haukey-Smith, fils de *Clumsey*, avait eu pour mère et pour grand'mère deux juments du même nom de *Bay-Peg* et filles toutes deux de l'arabe *Leeds*.

Avec sa propre fille *Lath*, *Godolphin*, déjà nommé, a procréé *Omar*, qui compte lui-même dans sa descendance plusieurs chevaux célèbres. Le fils, *Brabaham*, et une fille de *Godolphin*, sœur de *Blank*, ont procréé *Brabaham-Blank*. Dans la descendance très-rapprochée du même étalon, qui a pris une si grande part à la multiplication de la race, on trouve encore *Johanny*, fils de *Matchom*, consanguin par les deux lignes, et aussi *Shark*, cheval extraordinaire, fils de *Marske* et d'une fille de *Snap*.

Marske était fils de *Squirt*, qui était fils de *Barlett's-Childers*; *Snap* était petit-fils de *Flying-Childers* par *Snip*. Or, *Barlett's-Childers* et *Flying-Childers* étaient tous deux fils de l'arabe *Darley* et frères consanguins.

Sweetbriar célèbre coureur qui ne fut jamais vaincu, et qui eut une lignée nombreuse de chevaux fameux, était né de l'accouplement de la fille de *Shakespeare* avec le propre fils de celui-ci, *Syphon*, c'est-à-dire du frère et de la sœur; mais dans ce cas encore la consanguinité était, comme l'on dit, accumulée. En effet, le père de *Syphon*, nommé *Squirt*, était fils de *Barlett's-Childers*, fils de *Darley-Arabian*, comme nous l'avons vu; son grand-père maternel, *Shakespeare*, était fils de *Hobgoblin*, fils d'*Aleppo*, par *Darley*, et de *Little-Hortley*, fille elle-même de *Barlett's-Childers*; en conséquence, non-seulement *Sweetbriar* descendait des deux côtés de la même souche de *Darley*, mais encore il en était ainsi de son grand-père maternel *Shakespeare*.

Goldfinder, fils de *Snap*, a eu pour grand'mère une jument qui était à la fois fille de *Blank* et petite-fille de *Régulus*, tous deux fils de *Godolphin*, ainsi que nous l'avons déjà dit à propos d'*Hig-Flyer* et de *Rachel* sa mère.

Buckhunter, connu plus tard sous le nom de *Carlisle-hongre*, était fils de *Bald-Galloway* et d'une jument issue elle-même de celui-ci et de *Lord-Carlisle-Turk*. La grand'mère de *Buckhunter* était fille de *Bald-Galloway*, son propre père.

Enfin, pour ne pas abuser, terminons par le *Chevalier-de-Saint-Georges*, vainqueur du Saint-Léger, la victoire des victoires d'alors, qui descendait de *Sir-Hercules* par les deux lignes. Son père, *Irish-Birdcatcher*, était fils de celui-là; sa mère était par *Hetman-Platoff* et sa grand'mère, *Waterwitch*, également fille de *Sir-Hercules*.

Voilà donc toute une suite d'individus remplissant les conditions que nous avons posées. Pour soutenir encore, après cela, que la consanguinité est par elle-même, — en soi, — comme disent les métaphysiciens, une cause de dégradation de la progéniture ou de la race, il faudrait résolûment méconnaître les plus clairs enseignements de l'observation. Dans les derniers faits surtout, empruntés à l'histoire généalogique des chevaux de course, où se trouve inscrit pour chacun le témoignage irrécusable de ses mérites par des preuves que l'on peut qualifier d'expérimentales, les esprits les plus prévenus ne sauraient se dispenser de découvrir les éléments d'une complète démonstration. Aucun rapport sous lequel ces animaux, tous célèbres à des degrés divers dans les annales du turf, n'aient été supérieurs, non-seulement dans leur race, mais encore dans leur espèce! Énergie que j'oserais dire morale, puissance nerveuse et musculaire, constitution saine et vigoureuse, fécondité, rien ne leur a manqué. Et pour les adversaires de la vérité mise en évidence ici, qui n'ont pas trouvé d'autre moyen d'amoindrir la signification et la portée de l'argument qu'ils fournissent, lorsque j'ai cru pouvoir l'opposer à leurs conceptions imaginaires, que de prétendre que le cheval de course, le pur-sang, est un être artificiel et dégénéré; pour ces adversaires, on ne peut faire qu'un souhait, c'est que, dans leur propre race, ils ne montrent pas d'autre signe de dégénérescence.

Mais dans la persistance même avec laquelle les éleveurs

anglais et ceux qui ont marché sur leurs traces en France, se sont appliqués à faire reproduire leurs animaux d'élite en consanguinité (*in and in*), il y a lieu de voir autre chose que l'absence du souci des méfaits imputés à ce mode de reproduction par le préjugé. Cette persistance trouve sa raison dans la constante observation de résultats que les lois connues de l'hérédité justifient parfaitement. M. Eugène Gayot qui, avec M. Huzard, s'est élevé des premiers contre l'influence imaginaire attribuée aux accouplements entre consanguins, a formulé son opinion à cet égard en disant que « la consanguinité, c'est la loi d'hérédité agissant à puissances cumulées, ainsi que deux forces parallèles appliquées dans le même sens. » Cette proposition, bien qu'énoncée d'une manière un peu générale et vague, n'en contient pas moins la vérité. Baudement, lui aussi, avait pressenti cette vérité lorsqu'il invoqua devant ses collègues de la Société centrale d'Agriculture les faits empruntés à la pratique de Charles Colling. Lorsque j'eus à démontrer moi-même, dans la discussion dont il a été parlé en commençant, le peu de fondement des dangers que l'on attribuait avec tant d'ardeur aux mariages entre consanguins, je trouvai pour exprimer la véritable influence de la parenté rapprochée sur la progéniture, une formule dont il me sera permis de dire qu'elle a fait fortune, en raison même de sa précision et de sa simplicité. Cette formule, la voici :

La consanguinité élève l'hérédité à sa plus haute puissance.

Elle n'a pas rencontré un seul contradicteur. Les anticonsanguinistes se sont, au contraire, aussitôt emparés de la formule, pour essayer de faire admettre qu'en raison même de sa justesse elle fortifiait leur thèse. Précisément pour ce motif, ont-ils dit, la consanguinité augmente la *virtualité* des influences morbides héréditaires, par conséquent elle en multiplie les effets en accroissant leur intensité. Ce langage métaphysique dépasse le domaine de la physiologie; nous n'avons pas à nous y arrêter. Nous savons que l'hérédité ne peut avoir d'autre

9

puissance que celle de transmettre au descendant les formes et
les aptitudes des ascendants. Elle ne peut les transmettre que
si elles existent et telles qu'elles existent; elle ne crée rien ni
n'augmente rien. C'est ainsi, comme nous l'avons vu, que les
espèces et les races se conservent et se perpétuent avec leur
caractère essentiel de permanence et d'immuabilité.

La consanguinité ne peut donc être qu'un mode de l'hérédité,
et il est extrêmement facile, avec ce que nous savons maintenant, de déterminer ce mode dans les limites précises que permettent les lois physiologiques. Nous avons vu ce que, dans la
race, l'atavisme ajoute aux chances de l'hérédité, ou pour parler un langage plus exact, à quel point il diminue ses chances
contraires. À l'atavisme de la race, la consanguinité joint celui
de la famille. Elle réalise les plus complètes conditions de la
loi des semblables. Voilà comment elle agit, en rendant par ce
fait l'hérédité à peu près, sinon tout à fait certaine.

Et c'est par ce mode d'action qu'elle a si souvent induit en
erreur ceux qui en ont observé les effets avec l'opinion préconçue ou le préjugé de son influence malfaisante; car il n'est
pas nécessaire sans doute d'insister beaucoup maintenant pour
faire comprendre que la consanguinité doive également assurer
la transmission des formes et des aptitudes saines ou normales, et celle des formes et des aptitudes morbides. La loi est
nécessairement la même pour toutes.

Si la consanguinité n'a pas, dans la génération, une influence
malfaisante qui lui soit propre, elle ne peut point non plus
avoir d'influence bienfaisante. Lorsqu'il arrive de dire que la
consanguinité est le plus puissant moyen d'amélioration des
races que les éleveurs aient à leur disposition, on n'entend
donc point par là prétendre autre chose que formuler le fait
dont la pratique des Anglais leur a donné l'exemple sur une
si large échelle, et qui consiste à étendre dans la race, par la
génération et par voie d'hérédité, les améliorations réalisées au
moyen des méthodes zootechniques sur quelques individus.

Cela est assez clair pour que personne ne puisse s'y tromper.

Dans cette interprétation exacte de l'influence réelle de la consanguinité, se trouve l'explication satisfaisante de tous les faits observés. Quiconque examinera de bonne foi la question ne pourra se dispenser d'en convenir. On se rendra compte avec la plus grande facilité, par exemple, de ces observations recueillies sur les porcs anglais, dont il a été parlé précédemment en les réservant. Le moment est venu de les éclaircir. Cela nous conduira logiquement aux conséquences pratiques qu'il convient de tirer de notre étude scientifique de la consanguinité.

« Il est certain, ai-je dit dans une Note sur ce sujet spécial, lue à la Société impériale et centrale d'agriculture de France [1], il est certain que dans plusieurs porcheries de notre pays, la pratique des accouplements de famille a donné de déplorables résultats. Les individus issus de parents consanguins se sont montrés souvent inféconds, monorchides ou cryptorchides, rachitiques, ou simplement dégénérés, c'est-à-dire inférieurs à leurs parents. » « Or, ajoutais-je, la constitution des animaux anglais de l'espèce porcine rend parfaitement raison, ce me semble, des résultats qui se produisent lorsque ces animaux sont accouplés en consanguinité.

« En effet, il n'est pas nécessaire d'être un bien fort physiologiste pour comprendre que l'exagération de l'aptitude à l'engraissement, que la prédominance du système adipeux, qui fait précisément le mérite industriel des porcs anglais, ne peut être obtenue qu'au détriment de l'équilibre des fonctions qui caractérise l'état normal. Il n'y a pas lieu sans doute d'insister sur ce point. Nul ne contestera qu'une pareille tendance à l'obésité n'ait nécessairement pour conséquence un affaissement de la vitalité, une dépression plus ou moins prononcée des facultés

---

1. *La consanguinité chez les animaux domestiques.* Brochure in-8, déjà citée, p. 19.

de relation. Cela est élémentaire en physiologie. Chez de tels animaux, toute l'activité nutritive est pour ainsi dire concentrée sur le seul système adipeux, et la vie n'est compatible avec cette rupture de l'équilibre organique qu'à la condition d'être très-courte et de se maintenir dans les proportions d'un exercice fort restreint. En somme, l'aptitude dont il s'agit est, à proprement parler, la conséquence d'un état pathologique, qui réduit à leur plus simple expression toutes les fonctions qui n'ont pas pour but immédiat la production de la graisse. Le système musculaire et le système osseux notamment sont réduits à des proportions aussi minimes que possible, par le repos presque complet dans lequel ils ont été maintenus.

« On n'étonnera personne en faisant observer que cette aptitude à produire de la graisse ne peut être compatible avec de grandes facultés prolifiques. Tout le monde sait la corrélation étroite qui existe entre l'obésité et l'activité des organes génitaux. C'est là un fait vulgaire. Nul n'ignore que les individus gras à l'excès sont ordinairement inféconds. L'écueil des opérations d'élevage d'animaux très-aptes à l'engraissement précoce est donc, pour ce motif, leur tendance nécessaire à l'infécondité, par le fait d'un incomplet développement de leurs organes génitaux. Et cet écueil ne peut être évité que grâce à des précautions hygiéniques qui nécessitent, de la part de l'éleveur, une certaine habileté.

« Cela étant, si l'on songe maintenant que les aptitudes des parents se transmettent par la génération, et d'autant plus sûrement qu'elles existent à un degré plus prononcé chez les reproducteurs, on n'aura pas de peine à comprendre quels peuvent être, en pareil cas, les effets de la consanguinité. Il suffit de se rappeler cette proposition : Que la consanguinité élève l'hérédité à sa plus haute puissance, parce qu'elle met en présence deux reproducteurs aussi exactement semblables que possible, pour expliquer comment, chez les porcs anglais, ce qui n'était pour les procréateurs que la dernière limite d'une aptitude industrielle, peut dépasser, dans le produit, cette limite, et devenir un état décidément maladif ou une complète anomalie... Lors donc que se produisent, à la suite d'accouplements entre consanguins, chez les porcs anglais, des cas d'infécondité, d'anomalie des organes génitaux, d'affaiblissement du tempérament caractérisé par le rachitisme ou la scrofule, ces cas ne peuvent être considérés que comme des phénomènes purement héréditaires. La consanguinité a contribué à leur production, elle l'a favorisée, ce n'est point elle seule qui les a produits. »

Quittons ici la Note que je reproduis textuellement pour la plus grande partie, parce que je ne saurais faire mieux aujourd'hui, afin de prévenir une objection qui a beaucoup de chances de venir à l'esprit du lecteur, et qui ne serait pas neuve, au reste.

Mais, dira-t-on, quelle part peut avoir, par exemple, l'hérédité dans la production de la surdi-mutité que l'on observe chez des enfants issus de parents consanguins, mais qui ne sont eux-mêmes ni sourds ni muets? Il manque, pour qu'une telle objection puisse porter, bien des conditions. D'abord, établissons ce fait acquis à la science, que dans la presque totalité des cas, si ce n'est même toujours, chez les sourds-muets, la mutité est la conséquence de la surdité. La preuve en est qu'à l'aide d'une méthode à présent mise en pratique, on peut leur faire acquérir parfaitement l'usage de la parole. Ensuite, il n'est nullement possible d'établir que chez les sourds-muets issus de consanguins pas plus que chez les autres, la surdité soit congénitale, et à plus forte raison que, dans ce cas même, elle provienne plutôt d'une anomalie transmise par les parents que d'une lésion accidentelle de l'appareil auditif produite durant la vie fœtale. La lésion peut aussi bien se produire dans les premiers mois de la vie de l'enfant, sous l'influence d'une cause extérieure, et passer tout à fait inaperçue, alors que ses facultés de relation se manifestent à peine.

Toutes ces questions sont encore trop obscures pour qu'on puisse raisonnablement arguer de la surdi-mutité contre les faits si clairs et si positifs fournis par l'observation des animaux. Reprenons donc le cours de notre explication et insistons sur la distinction relative à l'influence de l'hérédité et de la consanguinité sur les porcs anglais.

« On me dira qu'au point de vue purement pratique cette distinction importe peu. J'en demeure d'accord ; mais dans une certaine limite toutefois. Je n'admettrais pas, par exemple, qu'on en pût conclure même que dans l'élevage des porcs perfectionnés, l'usage des accouplements entre consanguins doive être repoussé d'une manière absolue. Une telle conclusion serait contraire à l'observation. La consanguinité a eu sa part, et une part considérable, dans le perfectionnement des familles porcines anglaises. En principe, l'aptitude dont le développement caractérise ce perfectionnement obéit comme les autres aux procédés zootechniques dont l'efficacité est reconnue. Seulement il s'agit de ne point dépasser le but, de ne pas arriver jusqu'à l'exagération. La multiplication d'individus dans des conditions tout artificielles, comme le sont les porcs perfectionnés, est une opération délicate et difficile. Elle exige une attention soutenue. Ces animaux, ainsi que je l'ai dit déjà, sont constamment sur la limite qui sépare la santé relative de la maladie ; à coup sûr, leur constitution est anormale. Il convient donc de ne pas exagérer chez eux la puissance de l'hérédité, et par conséquent de ne point accoupler en consanguinité ceux dont l'aptitude a atteint le dernier degré de son perfectionnement. »

Cette remarque pratique peut également s'appliquer à toutes les races des autres espèces perfectionnées en vue de l'engraissement. Il en est de même de celle que suggère la qualité de métis des porcs anglais. La consanguinité, pour les raisons que nous connaissons à présent, y met à la fois en jeu l'atavisme des deux souches différentes qui ont concouru à les former. Il

est naturel que du moment où, chez les reproducteurs métis,
l'atavisme de la race inférieure en aptitude se trouve nécessairement remonter beaucoup plus loin que celui de la race supérieure, cet atavisme ait une puissance plus grande, que la
consanguinité favorise en faisant apparaître souvent les caractères de l'ascendant maternel, au lieu de ceux des reproducteurs immédiats. C'est ainsi que dégénèrent, comme l'on dit,
les descendants des prétendues races formées par le métissage.

Il est donc, en résumé, démontré par tout ce qui précède
que l'influence malfaisante attribuée à la consanguinité n'a
aucun fondement dans la réalité; que la proche parenté des
reproducteurs assure seulement la transmission héréditaire de
leurs caractères fixes, et qu'elle est, précisément pour ce motif,
une ressource précieuse de la zootechnie, lorsqu'il s'agit de
multiplier dans une race les mérites particuliers de quelques
individus d'élite; que c'est à ce dernier titre qu'il en a été fait
un si grand usage sur les races anglaises de chevaux, de bœufs
et de moutons, et sur les nôtres par les éleveurs éclairés qui
sont entrés dans la voie du perfectionnement.

Mais, pour le même motif, il est également démontré que la
consanguinité assure l'hérédité des vices constitutionnels, des
maladies de famille, et qu'elle contribue puissamment à les
propager. La seule conclusion pratique qu'il faille tirer de ce
fait incontestable, c'est qu'il y a lieu d'écarter soigneusement
de la reproduction consanguine les individus qui en sont enta-
chés, comme il convient au reste de le faire dans tous les cas.

Il a été soutenu, à cet égard, une thèse singulière. Puisque
la consanguinité, a-t-on dit, est ainsi une sorte d'arme à deux
tranchants, le plus sage est de s'en abstenir complétement. Le
conseil en a été donné aux éleveurs et aux hygiénistes avec la
prétention d'être pris au sérieux. La sagesse consisterait, par
conséquent, à se priver des avantages certains, positifs, que
l'on ne nie point d'ailleurs, pour éviter sûrement les inconvénients
problématiques et en tout cas bien moindres, on en conviendra.

Une telle logique n'a pas beaucoup de chances d'être goûtée. Les esprits judicieux concluront avec plus de raison que la conduite à tenir, dans l'état de la question, est de s'attribuer les bénéfices en s'appliquant à éviter les dommages. L'art de l'éleveur, éclairé par la science, consiste précisément à discerner ces choses, dans l'application des méthodes zootechniques. Ne faudrait-il pas aussi s'abstenir de nourrir fortement les animaux qui doivent fournir de la viande, parce qu'il y a des chances, en le faisant, de leur donner des indigestions mortelles? A quoi servirait donc de savoir, si ce n'était pour prévoir? A cela l'on a objecté qu'il n'était pas toujours possible de connaître d'avance l'existence des vices ou des maladies de famille. Sans aucun doute. Mais l'erreur même à cet égard serait-elle donc si grave qu'il fallût, pour l'éviter, s'abstenir complétement? L'expérience prononce bientôt; et ainsi que je l'ai déjà dit[1] à ce propos, il n'en est pas des animaux comme de l'espèce humaine. Là, le divorce est fort heureusement permis.

1. *La Culture, écho des Comices*, t. V. p. 595. Paris, Savy, 1863-64.

CHAPITRE VI

DES MÉTHODES ZOOTECHNIQUES

Considérations préliminaires. — Maintenant que nous avons étudié les lois économiques qui régissent la production industrielle des animaux; les lois naturelles auxquelles obéit leur classification et celles d'après lesquelles s'effectue leur multiplication; dans l'ordre logique de notre plan, le moment est venu de nous occuper des méthodes à l'aide desquelles il est possible de faire intervenir l'art pour approprier ces animaux exactement aux besoins sociaux qu'ils doivent satisfaire.

Nous savons que tel est le but de la zootechnie. Il s'agit de transformer les fonctions physiologiques en fonctions économiques. C'est pour cela précisément que la première base scientifique de la zootechnie est la connaissance nette et précise du rapport qui existe entre ces dernières fonctions et la situation économique dans laquelle les opérations de la production ont à se réaliser.

Il ne faut jamais perdre de vue le principe sur lequel nous revenons en ce moment, si l'on veut demeurer solidement posé sur le terrain de la science sérieuse ; car autrement on risquerait, comme il arrive trop souvent en ces matières, de ne construire que des théories fragiles, sans fondement dans la réalité. Ces théories fussent-elles d'ailleurs en parfait accord avec les lois de la physiologie, en dehors desquelles on ne peut point concevoir une méthode zootechnique quelconque, il leur manquerait toujours la principale sanction, celle de l'opportunité. Il n'est donc pas possible de discuter sur les questions relatives à la production du bétail, en faisant abstraction des conditions de milieu.

Considérés isolement et pour leur valeur propre, les principes scientifiques dont l'ensemble constitue la doctrine ou la théorie zootechnique sont absolus. Lorsqu'on les envisage au contraire par rapport à cet ensemble, ils deviennent nécessairement relatifs et ils se placent, par degré d'importance, dans un ordre hiérarchique qu'il n'est pas permis de transgresser. Et c'est l'établissement de cet ordre hiérarchique, résultant de l'exacte appréciation, par l'analyse, de toutes les données du problème de la production du bétail, qui caractérise principalement, ainsi que nous l'avons dit, la doctrine zootechnique nouvelle.

Les auteurs qui ont précédé Baudement dans ce genre d'études, sans en excepter un seul, n'ont eu qu'une idée confuse ou incomplète de la hiérarchie que la logique établit dans le classement des objets dont la zootechnie doit s'occuper, outre qu'ils n'ont su donner à aucun de ces objets des bases scientifiques précises. Plusieurs ont affirmé des solutions vraies sur des points de détail, déduites par la méthode empirique. Il ne faut point être trop étonné s'il s'en trouve, parmi les vivants, pour revendiquer l'honneur de ces solutions, maintenant qu'elles ont été démontrées par d'autres et mises en évidence en dégageant leurs lois. C'est l'histoire commune de toutes les découvertes. Mais le sens commun fait justice de ces prétentions, en attachant irrévocablement à chacune le nom de celui qui

l'a fait accepter en la mettant en évidence. Dans la science, le
mérite n'est pas d'affirmer, il est de prouver et de féconder
la vérité par l'application. La jurisprudence est fixée à cet
égard, et rien ne saurait empêcher le bon sens public d'obéir
à ses inspirations de justice. Le fait qui a servi de base à la
découverte de l'oxygène avait été vu bien avant Lavoisier, et
tout le monde avait vu tomber des pommes avant Newton.
L'impartiale postérité n'en continue pas moins d'attribuer à
Newton la découverte de la gravitation universelle et à Lavoisier celle de l'air vital. De même elle fera pour ceux qui auront trouvé les lois des phénomènes zootechniques, malgré les
réclamations des devanciers qui ont pu signaler ces phénomènes
sans en montrer les lois, qu'ils n'avaient point aperçues et
qu'ils contestent encore d'ailleurs, pour la plupart, parce qu'ils
n'en comprennent ni l'importance ni la portée.

N'insistons pas sur ces considérations, qui ont été déjà développées à leur place. Nous n'y revenons en passant ici que
pour les rappeler, afin de mieux marquer le caractère d'origi-
nalité des méthodes zootechniques que la nouvelle école vise
à substituer aux préceptes empiriques formulés par ses prédécesseurs. Autre chose est de dégager clairement des principes
scientifiques positifs et précis, qui puissent éclairer la pratique
dans tous les cas, d'établir une doctrine en un mot, ou de se
borner à l'exposé des opinions des auteurs et des faits sur lesquels ces opinions s'appuient, en y ajoutant la sienne, si tant
est qu'on en ait une sur les sujets dont il s'agit. La science ne
se constitue pas avec des opinions, mais bien avec des démonstrations. Pour être réelle, elle doit conduire à des méthodes qui permettent d'obtenir toujours, dans les mêmes conditions, les mêmes résultats, et qui fassent cesser cet antagonisme si souvent et si faussement accusé entre la pratique
et la science. Un tel antagonisme implique nécessairement
contradiction et ne peut exister. Si la science ne donne pas
d'une manière exacte « la théorie de l'application, » ainsi que

l'exprimait Baudement dans le programme du cours de zootechnie rédigé par lui pour le concours de l'Institut de Versailles, ou de la pratique, elle n'a de la science que le nom; car
tel est exclusivement son objet.

Il n'y a pas de meilleur moyen de juger de la valeur des opinions dites scientifiques des adversaires de l'école zootechnique, que de constater, comme on peut le faire à chaque
instant, les dissidences qui existent entre eux sur les point fondamentaux. Dans cette école, au contraire, par cela seul que
l'on procède toujours par voie de démonstration expérimentale ou positive, le consentement s'établit de toute nécessité
sur les points qui ont été suffisamment étudiés. Si les théories
ne se vérifient pas dans la pratique, on on conclut qu'elles sont
fautives, et l'on cherche à les mieux dégager de l'observation,
ainsi que nous l'avons fait dans le chapitre précédent à propos
de la consanguinité.

Mais cela ne se peut effectuer que par une analyse rigoureuse des faits, suivie de la généralisation exacte des données
de l'observation dont l'appréciation complète n'est point aces-
sible au premier venu. On semble trop facilement croire que les
facultés de l'observateur soient l'apanage de tout le monde et
qu'il suffise de regarder pour voir dans tous les cas. C'est là
une profonde erreur. En dehors des phénomènes usuels et
vulgaires, pour apercevoir ce qui est il faut savoir le regarder.
Et c'est à la lumière des principes de la science, des phénomènes généraux, que l'on apprend à discerner les faits particuliers. Nous en donnerons ultérieurement de nombreuses preuves.
C'est pour cela qu'avant de nous occuper des méthodes zootechniques, nous avons étudié les questions physiologiques
dont elles ne peuvent être que des applications; renversant
ainsi l'ordre moins logique suivi jusqu'à présent par les auteurs, qui formulent d'abord leurs préceptes, en cherchant
ensuite à les justifier par des exemples tirés de la pratique,
lesquels, le plus souvent, n'offrent que de très-faibles garanties

de certitude, comme toutes les conclusions déduites empirique -
ment.

Avant donc d'aller plus loin dans l'étude des principes généraux de la zootechnie, il convient de marquer une étape. Nous
avons passé en revue ceux qui trouvent leur application dans
toutes les occasions, les espèces et les races ayant toujours à
se multiplier par la génération, puisque c'est la loi de leur existence. A présent, nous entrons tout à fait dans le domaine spécial de la zootechnie, qui est celui de l'action directe et raisonnée de l'homme sur les animaux considérés comme devant servir à la satisfaction de ses besoins. C'est pour exercer cette
action qu'il demande à la science des méthodes, dont la définition exacte va être d'abord donnée, puis l'indication précise de leur but et de leur objet.

Définition. — Nous appelons méthodes zootechniques les
diverses combinaisons des lois physiologiques à l'aide desquelles les formes et les aptitudes des animaux peuvent être dirigées dans un sens déterminé. Ces méthodes ont un objet, un
but et des moyens ou procédés, ce qui donne à leur ensemble
le caractère scientifique. En les appliquant, l'éleveur sait ce
qu'il fait, pourquoi il le fait et comment il le fait. C'est ce qui
les distingue des préceptes empiriques auxquels ces méthodes
ont succédé, et dont le défaut radical est qu'ils résultent, le
plus souvent, de la généralisation de faits particuliers qui ne
comportent point une telle extension.

Pour mériter leur nom, ces méthodes doivent substituer au
vague des généralités, à l'indécision des termes et à l'obscurité
des formules, une doctrine précise, nette, sur chacun des
points de la pratique auxquels elles se rapportent. Tirées de
la science, il faut qu'elles en aient le caractère de rigueur et
de précision. Création récente comme méthodes scientifiques,
elles ont dans la pratique un passé glorieux, car elles ne
sont que l'interprétation théorique de la pratique séculaire des

plus célèbres éleveurs anglais; ce qui leur donne une inattaquable sanction. Le mystère dont on accuse Backewell de s'être entouré, de même que les suppositions accumulées sur les travaux de Charles Colling et des autres émules du fermier de Dislhey-Grange, tout cela n'a d'autre fondement que l'absence d'une interprétation scientifique des résultats auxquels ils sont arrivés. Ces éleveurs illustres n'ont légué à leurs successeurs que des traditions, que les enseignements du métier. Seule, la physiologie, en pénétrant par l'analyse dans l'intimité des phénomènes, pouvait faire découvrir les modes de production de ces résultats, et permettre de constituer solidement les méthodes par lesquelles il est possible de déterminer les conditions de leur production. Par là, nous savons maintenant comment on a procédé il y a plus d'un siècle, absolument comme si nous y avions assisté; car il nous est démontré, par des lois scientifiques inflexibles, qu'un seul chemin a pu être suivi pour arriver au but; et de même nous sommes autorisés à conclure, en raison des principes de la science, qu'on ne peut pas procéder autrement aujourd'hui pour atteindre ce même but.

J'insiste sur le cachet de certitude propre aux méthodes zootechniques et qui sert à les bien définir. Leur caractère est de conduire toujours infailliblement aux mêmes résultats, lorsqu'elles sont appliquées dans toutes les conditions qu'elles comportent. Basées sur des lois naturelles, elles sont inéluctables comme ces lois; sans quoi ce ne serait point des méthodes.

Cela bien posé, précisons à présent leur objet et disons quel est leur but immédiat.

Objet. — But. — Les animaux ont des formes anatomiques et des aptitudes physiologiques naturelles, aboutissant uniquement à leur propre conservation et à celle de leur espèce. Elles sont tout juste développées, hors de l'influence de la domesticité, c'est-à-dire de celle de la société humaine, dans

la mesure nécessaire pour cette double fin. L'objet des méthodes zootechniques est d'imprimer à ces formes et à ces aptitudes des modifications, dans le but de les faire servir en outre
à la satisfaction des besoins nés de l'état social. Il est aussi de
conserver et de perpétuer ces modifications, une fois obtenues,
ou d'empêcher que les formes et les aptitudes naturelles se dé-
gradent et s'amoindrissent par le fait de la domesticité.

On est convenu d'appeler les modifications dont il s'agit des
améliorations : et les individus d'une espèce ou d'une race, qui
présentent des formes ou des aptitudes capables de dépasser
la limite de leurs propres besoins naturels et de suffire à une
production économique quelconque, sont dits *améliorés.*

Toutefois, ce qualificatif s'applique surtout habituellement à
ceux qui, dans leur race ou dans le groupe auquel ils appartiennent, offrent une supériorité relative, par rapport à la fonction économique qu'ils doivent remplir. Cette fonction est donc,
en réalité, le criterium de l'amélioration, qui ne peut s'entendre,
en ces matières, d'une façon absolue. En zootechnie, le sentiment
de l'esthétique n'a pas d'applications, ou du moins n'en a que
de très-rares, attendu que, dans la plupart des cas, l'utilité des
animaux dont nous nous occupons n'est point de charmer les
yeux par l'aspect de la beauté plastique. Un animal, fût-il dif-
forme et disgracieux au possible pour l'artiste (et c'est souvent
le cas), le zootechniste le tient pour beau, dès qu'il réunit au
plus haut degré les conditions de la fonction économique en
vue de laquelle il a été amélioré. Le beau, ici, ce n'est donc
point l'agréable, mais bien l'utile. Mais il faut ajouter toutefois
que l'appréciation et le sentiment, ou l'impression, dépendent
dans une certaine mesure du point de vue, et que l'aspect d'un
animal amélioré fait naître chez l'éleveur ami de son art des
sensations qui ne diffèrent guère de celles qu'éprouvent le sta-
tuaire et le peintre devant une belle statue ou un beau tableau.
Ces dernières, dira-t-on, sont d'un genre plus noble. Et pourquoi? On serait bien embarrassé s'il fallait l'établir par raisons

démonstratives. Question de point de vue, je le répète. Et pour mon compte je prétendrais volontiers que le mieux est de goûter également les deux genres de beauté.

Quoi qu'il en soit, de ce qui précède il résulte que l'objet des méthodes zootechniques est de réaliser des améliorations, en d'autres termes de développer les fonctions économiques des animaux, qui sont le but de ces améliorations. Celles-ci ont-elles des modes divers, et quels sont-ils, s'ils existent? C'est ce qu'il nous faut examiner, avant de pouvoir énoncer les méthodes dont il s'agit.

Améliorations. — Améliorer, en zootechnie, est donc augmenter la puissance des fonctions économiques des animaux; c'est mettre ceux-ci en mesure de fournir plus de produit. Les animaux, a-t-on coutume de dire, s'améliorent par le régime et par la génération. Ce sont les vétérinaires surtout, grâce à leurs connaissances physiologiques, qui ont bien fait ressortir l'importance du premier mode. Avant eux, on ne songeait, pour réaliser ce que l'on appelait l'amélioration des races, qu'à recourir aux plus beaux étalons. Nous ne parlons, bien entendu, que des écrits sur la matière; car on sait que les éleveurs anglais cités plus haut ont procédé tout autrement. C'est principalement dans les ouvrages de M. Magne qu'il a été, pour la première fois, question avec insistance de l'influence des agents extérieurs ou des agents hygiéniques sur l'amélioration des animaux. MM. Huzard, Yvart, et tous les auteurs élevés à leur école, ainsi qu'à celle de Grognier, ont fait pénétrer cette notion dans les esprits; de telle sorte qu'on ne trouverait plus personne à présent qui osât séparer de cette influence le perfectionnement du bétail.

On a prouvé par de nombreux faits, par tous les faits de la pratique, pour mieux dire, que les améliorations étaient étroitement liées aux modifications introduites dans les systèmes de culture, qui changent les conditions d'habitation, d'alimentation et de travail. En tant que résultat général, la démonstration est complète. M. Magne a particulièrement insisté, en toute occasion, depuis plus de vingt-cinq ans, sur les bons effets d'une nourriture abondante administrée dans le jeune âge des animaux, pour améliorer leurs formes et leurs aptitudes. Nul ne peut avoir la prétention, en conséquence, de contester à nos devanciers le mérite d'avoir mis en évidence cette donnée importante de la science du bétail. L'école qui a précédé l'école zootechnique a parfaitement établi la solidarité qui existe, en économie rurale, entre la production animale et la production végétale. Et il faut le répéter en ce moment, elle a par là fait faire un grand pas à la question.

Mais il n'en est pas moins vrai que la notion de cette solidarité, solidement établie comme fait général, demeure vague tant que la théorie qui l'explique n'existe point. Et cette théorie, on la chercherait en vain dans les écrits des auteurs que nous venons de citer. Cela se formule comme une déduction des résultats observés dans la pratique. Nulle part la loi n'en est clairement dégagée. L'absence d'analyse méthodique entraîne la confusion; et quand il s'agit de passer des principes à l'application, au lieu de conserver leur ordre hiérarchique, les moyens d'amélioration se trouvent énoncés d'après les anciens errements. C'est à ce défaut de clarté qu'il s'agit de remédier, en remettant chaque chose à la place qui lui convient, en posant avant tout le problème zootechnique dans ses véritables termes.

Il importe d'abord de bien distinguer l'amélioration des races de l'amélioration des individus. Une telle distinction n'apparaît pas d'une manière nette dans les écrits consacrés au perfectionnement du bétail. C'est parce qu'elle n'existe pas assez dans les esprits. Faute d'être suffisamment éclairé sur la caractéristique de la race, on confond les points de vue, et c'est ce qui fait que l'on ne s'entend pas. Les discussions se prolongent ainsi sans grande utilité.

On ne sait pas assez que le pouvoir améliorateur des méthodes zootechniques s'arrête aux fonctions économiques, c'est-à-dire aux aptitudes physiologiques, dont le développement dépend seul du milieu, des agents hygiéniques, de ce qu'on appelle le régime. A proprement parler, on n'améliore pas les races par le régime, dans le sens indiqué par ceux qui ont le plus préconisé ce moyen d'amélioration ; à plus forte raison, est-ce une erreur de prétendre à créer des races nouvelles par ce même moyen. On n'améliore que les individus, qui transmettent ensuite par la génération les qualités héréditaires développées en eux ; mais ces qualités ne se peuvent manifester dans leur descendance, qu'à la condition d'une action permanente des mêmes agents hygiéniques, sous l'influence desquels elles se sont montrées d'abord chez les ascendants. La démonstration scientifique complète de ce fait sera donnée plus loin. C'est pour sacrifier à l'usage que l'on continue de parler de l'amélioration des races par le régime. L'influence de ce régime se fait au demeurant sentir, dans certains cas, sur l'ensemble de la race, mais ce n'est point d'une façon directe ni immédiate. Pour s'en rendre un compte exact et se mettre en mesure de la manier méthodiquement, il importe de l'analyser.

Ce n'est pas non plus une notion juste, que celle de l'amélioration des races par la génération, donnée comme l'un des deux modes de cette amélioration entre lesquels les éleveurs auraient à choisir. Qu'il s'agisse d'améliorer les races « par elles-mêmes, » comme l'on dit, ou d'avoir recours dans ce but au croisement, dans les deux cas la notion est également fautive. Pour le premier, l'amélioration ne se peut concevoir en dehors de l'action du régime ou des agents hygiéniques ; ce n'est donc pas *par* elle-même que la race est améliorée, ce serait tout au plus *en* elle-même ; elle ne peut subsister d'ailleurs, nous le savons, qu'à ce prix : les individus résultant d'un croisement avec une autre race, quelque améliorés qu'ils fussent par ce croisement, ne lui appartiendraient plus, ils seraient des métis ; à moins que l'on n'appelle améliorer une race lui en substituer une autre meilleure par voie de génération continue, ce qui est une méprise fort répandue.

Ce n'en est pas une moindre de confondre dans ces questions, ainsi qu'on le fait presque toujours, le point de vue économique ou zootechnique avec le point de vue zoologique. Il importe extrêmement, pour la clarté des méthodes et la facilité de leurs applications, de les séparer d'une façon bien nette. Les améliorations soulèvent avant tout des problèmes économiques. Ce qu'il faut à l'économie rurale, ce sont des individus améliorés. La meilleure méthode zootechnique est celle qui rend possible leur production avec le bénéfice net le plus élevé. Le choix n'en peut donc être fait d'après des considérations abstraites ou absolues. Il faut à cet égard poser seulement des principes sur chacun des éléments du problème. C'est du rapprochement et de la combinaison de ces principes que résulte la conclusion pour chaque cas particulier auquel l'application en est faite. La connaissance des situations les plus communes étant donnée, il est permis d'en induire les méthodes qui trouvent une application utile la plus générale ; mais s'en autoriser, comme la plupart des auteurs l'ont fait, pour préconiser un système exclusif d'amélioration, c'est manquer au premier de tous les devoirs qu'impose la doctrine zootechnique dont nous exposons ici les éléments.

Les fondateurs de cette doctrine ont eu la prétention, en introduisant l'esprit et la méthode scientifiques dans l'étude des questions relatives à la production du bétail, de dissiper les obscurités et les confusions qui existaient sur la matière avant eux. Par le classement des phénomènes appréciés sous toutes leurs faces et dans tous leurs rapports, et par la précision des termes, ils sont arrivés à se rendre compte de la valeur relative de toutes choses et à l'indiquer d'une manière qui rend impossibles les fausses applications.

Pour procéder avec ordre dans l'étude des améliorations, deux points fondamentaux sont d'abord à considérer : 1° leur but économique ; 2° les moyens de les réaliser. Cela revient à dire qu'il convient préalablement de se demander s'il peut être utile d'entreprendre leur réalisation, et si l'on trouvera, dans les conditions dont on dispose, les ressources nécessaires pour les mener à bonne fin. Cela posé, il reste à étudier la question au point de vue physiologique, car ce point de vue seul peut permettre de mesurer l'étendue du chemin qui doit être parcouru, de supputer, par conséquent, celle des ressources qu'il faut pour le parcourir.

On ne peut se dissimuler qu'il n'est pas facile de faire disparaître du langage les locutions qu'un long usage a consacrées, et d'obtenir qu'elles soient remplacées par d'autres plus exactes. Il n'en faut pas moins, quand on parle au nom de la science, ne point se résigner à les subir. Sans espérer donc de voir, dans la langue usuelle de la zootechnie, l'expression d'amélioration des races de sitôt abandonnée, nous devons insister sur ce qu'elle a de contraire à la signification réelle des faits qu'elle a pour objet de rappeler.

Il se crée, dans les races, des familles améliorées, et ces familles se multiplient plus ou moins, suivant le nombre des éleveurs qui s'occupent de leur propagation et de leur exploitation. C'est en raison de la notion erronée de la race, si répandue, que l'on se laisse aller si facilement à l'erreur que nous signalons, et qui est entretenue par les auteurs, faute d'avoir conservé aux termes leur valeur véritable. Les développements que nous avons consacrés à ce sujet, dans le chapitre spécial de la race, nous dispensent d'y revenir en cette occasion. La race, dans sa signification zoologique, se conserve ou se détruit et s'éteint ; elle ne s'améliore pas. Les individus seuls qui la composent peuvent être maintenus dans un état d'amélioration économique, par un concours de circonstances dont cet état dépend étroitement, et qui est tout à fait sans action sur les attributs de la race. Dès qu'il cesse d'exister, l'amélioration disparaît avec lui.

Ces remarques ne sont point des subtilités de langage. Elles ont une portée pratique considérable, ainsi que nous espérons le montrer. Si elles avaient été bien gravées dans l'esprit des éleveurs, nous n'aurions certainement pas assisté à tant d'écoles, et vu si souvent échouer les tentatives de perfectionnement du bétail, uniquement basées sur l'importation d'étalons améliorés.

Il importe qu'on sache bien que la génération ne crée rien, en fait d'améliorations. Elle peut, tout au plus, transmettre les aptitudes qui favorisent leur développement, mais qui ne valent qu'à la condition de rencontrer, dans la véritable source d'où le perfectionnement découle, les moyens de s'exercer. Il n'est donc pas plus exact de dire que les races s'améliorent par la génération, que de prétendre semblablement à les améliorer par le régime, en faisant de ces conceptions théoriques deux modes divers et opposés de leur amélioration.

Par la génération seule, il n'y a que deux résultats possibles, suivant qu'il s'agit de reproduction dans la race même, ou de croisement entre deux races distinctes : la race se conserve et se maintient avec tous ses attributs, dans le premier cas; dans le second, les attributs essentiels des deux races disparaissent par la formation de métis, ou bien ceux d'une seule, suivant le degré auquel s'arrête le croisement. C'est ce que nous mettrons en complète évidence, en étudiant plus loin à part chacune des méthodes zootechniques.

Par le régime, on n'obtient que des individus améliorés.

Pour avoir une doctrine complète, il faut, par conséquent, combiner les deux modes d'une façon indissoluble, en plaçant chacun dans l'ordre logique qui lui convient. On peut ainsi concevoir théoriquement l'amélioration d'une race entière, en supposant qu'aucun des sujets qui la composent ne sera soustrait à la double influence du régime et de l'hérédité. Cela n'a pas d'inconvénient. Mais, pour ne point abuser des mots, on se gardera d'appeler ainsi des modifications heureuses imprimées à des familles plus ou moins nombreuses. La race mérinos, par exemple, n'est pas améliorée, parce qu'il en existe, en France ou en Allemagne, des troupeaux dont les aptitudes ont été mises en rapport avec les fonctions économiques auxquelles ces aptitudes correspondent mieux qu'on ne les rencontre communément ailleurs. De même, pour beaucoup d'autres races ovines ou bovines.

Il conviendrait donc, pour la clarté du langage scientifique, et pour éviter toute confusion dans les applications pratiques, de renoncer à parler, sans justesse et sans nécessité, de l'amélioration des races. Il conviendrait de s'en tenir à l'étude méthodique des moyens de créer les améliorations, pour les multiplier ensuite et les étendre.

En considérant ainsi la question, nous demeurons sur le terrain ferme de la science et nous pouvons formuler des notions précises, à l'aide des lois physiologiques déjà dégagées et de celles qu'il nous reste à mettre en évidence.

Une des espèces qui composent le bétail étant donnée, quelle que soit la race à laquelle se rattachent les individus appartenant à cette espèce, nous nous proposons d'imprimer à ces individus les modifications que nous appelons des améliorations. Telle est la situation de l'éleveur qui veut améliorer son bétail. Nous ne supposons rien, nous prenons les choses dans leur ordre logique et normal, et nous nous demandons comment il doit procéder, en thèse générale, pour réaliser les améliorations, à quelque fonction économique qu'elles se rapportent.

Les fonctions économiques ont été longuement examinées, pour chacune des espèces animales domestiques, dans le deuxième chapitre de ce volume; il n'est pas nécessaire de les passer en revue de nouveau. Nous savons aussi que l'objet des méthodes zootechniques est de développer les aptitudes qui doivent remplir ces fonctions. Tout cela bien compris, posons maintenant les éléments du perfectionnement zootechnique, en caractérisant par son nom chacune des méthodes qui doivent y concourir, et que nous aurons désormais à étudier à fond.

Méthodes zootechniques. — Il faut placer au premier rang l'ensemble des procédés capables d'agir directement sur les fonctions physiologiques de l'individu qui fournissent les aptitudes. C'est, en effet, par là seulement que les améliorations peuvent commencer. Pour que l'aptitude puisse être transmise par la génération, il est de toute nécessité qu'elle existe d'abord ; de même, quant à son degré de développement. Nous l'avons vu en nous occupant de l'hérédité. Il en est ainsi des formes, qu'elles correspondent ou non aux aptitudes.

J'ai cherché, dans mes travaux antérieurs sur ce sujet, à rattacher tous les procédés dont il s'agit, et qui sont la mise en œuvre de divers agents hygiéniques, à une loi générale de la physiologie, pour en constituer une méthode que j'ai proposé d'appeler *gymnastique fonctionnelle*. L'appellation paraît avoir été adoptée sans opposition dans le langage zootechnique. Eût-elle rencontré plus de contradictions, que nous n'en devrions pas moins la conserver, parce qu'elle est juste et qu'elle répond exactement à l'idée nouvelle dont elle est l'expression, ainsi qu'on le verra.

La méthode de la gymnastique fonctionnelle est donc fondamentale parmi celles qui concourent au perfectionnement du bétail. Elle s'applique à tous les cas et à toutes les situations. Elle a pour objet d'application l'individu, et pour but son amélioration. Elle a bien les caractères et la valeur d'une méthode, puisque, basée sur un principe scientifique unique, elle comporte un certain nombre de procédés ou modes d'application de ce principe, qui varient comme les fonctions sur lesquelles ils doivent exercer leur action.

Les améliorations réalisées sur les individus par l'emploi de la gymnastique fonctionnelle, ou celles qui se produisent sous l'influence de ces conditions encore inappréciées que, dans notre ignorance, nous appelons le hasard, ne se peuvent transmettre ensuite par la génération qu'en raison de la mise en jeu de l'hérédité. Cette mise en jeu, comme nous l'avons vu, nécessite des combinaisons qui nous sont plus ou moins connues, dans l'état actuel de la science. Moins certaines que la précédente, parce que leur base physiologique est moins solidement assise, les méthodes qui se rapportent à ces combinaisons ont cependant une valeur pratique incontestable. L'une au moins a le caractère de certitude de la science, et dans les deux autres, — car les méthodes zootechniques relatives à la génération sont au nombre de trois, — il en est de même pour quelques-uns de leurs procédés.

La première des méthodes de génération ou de reproduction du bétail est celle qui a été appelée la *sélection*. L'idée qu'elle représente et le mot qui exprime cette idée ont définitivement remplacé, dans le langage de l'économie du bétail, ce que l'on appelait, avant l'école zootechnique, l'amélioration de la race par elle-même, dont nous avons déjà parlé. Plus compréhensive, plus nette et plus exacte à la fois, l'expression de sélection est maintenant généralement adoptée. C'est Baudement qui l'a fait prévaloir en France. La sélection, dans l'application, se combine toujours avec la gymnastique fonctionnelle, dont elle confirme et accélère les effets. Elle ne comporte qu'un seul principe, toujours le même dans tous les cas, mais elle comprend deux procédés.

La seconde méthode de ce genre est celle du *croisement*, ayant son principe unique, qui est la génération opérée par des individus de race différente, qu'ils soient purs tous les deux, ou seulement le mâle. Il y a divers procédés de croisement, suivant précisément ces dernières conditions.

Enfin, la troisième méthode est celle du *métissage*, qui s'entend de la génération entre métis ou seulement avec un mâle métis. De là encore deux procédés distincts.

Nous avons maintenant à étudier successivement chacune de ces méthodes avec leurs procédés.

CHAPITRE VII

DE LA GYMNASTIQUE FONCTIONNELLE

Définition. — Dans son sens étymologique, le mot de gymnastique devrait être restreint à l'expression de l'exercice des organes locomoteurs, à l'exercice de la puissance musculaire. C'est ainsi que l'entendaient les anciens, qui ont créé ce mot. Il signifie proprement exercice du corps nu. Mais l'usage lui a fait prendre une signification plus étendue. On l'emploie maintenant pour désigner l'exercice méthodique d'une fonction physiologique quelconque.

Les meilleurs écrivains parlent aussi volontiers de la gymnastique intellectuelle, pour désigner d'une manière générale l'éducation des facultés de l'entendement ou du cerveau, que de la gymnastique physique applicable à la contraction musculaire.

Je n'ai donc point rencontré d'obstacle, lorsqu'il m'est arrivé pour la première fois d'appeler gymnastique fonctionnelle, l'ensemble des procédés hygiéniques à l'aide desquels les fonctions des animaux domestiques peuvent être méthodique-

ment exercées, en vue de leur perfectionnement et du développement des organes qui concourent à leur exécution.

La doctrine de la gymnastique fonctionnelle, qui coordonne
les moyens acquis pour la plupart depuis longtemps à la pratique, en les rattachant au principe scientifique qui les domine tous, cette doctrine qui est la base physiologique essentielle de la zootechnie, ne saurait en effet soulever aucune
contradiction. S'il en était autrement, rien ne serait plus facile
que de combattre les contradicteurs avec leurs propres armes,
car aucun d'eux n'aurait manqué de préconiser quelqu'une des
applications de la gymnastique fonctionnelle, pour le perfectionnement d'une race ou d'une aptitude.

Objet. — Nul n'a donc eu l'idée de contester la méthode
dont il s'agit, qui n'est que la généralisation scientifique des
pratiques usitées, et dont le mérite est de rendre compte de
leur efficacité, en même temps que de permettre de les manier
plus facilement par l'appréciation exacte de l'importance relative des éléments dont elles se composent. Dans l'évolution de
la science, le tâtonnement, l'empirisme précède ainsi toujours
l'action raisonnée; mais l'esprit accepte nécessairement avec
reconnaissance les éclaircissements qui lui permettent de se
rendre compte des résultats qu'il a obtenus.

En somme, ce que nous appelons gymnastique fonctionnelle
est l'action systématisée des modificateurs hygiéniques,
c'est-à-dire érigée en méthode générale par le fait de la
réduction des modes divers de cette action à un principe
physiologique unique. Ce qui était avant nous empirique
devient par là scientifique; les faits sont ramenés sous la dépendance de leur loi.

On voudra bien se souvenir que tel est le caractère essentiel
qui distingue les travaux de l'école zootechnique de ceux qui
l'ont précédée dans l'étude de l'économie du bétail. L'influence
des agents hygiéniques avait été parfaitement aperçue et uti-

lisée dans une certaine mesure, surtout par les éleveurs. Quelques auteurs avaient fortement insisté sur ce qu'ils appelaient l'amélioration des races par le régime; seulement, ils s'étaient tenus à la surface des choses, sans faire pénétrer l'analyse jusque dans l'intimité, pour ainsi dire, des phénomènes par lesquels se manifeste l'influence des modificateurs hygiéniques. Ils ont constaté le fait général; ils n'ont pas su déterminer les raisons de sa production, parce que, pour son étude, ils n'ont point fait usage de la méthode scientifique.

La gymnastique fonctionnelle seule, ainsi que je l'ai fait remarquer précédemment en considérant l'ensemble des circonstances qui constituent ce que l'on appelle le régime, ne peut améliorer la race : elle n'agit que sur les individus, et son action s'arrête précisément aux formes qui fournissent les caractères zoologiques de la race. Par cela même qu'elle est fonctionnelle, son influence se borne à la modification des aptitudes qui sont la conséquence économique des fonctions physiologiques; et, pour ce motif, les effets de la gymnastique s'appliquent indifféremment à tous les groupes d'individus, qu'ils constituent une race véritable, telle que nous l'avons définie, ou seulement une famille distincte dans la race par l'un de ses caractères secondaires, non par la forme, mais par le développement, ou enfin une réunion d'individus appartenant à plusieurs races et n'ayant de commun qu'un ou plusieurs des caractères secondaires dont il s'agit.

La méthode zootechnique dont nous nous occupons en ce moment est donc indépendante de toutes les autres et se combine indifféremment avec elles. Qu'il s'agisse de sélection, de croisement ou de métissage, toutes les fois qu'il y a lieu de développer une aptitude et par conséquent une fonction économique, l'intervention de la gymnastique fonctionnelle est nécessaire.

Ces dernières méthodes, qui mettent en jeu seulement l'hérédité, ne créent rien en fait de formes ou d'aptitudes;

elles ne peuvent que les transmettre et les multiplier. La gymnastique est indispensable pour les affermir, les conserver ou les développer. C'est pour ce motif, et en raison de son caractère de généralité dans les opérations zootechniques, que nous plaçons la gymnastique fonctionnelle en tête des méthodes que nous avons à étudier. Exposons d'abord la théorie physiologique sur laquelle elle s'appuie.

Théorie physiologique — Deux lois sont désormais solidement acquises à la physiologie et à l'hygiène, parce que l'observation et l'expérience de tous les jours les confirment de la manière la plus positive.

La première de ces lois est relative à l'influence d'un exercice modéré sur le développement des fonctions organiques, et sur la constitution des organes qui exécutent ces fonctions.

La démonstration objective du fait est devenue vulgaire, pour ce qui concerne les mouvements musculaires. Personne n'ignore que les muscles méthodiquement exercés augmentent de volume et acquièrent plus de force, que cela soit le résultat des nécessités fonctionnelles d'une profession particulière, ou bien la conséquence raisonnée de mouvements combinés en vue de ce résultat, comme c'est le cas de la gymnastique hygiénique, systématisée principalement par le Suédois Ling, et grandement perfectionnée depuis par divers auteurs.

Dans cette application particulière de la loi physiologique dont il s'agit, on comprend sans peine les effets produits. En considérant isolément une région musculaire exercée, ou même un seul des muscles qui entrent dans sa constitution, on peut aisément se faire une idée de ses effets, qui sont les mêmes pour tous les cas. Ils sont à la fois locaux et généraux.

L'effet local est une plus grande activité de la circulation sanguine et de la nutrition dans le muscle en contraction, une dépense plus grande des éléments de la force, qui appelle une réparation plus énergique. Si cette dépense n'est pas employée en travail utile , c'est-à-dire épuisée à vaincre une résistance exactement correspondante à son intensité, elle se traduit par une élévation de température dans le muscle, ainsi que les expériences très-remarquables de M. Jules Béclard l'ont démontré. Le muscle qui se contracte à vide, loin de se fatiguer, se fortifie, accumule, pour ainsi dire, de la force; et c'est là ce qui distingue l'exercice du travail. L'exercice, par conséquent, en activant la circulation et la nutrition locales, favorise l'assimilation des éléments constitutifs de la fibre musculaire et provoque le développement de celle-ci. Le travail agit comme l'exercice , mais à un moindre degré, pourvu qu'il soit maintenu en deçà des limites de la fatigue et de l'épuisement, qui entravent la réparation. Le mollet, la cuisse du danseur, le bras du maître d'armes, etc., fournissent la preuve de cette vérité.

Les effets généraux sont une sorte de retentissement de l'effet local, et leur intensité dépend en conséquence de celle de ce dernier. Ils se traduisent d'abord par une augmentation d'activité de la circulation générale, qui entraîne comme corollaire obligé l'accélération des mouvements respiratoires et toutes les conséquences physiologiques de cette accélération. Il y a, dans ce cas, une calorification plus grande, des exhalations plus intenses, liquides et gazeuses, par le poumon et par la peau; les métamorphoses de la nutrition s'effectuent plus promptement, et le besoin de prendre des aliments se fait sentir avec plus d'énergie.

On n'ignore point que rien n'est plus propre que l'exercice musculaire à stimuler l'appétit et à préparer des digestions faciles et promptes. A ce titre, l'exercice modéré de la contraction musculaire est donc une indispensable condition de la parfaite santé. Mais pour l'éclaircissement du principe que nous posons en ce moment, il importe surtout de retenir la corrélation étroite qui existe entre l'effet local de cette contraction, — fonction du muscle, — et l'activité des mouvements circulatoires et respiratoires. On y trouve la raison de certains effets remarquables, au point de vue de la thérapeutique, indiqués dans ces derniers temps par divers auteurs et notamment par mon ami M. le docteur Eugène Dally; mais il nous intéresse particulièrement de considérer ces effets dans leurs rapports avec l'activité de la nutrition, parce qu'ils ont pour conséquence la plus directe de hâter et d'étendre le développement des appareils organiques qui concourent à l'exécution des fonctions surexcitées. Nous verrons plus loin cette conséquence; bornons-nous, quant à présent, à constater le principe, qui est l'activité nutritive plus grande dans les organes exercés.

Cela se constate à l'œil et au poids pour les organes musculaires. Plus la fonction s'exerce, — remarquons bien qu'on ne dit pas jusqu'à la fatigue, qui produit l'usure, — plus la fonction s'exerce, plus la capacité fonctionnelle se développe en même temps que son organe. Et ce qui est vrai pour le muscle et le tissu musculaire l'est également pour tous les autres organes et tous les autres tissus. Le fonctionnement modéré favorise la fonction et la nutrition particulière de la substance qui l'accomplit. C'est une loi physiologique sur laquelle il n'est pas nécessaire d'insister davantage, tant ses conséquences sont bien connues de tout le monde, du moins pour ce qui concerne le fait particulier duquel nous venons de la dégager. Il faut ajouter seulement que ses effets sont d'autant plus efficaces que la nutrition est relativement plus active.

C'est le cas de la période de développement ou de formation, qui se termine à l'époque de l'âge adulte, alors que les organes ont acquis leurs formes et leurs proportions définitives. Durant cette période, dite du jeune âge, où l'accroissement proportionnel de l'individu est plus grand à mesure qu'on le considère à un instant plus rapproché de sa naissance, et où par conséquent les activités nutritives sont plus intenses, il est facile de comprendre que la loi dont il s'agit, mise en jeu par une gymnastique méthodique, puisse imprimer à leur développement et à leurs aptitudes une direction déterminée, sans changer le plan toutefois, qui est immuable, ainsi que nous l'avons vu précédemment, mais en faisant varier les rapports et les proportions des appareils qui fonctionnent.

Et c'est ici qu'apparaît la seconde loi physiologique sur laquelle la théorie dont nous nous occupons s'appuie.

Si tous les appareils de l'économie vivante sont également exercés en même temps, il en résulte un développement total plus intense de tous les organes et de toutes les fonctions; l'équilibre se maintient parce que les rapports subsistent. La somme des activités nutritives et celle de leurs aliments, réparties dans toute l'économie suivant les affinités électives de chaque tissu organique, procurent un développement harmonique de l'individu, dont toutes les aptitudes se trouvent ainsi perfectionnées.

Mais cet équilibre, instable de sa nature, peut être déplacé et même rompu. La loi de balancement organique permet de détourner au profit d'un ou de plusieurs appareils, au moins une partie des activités nutritives, et cela au préjudice des autres dont le développement se trouve amoindri. Cette loi admise, — et il n'est pas possible de la contester, — il est on ne peut plus facile de comprendre maintenant que l'exercice exclusif d'une fonction, au delà des limites nécessaires pour l'entretien normal de la vie, doive provoquer, au bénéfice de cette fonction, l'assimilation d'une plus forte partie de la somme totale des matériaux qui servent au développement de l'individu.

En considérant tout à l'heure les cas particuliers d'application de la gymnastique fonctionnelle, nous verrons la démonstration expérimentale de ce fait. Nous verrons se développer concurremment les appareils dont les fonctions sont solidaires, et se réduire au contraire à leur plus simple expression ceux qui sont laissés en repos, en vertu de cette loi de balancement organique acquise à la physiologie, et dont la judicieuse interprétation a été pour Baudement l'une des bases de la doctrine des fonctions spécialisées, l'autre se trouvant dans la loi économique de la division du travail. Pour l'instant, il suffit de bien nous pénétrer de la théorie physiologique de la gymnastique fonctionnelle, ayant pour double fondement l'action de l'exercice sur le développement des appareils d'organes et le balancement organique qui, dans l'état normal, maintient l'équilibre entre ces appareils, parce qu'ils sont également exercés dans la limite des besoins de la vie.

Cela compris, il est on ne peut plus facile de saisir le parti qui peut être tiré du jeu méthodique de ces deux lois combinées, ou opposées l'une à l'autre, dans le perfectionnement des animaux. Et c'est ce parti que nous allons maintenant indiquer, en nous plaçant au point de vue des fonctions économiques du bétail, c'est-à-dire en précisant les conditions de la méthode zootechnique dont il s'agit.

Pour procéder avec clarté, il faut envisager séparément les deux ordres de fonctions physiologiques dont l'ensemble constitue le mouvement de la vie. L'un, comprenant ce que Bichat appelait la vie animale ou de relation, dépend étroitement de l'autre et réagit nécessairement sur lui dans toutes ses manifestations, ainsi que nous venons de le voir : il n'est pour ce motif guère possible, à notre point de vue présent, de le considérer d'une façon complétement exclusive ; on ne peut que lui accorder une attention prépondérante. Le second ordre de fonctions, qui est celui de la vie organique ou végétative, toujours d'après la division de Bichat, se prête mieux à l'examen spécial. Sous le bénéfice de cette réserve, nécessaire pour l'analyse scientifique des phénomènes, nous allons donc étudier successivement la gymnastique des fonctions de relation et celle des fonctions végétatives ou nutritives.

Gymnastique des fonctions de relation. — Le type de l'application des procédés de la gymnastique fonctionnelle

au développement des organes de la vie de relation se trouve
dans les pratiques depuis longtemps usitées pour l'entraînement
des chevaux de course. Rien n'est plus propre à donner une
juste idée des effets de la méthode et du parti qu'il y a lieu
d'en tirer, à un moindre degré, dans le perfectionnement des
animaux domestiques en vue de la fonction économique qui utilise leur force mécanique, leurs aptitudes dynamiques, intellectuelles et physiques, pour mieux dire, que l'analyse de ce qui
concerne ces procédés. Nous pourrions prendre également l'é-
ducation des pugilistes de l'espèce humaine, à laquelle H. Royer-
Collard et plus récemment M. le professeur Bouchardat ont consacré des études remarquables, au point de vue de l'hygiène ou
de la conservation de la santé. La question est la même dans
les deux cas. Nous resterons mieux sur notre propre terrain en
préférant ce qui se rapporte aux animaux.

Mais ce n'est pas un manuel de l'entraîneur que je dois re-
faire ici, c'est une analyse physiologique des effets de l'entraînement, afin d'en déduire expérimentalement les données de la
méthode dont nous nous occupons. Parmi les pratiques qui
constituent le régime auquel sont soumis les chevaux préparés
pour les courses, il en est qui n'ont aucun fondement dans la
physiologie, qui sont purement empiriques et tout à fait super-
flues. Seule, la routine des entraîneurs les fait conserver. Nous
n'avons par conséquent pas à nous en occuper. Il faut s'en tenir
à l'examen des pratiques rationnelles qui sont, je le répète, un
type d'application de la gymnastique fonctionnelle aux organes
de la vie animale ou de relation.

ENTRAINEMENT. — Le but de la méthode, dans ce cas, est
de faire acquérir à l'appareil locomoteur du cheval le plus haut
degré de développement qu'il puisse atteindre, de porter aussi
au plus haut point l'énergie des manifestations nerveuses qui l'ani-
ment, et enfin, secondairement, de préparer par une éducation
spéciale l'animal au genre particulier de service qu'il doit fournir.

C'est cette dernière partie des opérations de l'entraînement du cheval de course qui frappe surtout l'attention des observateurs superficiels, non initiés aux détails de sa complète préparation ; mais les hommes du métier et les amateurs compétents du sport savent fort bien, encore même qu'ils ne seraient pas en mesure d'en discerner exactement les raisons, que dans cette préparation méthodique du cheval aux luttes de l'hippodrome, les premières phases de l'entraînement sont plus importantes que la dernière et qu'elles ont sur la puissance ultérieure du coureur une influence décisive. C'est d'elles, en effet, que dépend le développement des leviers et des puissances qui les font mouvoir ; la dernière période de l'entraînement, qui doit se renouveler chaque année avant la saison des courses, n'a d'autre utilité que d'apprendre au cheval son métier ou de le lui rappeler et de le mettre, comme disent les gens du turf, en condition.

On peut différer d'avis sur l'utilité des courses, au point de vue de l'amélioration de l'espèce chevaline, et sur la valeur absolue des chevaux qui prennent part aux courtes luttes de vitesse dont elles fournissent le spectacle ordinairement. C'est une question que nous n'avons pas à discuter ici. Mais il n'est pas permis de contester que ces chevaux présentent le type le plus élevé de la puissance musculaire, de la force par conséquent, et de la plus exacte appropriation des facultés à l'objet qu'elles doivent remplir.

Il faudrait être dépourvu de toute notion de mécanique pour nier, sous prétexte du peu de durée de la course, l'aptitude dont il s'agit. Quand on sait que pour une dépense déterminée de force, le travail est indifféremment proportionnel à la vitesse ou au temps, qui en sont deux facteurs, la force dépensée étant ici proportionnelle au chemin parcouru, il est clair qu'il suffira de diminuer la vitesse et d'augmenter le temps pour obtenir un plus long parcours avec la même somme de force.

Ce théorème de mécanique peut subir des corrections dans

son application particulière au cheval de course, car la mécanique animale comporte des conditions complexes, en vertu desquelles la vitesse n'est pas toujours nécessairement corrélative à la force et dépend parfois de l'instabilité d'équilibre du corps qui se meut ; mais il n'est pas moins exact en thèse générale et toujours applicable aux individus dont la conformation présente les proportions harmonieuses qui caractérisent la perfection. Et l'on doit ajouter que c'est le cas de la plupart des coureurs les plus célèbres par leurs victoires.

Il est certain que les chevaux de course qui ont hérité à la fois de la bonne conformation et des aptitudes supérieures attestées par leur Pedigree, acquièrent par les pratiques judicieuses de l'entraînement une force, une vigueur et une puissance locomotrice qui doivent les faire considérer comme les premiers de leur espèce sous tous ces rapports. On peut, encore un coup, constater l'exactitude de ce fait, sans préjuger les conséquences qui en sont tirées par la fantaisie des admirateurs trop fanatiques du cheval de course, qui négligent facilement pour cela des considérations d'une certaine importance. Ce que nous en devons déduire pour le moment, c'est que les mérites dont il s'agit sont principalement, si ce n'est même exclusivement, le résultat d'une application persévérante et constante de la gymnastique fonctionnelle dans les pratiques de l'entraînement.

Ces pratiques, pour converger vers un but unique, agissent à la fois sur les principales fonctions dans un sens propre à déterminer les résultats désirés. Elles ont pour effet de diriger la nutrition de telle sorte que les organes de la force acquièrent le plus de développement possible, en exerçant ces organes et en leur fournissant les matériaux de leur constitution dans les meilleures conditions, de même qu'en les débarrassant de tout ce qui pourrait nuire à leur fonctionnement complet.

Les choses fondamentales de l'entraînement sont donc relatives à l'exercice de l'appareil locomoteur, sous ses diverses formes et avec ses conséquences physiologiques sur la circulation et la respiration, et à l'alimentation. Il faut, pour ce motif, considérer successivement l'exercice de la locomotion, le pansage, qui est une sorte d'exercice musculaire et respiratoire au repos, et la nourriture spéciale de l'entraînement. Nous laissons de côté le reste qui n'a pas d'importance pour nos démonstrations.

Exercice. — C'est à l'âge de deux ans que le cheval de course est soumis aux pratiques de l'entraînement. Jusque-là, sous le rapport de l'exercice, il a été abandonné à ses propres instincts, et le régime qui lui convient le mieux à cet égard est celui de la liberté.

Sous la foi de plaisanteries souvent répétées, on se figure que les poulains destinés aux luttes de l'hippodrome sont élevés en charte privée et dans la flanelle. C'est une erreur. La seule particularité qui distingue leur régime est relative à l'alimentation. De très-bonne heure, ils reçoivent de l'avoine, d'abord ramollie, concassée ou moulue, comme supplément au lait de leur mère; supplément qui s'augmente d'une manière progressive, après le sevrage, et constitue, joint à l'herbe de la prairie, qui doit toujours être de très-bonne qualité, une alimentation tonique et substantielle. Cela leur fait acquérir une constitution solide, qui les prépare aux exercices méthodiques par lesquels ils sont entraînés.

Le grand air, la liberté et une nourriture riche en principes alibiles, contribuent donc seuls jusqu'à deux ans au développement du poulain dit de race. Et dans la plupart des cas l'entraînement qui commence à cet âge devrait être très-ménagé, pour durer plus longtemps; mais les exigences de l'institution des courses ne le permettent point, et les plus robustes seuls résistent aux exercices forcés auxquels ils doivent être nécessairement soumis.

Ces exercices, cependant, commencent par de petites promenades au pas, graduellement prolongées jusqu'à ce qu'elles atteignent une durée de trois heures. Répétées chaque jour, elles ont pour but de préparer les muscles du poulain à des contractions plus énergiques et de l'habituer à une marche régulière et franche, à un travail réglé. Ces promenades au pas sont en même temps une gymnastique graduelle pour la fonction respiratoire, dont elles augmentent l'intensité.

En accélérant la circulation et la respiration, l'exercice de la marche active la combustion interstitielle des principes immédiats hydrocarbonés de l'alimentation, s'oppose en conséquence à leur accumulation dans le tissu des muscles et réduit ceux-ci aux éléments contractiles de leurs fibres. Cette combustion interstitielle, qui est le résultat de la combinaison de l'oxygène de l'air avec les carbures d'hydrogène des matières grasses et sucrées constituant ce que Liebig a appelé les aliments respiratoires, produit la chaleur animale, aujourd'hui reconnue comme l'équivalent mécanique de la force, comme l'ont démontré pour la contraction musculaire les expériences de M. Jules Béclard, dont nous avons parlé précédemment. C'est ce qui rend parfaitement compte de l'accélération de la circulation et de la respiration sous l'influence de l'exercice de la contraction musculaire.

En effet, celle-ci consomme du mouvement ou de la chaleur, — deux termes corrélatifs; — il y a dès lors nécessité d'en produire davantage; la respiration exhale ses résidus sous forme d'acide carbonique et d'eau, et emprunte à l'atmosphère l'oxygène nécessaire pour une combustion nouvelle; la circulation du sang veineux transporte au poumon ces résidus, et la circulation artérielle charrie vers les muscles l'oxygène qui, dans le poumon, s'est échangé contre l'acide carbonique du sang veineux.

Toutes ces mutations sont donc étroitement solidaires comme les fonctions qui les exécutent; et cela fait que l'activité de la respiration doit être toujours en rapport exact avec celle de l'appareil musculaire : d'où l'on peut conclure justement la puissance de la machine animale par la capacité de la cavité thoracique, entraînant celle des organes qu'elle contient et qui sont le véritable générateur de cette machine.

Après un temps variable de l'exercice au pas du cheval en entraînement, les promenades sont entremêlées de petites courses au galop peu accéléré, dont la mesure est donnée par l'état de la respiration. Ces temps de galop cessent au moment où celle-ci s'accélère d'une manière trop sensible et devient gênée. Il importe que l'animal prenne progressivement l'habitude de respirer librement aux allures rapides, et même, suivant M. Milne Edwards, d'exécuter des inspirations assez étendues pour pouvoir conserver durant quelques secondes la fixité de la cage thoracique, avec une sorte de réserve d'air dans ses poumons, fixité qui est nécessaire, en effet, pour le déploiement de toute la force, d'après la théorie physiologique de l'effort. Ce serait là un des éléments essentiels de la gymnastique fonctionnelle, dans les pratiques de l'entraînement; et l'art de l'entraîneur consisterait à bien ménager la progression de ces temps de galop pour arriver, en les rendant de plus en plus rapides, à l'éducation de la fonction respiratoire pour le but dont il s'agit.

Nous n'entrerons pas, bien entendu, dans les détails de l'entraînement complet, qui se compose de plusieurs séries d'exercices de ce genre et se termine par une préparation spéciale sur un terrain choisi, sorte de répétition préalable de la course véritable. Cela n'est point dans notre sujet. Il suffit, pour dégager des pratiques empiriques des entraîneurs la loi fondamentale qui donne la raison de leur efficacité, d'en indiquer le mécanisme physiologique, ou plutôt de mettre en évidence les rapports des phénomènes qui s'y produisent.

Après ce qui a été dit précédemment sur la théorie physiologique de la gymnastique fonctionnelle, on saisira sans difficulté ces rapports. Nul ne manquera d'apercevoir dans les pratiques de l'entraînement relatives à l'exercice de l'appareil locomoteur, en même temps qu'une éducation spéciale pour ce que je demande la permission d'appeler le métier de coureur, éducation tout à la fois physique et intellectuelle, puisqu'il s'agit de faire prendre au cheval l'habitude d'une allure (le galop à deux temps) qui n'est point son allure naturelle ou instinctive, et d'exciter en lui ce que je me permettrai de nommer un véritable sentiment d'émulation ; outre cette éducation, dis-je, on verra dans les pratiques dont il s'agit les conséquences organiques de l'exercice solidaire des appareils musculaire, circulatoire et respiratoire, qui aboutissent à une activité plus grande de la nutrition des éléments anatomiques de ces appareils, et par là même à leur développement plus prononcé.

Le mouvement de composition et de décomposition qui caractérise la nutrition est mis en évidence dans les muscles par les expériences physiologiques, qui permettent de constater, après les contractions répétées des fibres musculaires, dans la substance de ces muscles des produits de combustion des matières albuminoïdes, dont la quantité est en rapport avec le jeu des contractions et avec la production de la chaleur animale. Ces produits sont éliminés, et si les éléments d'où ils proviennent ne sont pas renouvelés par l'alimentation, il en résulte une diminution du poids et du volume du muscle, ce que l'on appelle une émaciation. Si au contraire le régime alimentaire fournit les matières plastiques nécessaires, l'activité de la recomposition étant surexcitée par celle de la décomposition, c'est une augmentation finale qui se produit, à moins que la nutrition ne soit troublée par l'exercice excessif, ce qui n'est point le cas de la gymnastique.

Ainsi se produisent les effets de l'exercice sur l'appareil locomoteur d'abord, puis sur les autres qu'il met en jeu pour suffire à ce double mouvement dont nous venons de parler. Les phénomènes relatifs à l'élimination des produits de la combustion musculaire, conséquence ou source de la force développée par la contraction, ces phénomènes et ceux de la nutrition reconstituante sont favorisés par une autre pratique de l'entraînement qui agit directement sur les fonctions de la peau et indirectement sur la circulation locale du tissu musculaire. Elle a aussi, dans la méthode, une très-grande importance, plus grande qu'on ne serait disposé à le penser de prime abord. Il s'agit de l'ensemble des opérations qui constituent ce que l'on appelle le pansage et que nous allons maintenant examiner.

Pansage. — Tout ce qui, dans les moyens mis en œuvre pour exécuter le pansage du cheval à l'entraînement, a pour but de sécher la peau en sueur ou de la nettoyer des impuretés que l'exercice de sa fonction fait déposer à sa surface, de même que le milieu dans lequel l'animal vit, tout cela est du ressort de l'hygiène générale. Nous n'avons donc pas à nous en occuper ici. Il a été dit ailleurs combien les soins de propreté de la peau ont d'influence sur l'entretien de la santé et de la vigueur des animaux. Il convient seulement, à notre point de vue actuel, d'appeler l'attention sur les frictions et les massages méthodiques dont les membres particulièrement sont l'objet, de la part des entraîneurs.

Ces frictions et ces massages exécutés avec tant de soin sont un des modes essentiels de la gymnastique fonctionnelle ; ils sont le complément nécessaire de l'exercice, et ils contribuent considérablement à la production des effets de nutrition plus haut signalés.

Dans le parti que la thérapeutique a su tirer depuis si long-temps du massage méthodique des parties endolories, engorgées ou manquant de tonicité, pour nous servir d'une expression vague, mais dont la signification objective est bien connue, il est facile de trouver la raison de son influence sur la nutrition des tissus soumis à son action. Cette action est véritablement stimulante des phénomènes complexes qui se passent dans l'intimité des systèmes organiques ; elle hâte la résorption des liquides épanchés et stagnants, en facilitant probablement leur reprise par une circulation locale plus énergique, par tout un ensemble de mouvements intimes, peu appréciables à nos moyens actuels de constatation, mais dont l'augmentation de la température locale fournit aujourd'hui la preuve incontestable.

A vrai dire, les pressions et les frottements qui résultent des frictions et des massages augmentent l'intensité de la vie des tissus organiques, en tant que la vie soit ici prise dans son acception scientifique conforme à la théorie dynamique, acception qui la rend corrélative du mouvement.

On se rend parfaitement compte, après cela, que dans la pratique des entraîneurs les massages prolongés puissent, jusqu'à un certain point, tenir lieu de l'exercice, lorsque, par le fait d'un mauvais temps, le cheval à l'entraînement ne peut être sorti. Exécutés au moment de la rentrée à l'écurie, après la course préparatoire dont nous avons parlé, ils provoquent une sensation de délassement et de bien-être dont nous pouvons nous faire nous-mêmes une idée par les effets des opérations analogues pratiquées sur nos propres membres.

Mais le résultat essentiel du massage méthodique des plans musculaires du corps et des membres est cette excitation de la nutrition signalée plus haut, et qui concourt, avec l'exercice, à rendre impérieusement nécessaire une alimentation qui puisse fournir, sous la forme la plus convenable, les éléments de la réparation et de l'accroissement des muscles et des autres organes exercés dans l'entraînement.

Nourriture. — Peu de foin, beaucoup d'avoine et point du tout de paille, voilà ce qui compose le régime alimentaire des poulains qu'on entraîne.

Le régime est ainsi composé dans un double but : celui de ménager les organes digestifs en ne les surchargeant point de matières non alibiles, et celui de leur fournir, sous un faible volume, la plus forte somme possible de matériaux réparateurs pour les organes exercés.

On sait qu'il s'agit de prévenir l'accumulation de la graisse et de provoquer surtout l'assimilation des matériaux plastiques. Il est nécessaire aussi de fournir au squelette les éléments minéraux de son prompt et complet développement. Nous verrons plus loin ce que la gymnastique fonctionnelle produit à cet égard, en nous occupant particulièrement des fonctions de nutrition. Le régime alimentaire doit donc être aussi riche que possible de ces éléments en même temps que de principes azotés; et l'administration de ce régime est dirigée de telle sorte que tout en soit absorbé et assimilé. A cet effet, il se compose de repas multipliés et peu copieux. Cela stimule l'appétit et facilite les digestions.

Les entraîneurs pensent, en général, qu'il faut donner peu d'eau à boire; mais la meilleure règle à cet égard est de ne point laisser souffrir l'animal de la soif, en tenant toujours la boisson à sa portée. De cette façon, il n'en prend que la quantité nécessaire pour la bonne exécution de sa fonction digestive.

Nous ne parlons pas des purgations répétées, dont les Anglais abusent pour eux-mêmes comme pour leurs chevaux. Toutefois, il faut faire remarquer que l'aloès dont ils se servent agit plutôt comme apéritif que comme purgatif, et qu'il peut, à ce titre, avoir son utilité dans la gymnastique de l'entraînement.

En résumé, l'on a vu par ce qui précède que les pratiques essentielles des entraîneurs offrent, ainsi que nous l'avons dit en commençant, le type le plus complet et le plus élevé de la gymnastique fonctionnelle appliquée aux appareils de la locomotion, de la circulation et de la respiration; indirectement et d'une manière médiate pour les deux derniers, mais tout à fait immédiate et directe pour le premier. Partant de là, il est facile de comprendre à présent quels en peuvent être les effets sur le développement de la même aptitude, à un degré moindre, pour tous les individus des espèces chevaline et bovine dont la fonction économique est la production de la force ou du travail mécanique.

Pour l'amélioration de nos bêtes françaises, il eût certes mieux valu emprunter aux Anglais, dans une juste mesure, ces pratiques chez eux séculaires, plutôt que leurs reproducteurs. On l'a fait assurément pour nos chevaux français de course, mais en s'arrêtant là, parce que de fausses doctrines ont empêché de voir qu'en Angleterre tous les chevaux, peu ou prou, sont soumis à un véritable entraînement.

Chez nous, seuls les chevaux de trait se trouvent être exercés régulièrement dans le jeune âge, mais dans un tout autre but, car ils ont à produire une certaine somme de travail. C'est le cas notamment des percherons, qui se font remarquer par leur aptitude et leur vigueur, dues au travail modéré qu'ils exécutent dans leur jeune âge et à l'excellente nourriture qu'ils reçoivent, dont l'avoine forme la part principale. On ne s'est jamais occupé que de fournir des reproducteurs, des étalons, au lieu de s'appliquer à faire l'éducation zootechnique des éleveurs.

Dans cette éducation, la juste notion de l'influence de la gymnastique fonctionnelle, dont nous venons d'examiner l'un des côtés, est la chose fondamentale. L'importance de ce qu'on appelle le dressage, bien qu'on s'en occupe davantage aujourd'hui, n'est point encore suffisamment comprise. Elle n'est envisagée qu'au point de vue de l'éducation proprement dite ou de la préparation à la fonction économique spéciale. C'est au point de vue de son influence sur le développement de l'aptitude et sur l'accroissement des organes qui fournissent cette aptitude qu'il importe surtout de la considérer. L'un est d'ailleurs la conséquence nécessaire de l'autre. Il s'agit seulement de commencer plus tôt l'application méthodique de la gymnastique fonctionnelle, alors que les organes en voie d'accroissement peuvent mieux en subir les effets. C'est par des exercices gradués, du même ordre que ceux usités dans l'entraînement du cheval de course, et dirigés comme ceux-ci dans le sens de la fonction, qu'il convient d'exciter dès le jeune âge le développement des puissances mécaniques qui devront être plus tard utilisées, et de les porter au plus haut degré qu'elles puissent atteindre, eu égard à l'aptitude naturelle de l'espèce et de la race.

Ces principes, je suppose, sont faciles à saisir. Il ne s'agit que de systématiser des pratiques empiriques, de les appliquer à tous les cas, éclairé par la connaissance de leur réel mode d'action. Il faut que le dressage au service ne soit pas seulement un but, mais encore un moyen d'éducation physique, une gymnastique, en un mot, une véritable méthode zootechnique. C'est ainsi seulement que le cheval, en particulier, peut être certainement amélioré. Sans cela tout le reste, choix des étalons et des juments, demeure en grande partie stérile. La préoccupation exclusive de l'influence des reproducteurs peut conduire à la production de beaux chevaux, à certain point de vue, mais elle ne saurait toute seule donner de bons chevaux, c'est-à-dire des chevaux forts, puissants et capables de résister au service, doués de cette qualité que les Anglais appellent l'*endurance*.

Nous allons voir maintenant l'application de la méthode dont nous nous occupons, spécialement aux fonctions de nutrition.

Gymnastique des fonctions de nutrition. — Encore ici nous devons chercher dans la pratique des grands éleveurs anglais, dans celle de Backewell, de ses contemporains et de ses successeurs, des Colling, des John Ellman, des Tom Kins, des Jonas Webb, etc., les éléments de notre étude. Tandis qu'en même temps nos compatriotes, plus naturalistes spéculatifs qu'hommes d'action, dissertaient sur le perfectionnement du bétail, en Angleterre l'œuvre s'accomplissait empiriquement, mais d'une manière positive. C'était conforme au génie de la race anglo-saxonne, à un si haut degré douée du sens pratique et de la ténacité.

J'ai dit, dans le précédent chapitre, qu'en nous aidant des lumières de la physiologie nous pouvions maintenant déterminer les procédés par lesquels cette œuvre s'est accomplie, absolument comme si nous y avions assisté. J'espère que tout à l'heure on n'en pourra plus douter; car je vais montrer que ce n'a pu être autrement qu'en appliquant aux fonctions de nutrition, douées chez les races anglaises améliorées d'une aptitude si élevée, la méthode de la gymnastique fonctionnelle. Ces admirables *machines animales*, ainsi que les appelait Baudement, ont été conduites à la puissance d'assimilation, à la facilité précoce de développement et d'engraissement qui les caractérisent, en faisant prendre à leur aptitude digestive et à leur nutrition la prépondérance sur toutes les autres fonctions. Il y a dans ce fait évident, comme dans celui relatif à l'entraînement, la double influence des deux lois physiologiques posées au commencement de ce chapitre : celle de l'exercice de la fonction sur le développement de ses organes, et celle du balancement organique, qui entraîne la rupture de l'équilibre vital en faveur de l'organe ou de l'appareil organique le plus exercé.

Les éleveurs anglais n'ont point créé leurs races, ainsi qu'on le dit souvent par erreur; ils n'ont pas davantage créé les aptitudes qui les distinguent. Nous savons maintenant pourquoi cela n'est point au pouvoir de l'homme, et nous connaissons la fausse appréciation des faits sur laquelle s'appuie la prétention contraire. Les Anglais s'étaient proposé un but économique, un résultat industriel, et ils l'ont atteint avec cette sûreté de marche qui leur est propre dans toutes les entreprises auxquelles ils se livrent. Le côté zoologique de la question ne les a nullement préoccupés; et c'est par un étrange abus qu'on invoque en faveur des hypothèses sur la mutabilité de l'espèce les variations individuelles qu'ils ont obtenues dans leurs races par une industrie persévérante. Ces variations, ainsi que je l'ai fait voir, laissent parfaitement intacts les caractères distinctifs de la race. Elles sont des degrés de développement de l'aptitude étroitement liés aux conditions de leur production, et qui disparaissent avec ces conditions, loin que l'hérédité soit suffisante pour les maintenir dans la suite des générations. Si la gymnastique fonctionnelle qui les a fait obtenir cesse son action, l'individu retourne à ses aptitudes et à des caractères primitifs. Pour nous servir de l'expression usuelle consacrée, il dégénère promptement. C'est ce qui arrive, par exemple, aux bœufs de

Durham, aux moutons New-Leicester et Southdown transportés dans des pays où les ressources alimentaires sont insuffisantes. La fixité de leurs caractères secondaires, dont dépend l'aptitude, n'est pas une fixité absolue, comme l'est celle des caractères essentiels ou typiques de la race; c'est une fixité relative, que la culture seule peut entretenir.

Et j'insiste à dessein en ce moment sur cette distinction capitale. Elle fait bien sentir l'importance de la gymnastique fonctionnelle dans le perfectionnement du bétail, importance que les représentants de l'ancienne école et les amateurs à leur suite proclament volontiers sous un autre nom, en thèse générale, mais qu'ils méconnaissent dès qu'il s'agit de passer des principes à l'application. C'est seulement en se pénétrant bien de cette vérité fondamentale, que l'on peut comprendre ensuite la nécessité absolue, pour assurer le succès des entreprises zootechniques, de réunir d'abord les éléments de l'exercice des aptitudes, avant de songer à transmettre ces aptitudes par la génération. C'est pour avoir procédé trop souvent en sens inverse que tant d'échecs ont été essuyés. Dans l'amélioration du bétail anglais, en vue d'une production plus considérable de viande, l'accroissement des ressources alimentaires par le progrès agricole a toujours précédé les tentatives directes faites sur ce bétail, parce que, en réalité, comme nous l'allons voir, l'amélioration qu'il a subie est la conséquence physiologique d'une plus grande assimilation d'aliments propres à fournir les matériaux de cette substance complexe que nous appelons la viande.

Nous savons déjà que la vie organique ou végétative, dans l'économie animale, se caractérise essentiellement par un double mouvement constant de décomposition et de recomposition. Cela a été indiqué plus haut pour la nutrition des muscles en particulier. Nous savons aussi que le mouvement de décomposition est en rapport avec le fonctionnement de l'organe, et que les phénomènes de combustion, par lesquels il se manifeste, dépendent à la fois de ce fonctionnement et de l'activité de la circulation et de la respiration, laquelle augmente les effets comburants de l'oxygène de l'air introduit par le poumon et charrié par le sang, d'abord sur les carbures d'hydrogène, qui deviendraient ou qui sont déjà devenus de la graisse. Ce que nous avons vu se produire à cet égard dans le cas de l'entraînement peut nous mettre sur la voie de ce qui arrive pour les animaux grands assimilateurs des éléments de la viande. Les conditions les plus favorables pour l'exercice de leur aptitude spéciale sont précisément l'inverse de celles qui font acquérir la vigueur et la force. Au lieu de l'activité des facultés de relation, c'est « le repos au sein de l'abondance, » comme l'a écrit quelque part Baudement, toujours si bien inspiré dans ses expressions.

L'analyse scientifique de ces deux conditions, repos ou quiétude et nourriture abondante, va nous fournir les données précises de la gymnastique méthodique dans ses rapports avec les fonctions de nutrition. Il faut trouver, dans cette analyse, les principes de la méthode et les modes de leur application à toutes les races des diverses espèces domestiques qui composent notre bétail. Les éleveurs anglais les ont appliqués empiriquement et d'une manière inconsciente, mais néanmoins avec une grande habileté pratique. Nous devons profiter de l'expérience qu'ils nous ont léguée, en y joignant le secours des conquêtes de la science de notre époque.

Pour nous mettre en mesure de tirer parti de ces conquêtes, il convient d'abord de pénétrer dans l'intimité des phénomènes de la nutrition, afin de savoir comment les tissus organiques s'accroissent ou se réparent, lorsque le jeu des activités vitales, par l'effet comburant de ces activités sur les éléments des tissus, en a usé la substance.

Des vaisseaux capillaires qui entrent dans la constitution de ces tissus vivants, s'exhale un liquide nourricier, appelé plasma par les biologistes, et qui, venant du sang artériel, contient

tous les matériaux nécessaires à la constitution des éléments
anatomiques. C'est dans ce plasma, dit amorphe parce qu'il ne
présente aucune forme organisée visible à l'aide des instruments d'optique les plus puissants, et qui s'épanche au voisinage des éléments des tissus, cellules ou fibres ; c'est là que
celles-ci trouvent les matières propres à leur accroissement[1].
La loi en vertu de laquelle chaque tissu fait, dans cette source
commune, élection de ses éléments propres, est encore un des
mystères de la physiologie. On constate ses effets, voilà tout.
On sait seulement que dans le plasma se montrent, à un moment donné, des signes d'organisation par le développement
spontané de noyaux, puis de cellules ; les unes devant entrer
dans la constitution des éléments actifs de l'organisme, muscles,
tendons, os, tissus fibreux ou vasculaires ; les autres, devant
servir comme de réservoir aux matières combustibles propres à
l'entretien de la chaleur animale, par leur combinaison avec
l'oxygène de l'air introduit dans la circulation sanguine par la
respiration. Ce dernier cas est celui des corps gras qui font
partie du tissu adipeux ; lequel tissu, dans le fonctionnement
de la vie, n'a d'autre usage que de tenir en réserve ces matières combustibles dont il vient d'être parlé, pour le cas où
l'alimentation n'en fournirait plus en quantité suffisante aux
besoins journaliers de la combustion. Ce qui se passe chez les
animaux hibernants, chez ceux soumis à l'inanition, et même
chez ceux qui ne reçoivent qu'une alimentation insuffisante, le
prouve assez. La perte de poids qu'ils éprouvent dans ces divers
cas est toujours due d'abord à la diminution de leur graisse.
La réduction des autres tissus ne vient qu'après, ainsi que l'ont
démontré depuis longtemps les expériences de M. Chossat.

Le premier acte de la nutrition est donc l'épanchement dans
les tissus de ce liquide nourricier ou plasma, provenant des

---

1. Voy. la 1ʳᵉ partie de cet ouvrage : *Organisation et fonctions physiologiques*, p. 159.

matériaux préparés par la digestion, absorbés par les veines et les chylifères de l'intestin, et charriés avec le sang, qui s'est chargé d'oxygène dans le poumon, jusqu'aux capillaires dont les parois le laissent transsuder. Après cela, ce qui se passe dans la trame organique dépend de plusieurs conditions, et ce que deviennent les matériaux du plasma diffère suivant le jeu des organes. Une partie, quoi qu'il arrive, est toujours employée à réparer les pertes causées par le mouvement régulier et indispensable de la vie. Dans l'organisation vivante, l'immobilité n'existe point et ne se peut concevoir. Et cette part, qui porte en hygiène le nom de ration d'entretien, varie pour chaque individu. Elle est en rapport avec l'activité normale de la nutrition, et, par conséquent, toujours relativement moins forte chez le sujet adulte, arrivé à son complet développement, que chez le jeune animal en voie d'accroissement. Certains tissus sont, durant toute la vie, le siége de ce double mouvement de décomposition et de recomposition qui caractérise la nutrition : c'est le cas de ceux qui entrent dans la constitution des organes actifs ; d'autres, qui ont un rôle passif dans l'organisme, comme les os et les cartilages notamment, ne paraissent pas soumis à cette loi ; ils semblent, une fois leur accroissement terminé, ne plus présenter l'échange constant de matériaux qui se produit dans les parties molles. C'est là un point très-important sur lequel nous aurons à revenir plus loin.

Quoi qu'il en soit, l'excédant du plasma, la partie non utilisée pour la constitution des éléments anatomiques ou pour l'entretien de la chaleur animale, cet excédant n'est point éliminé. Composé de matières assimilables ou de matières combustibles, il s'accumule dans le tissu cellulaire, dont les vacuoles s'écartent pour le recevoir, baignant, pour ainsi dire, ou plutôt imprégnant de sa substance les organes dans les interstices desquels il se loge : les sucs albuminoïdes, les matières amylacées et les matières salines dissoutes, libres dans ce tissu cellulaire interstitiel, et augmentant d'autant le volume des organes ; les matières grasses enfermées dans les cellules du tissu adipeux qui leur sont propres, et répandues surtout dans les régions où le tissu cellulaire est abondant, c'est-à-dire sous la peau, sous le péritoine, dans la cavité abdominale et dans les interstices musculaires; toutes ces matières se déposent à mesure que le sang chargé des produits de la digestion traverse la trame des tissus. C'est ainsi que se produit le phénomène physiologique connu sous le nom d'engraissement.

Telles sont les bases certaines, positives, de la théorie de la gymnastique fonctionnelle appliquée aux actions nutritives, aboutissant, en zootechnie, à ce phénomène, encore généralement peu compris, que les éleveurs ont appelé précocité, et dont nous allons maintenant nous occuper. La précocité est, en effet, le but de la méthode, et dans ce mot se résume toute l'aptitude en vertu de laquelle les animaux de boucherie peuvent transformer en viande, dans les conditions les plus économiques, les aliments qui leur sont donnés. C'est, à ce point de vue, le criterium de l'amélioration, et ce l'est aussi bien de même quant à la gymnastique des fonctions de relation, quoique jusqu'à présent l'attention ne s'y soit point à cet égard arrêtée. Il sera bon de le montrer.

PRÉCOCITÉ. — Dans l'ordre naturel, le développement complet des animaux s'accomplit en une période de temps déterminée, et lorsque ce développement est achevé, l'on dit qu'ils sont arrivés à l'état adulte. Deux phénomènes anatomiques caractérisent cet état, qui se produit à des âges différents, suivant les espèces : le premier est l'éruption achevée des dents de remplacement[1]; le second est la soudure des épiphyses des os longs.

C'est ici le meilleur lieu pour dire sommairement l'organi-

---

1. Voy. la première partie de cet ouvrage : *Organisation et fonctions physiologiques*, p. 76, 86, 88, 89.

sation de ces os et leur mode d'accroissement, qui ont une part considérable dans le phénomène physiologique dont nous nous occupons.

Les os longs du squelette, particulièrement ceux qui entrent dans la constitution des membres, se développent, chez le fœtus, par plusieurs noyaux primitifs, généralement au nombre de trois : un pour le corps de l'os ou *diaphyse*, les deux autres pour chacune des extrémités articulaires, auxquelles s'ajoutent parfois des noyaux supplémentaires, pour les fortes éminences osseuses ou tubérosités devant servir à l'insertion des muscles. Négligeons ces dernières pour ne tenir compte que des extrémités articulaires, et disons que le noyau qui leur correspond porte le nom d'*épiphyse*.

Ces parties diverses de l'os sont, dès le principe, continues entre elles, par la matière organique gélatinigène (osséine) qui en forme la base ; la partie minérale seule reste distincte jusqu'à l'âge adulte, et peut en être facilement séparée par la macération ou la coction dans l'eau. C'est ce que l'on peut voir dans les mets apprêtés pour la table avec des viandes de veau, d'agneau ou de jeune poulet. La diaphyse et les deux épiphyses des os sont alors complétement séparées.

C'est donc l'ossification proprement dite ou l'organisation de la matière minérale, qui se produit simultanément, mais distinctement, dans chacune des parties de l'os, et qui ne gagne leurs points de jonction qu'à un moment de la vie, en déterminant la soudure osseuse de ces points de jonction Et c'est en vertu de ce fait que les os peuvent s'accroître en longueur, par l'adjonction successive de nouvelles couches de matière plastique, ou plasma, à la diaphyse. Il est démontré, en effet, que l'allongement des os n'a lieu que par le corps, et qu'une fois les épiphyses soudées à la diaphyse, l'accroissement est terminé. Les expériences de Duhamel, de MM. Flourens, Broca, Ollier, ne peuvent plus laisser de doute à cet égard.

D'après les faits connus, il est donc permis de se rendre

compte de l'action de la gymnastique fonctionnelle sur la constitution du squelette, effets qui sont divers suivant le mode de cette action. Mais lorsqu'elle s'exerce sur les fonctions de nutrition, son résultat général est de hâter le développement de tous les organes, de devancer l'époque naturelle de leur achèvement, de faire arriver plutôt, en un mot, l'âge adulte ; et ce résultat est ce que les éleveurs appellent la précocité. Un animal précoce est par conséquent celui dont les aptitudes physiologiques sont telles qu'il assimile, en un temps donné, une somme plus considérable des matériaux nécessaires à l'achèvement de sa constitution. Chez lui, la jeunesse dure moins que chez les autres, il vieillit plus vite, et pour une ration déterminée, une fois l'éruption des dents faite et les épiphyses soudées, — ces deux phénomènes étant corrélatifs, — il peut mettre en réserve dans ses tissus une plus forte part de ce plasma nourricier dont nous avons parlé.

Ce fait est très-important pour l'exacte appréciation de la valeur économique des individus précoces, et il démontre l'erreur des critiques basées sur la comparaison de ces individus avec d'autres individus communs du même âge, par les personnes qui ignorent ces particularités. La viande des bœufs précoces, par exemple, est *faite* au même degré que celle des bœufs du même âge, non pas supputé depuis la date de leur naissance, mais d'après la proportion de leur âge adulte réciproque. Elle peut en différer sous le rapport de ses autres qualités, par le fait des conditions autres dans lesquelles cette viande s'est formée. La question de savoir si elle est plus ou moins nutritive pour l'homme n'est pas encore définitivement résolue. Quant à sa saveur, les avis sont partagés, et les impressions à cet égard sont certainement influencées par l'opinion que l'on a d'avance et par les habitudes des organes de la dégustation. Quoi qu'il en soit des qualités organoleptiques, pour la détermination précise desquelles la commune mesure manque, il est certain qu'au point de vue anatomique il n'y a aucune différence entre la constitution des muscles chez les animaux précoces ou non, à l'âge adulte et au même degré d'engraissement.

Voyons maintenant comment se produit la précocité.

Posons en fait d'abord qu'elle est la conséquence directe d'une surexcitation de l'activité nutritive, produite par une forte alimentation donnée dès le jeune âge. Les effets de cette activité nutritive varient suivant la direction imprimée au mouvement organique. Nous savons que, dans les conditions naturelles, où l'animal n'obéit qu'à ses instincts de conservation, le balancement organique détermine l'équilibre entre toutes les fonctions. Si, au contraire, ces fonctions sont toutes à la fois exercées, comme c'est le cas dans l'entraînement, ainsi que nous l'avons vu précédemment, il se produit dans leurs organes un accroissement plus rapide et plus prompt, un développement plus accusé. Les os, notamment, stimulés et ébranlés par les mouvements que leur imprime l'exercice musculaire, participent à l'activité générale, leurs épiphyses sont plus tôt soudées, mais en même temps leur accroissement s'effectue dans tous les sens. C'est ainsi que les chevaux entraînés, les chevaux de course, précoces dans l'acception générale du mot, se font remarquer par le volume et la grande densité de leurs os, surtout par la largeur des articulations et l'étendue des éminences osseuses où s'insèrent les muscles. Cela est un effet de l'exercice combiné avec l'abondance des matériaux fournis à la nutrition. Le système osseux de l'appareil locomoteur, et de même celui des autres appareils stimulés par l'exercice, acquièrent un plus grand développement dans ce cas. C'est ainsi, par exemple, que l'on peut s'expliquer l'extension de la cage thoracique suivant ses divers diamètres, pour loger des poumons et un cœur plus volumineux et plus puissants.

Mais si, au lieu de l'exercice, c'est le repos plus ou moins complet qui, dès le jeune âge, se combine avec une nourriture abondante, les choses se doivent passer différemment, surtout si cette nourriture est principalement composée d'aliments combustibles. C'est la constitution et la conformation propres à cet état plus particulièrement nommé précocité, qui se produit. Le squelette se réduit, les proportions réciproques des membres et du tronc changent, au bénéfice de ce dernier qui, par cela même, paraît plus ample et l'est réellement en effet, grâce au développement exagéré de ses parties molles. Il se rapproche du cube plus ou moins régulier, de telle façon que l'on peut avoir assez exactement son volume en multipliant le périmètre de la poitrine par la longueur du corps. Les parties détachées du tronc s'en échappent par des bases larges et vont ensuite en s'amincissant brusquement. C'est le cas de l'encolure, des membres et de la queue.

En déduisant de ses si intéressantes observations le rapport inverse qui existe entre l'ampleur de la poitrine, chez les bœufs des races précoces, et la capacité réelle du poumon, rapport sur lequel nous reviendrons bientôt, Baudement avait essayé une interprétation physiologique de la conformation propre à ces animaux. Désirant discuter cette interprétation et la compléter par des explications que je tâcherai de rendre plus précises, je dois d'abord reproduire les principaux passages du mémoire de Baudement, dans lesquels elle a été formulée.

« On sait, dit le regrettable savant, que les inégalités dans la taille d'individus de même espèce comparés entre eux résultent principalement des différences dans la longueur des membres, et que les individus de moindre stature ont souvent un tronc plus long que celui d'individus plus grands. On sait que, dans l'ordre d'évolution des parties du corps, le tronc prend son développement avant les extrémités. J'ai constaté, dans ce travail, que c'est dans la région thoracique que les dimensions du tronc s'accroissent davantage.

« Si l'on seconde ces tendances de la nature ; si, dès le jeune âge des animaux, alors que la puissance formatrice a le plus d'énergie, et qu'elle manifeste surtout son activité dans le développement de la portion centrale de l'organisme, on fournit à cette puissance des matériaux abondants, elle les mettra en œuvre conformément aux lois qui règlent son action, et donnera tout particulièrement à la région thoracique un développement considérable.

« D'ailleurs, les premiers temps de la vie sont favorables à l'accumulation de la graisse, surtout à la périphérie du corps et dans les intervalles des masses musculaires, et cette tendance, aidée d'un régime approprié, concourt encore à épaissir la région thoracique.

« Une alimentation riche dès la naissance a donc cette double conséquence, d'engager le développement des animaux dans la voie qu'ouvrent elles-mêmes à l'industrie de l'homme les lois de la nature, et de favoriser l'aptitude qu'ont les animaux jeunes à produire de la graisse dans un tissu cellulaire plus abondant. La machine animale prend ainsi une direction particulière, un tempérament propre, qui se caractérisent par la prépondérance des facultés nutritives sur les facultés locomotrices, par l'exagération des forces assimilatrices relativement aux autres.

« La nutrition ainsi appelée sur certaines parties de l'organisme y augmente de puissance, et elle reste, par compensation, moins active dans les autres parties. Tous les effets des lois physiologiques sur l'accroissement qu'amène l'exercice et sur le balancement des forces organiques se produisent alors ; tous les caractères qui en sont la suite se prononcent. Ainsi le développement plus actif et plus considérable du tronc appelle la réduction des membres ; l'aptitude à prendre la graisse de bonne heure favorise l'amplification du tissu cellulaire sous-cutané constituant souvent un panicule épais, même une sorte de couche lardacée, dans les races très-précoces ; la prédominance des systèmes qui se complètent plus rapidement, du système musculaire et de ses dépendances, a pour contre-coup la subordination du système osseux, du système cutané et de ses appendices.

« De là une ossature légère, une tête fine et mince, comme le sont les côtes et toutes les parties dont le squelette forme la base ; de là, des membres courts, et d'un petit diamètre dans leurs rayons inférieurs. Tous les organes qui s'isolent du tronc, la tête, les membres, la queue, s'unissent à la masse du corps par une large attache, indice d'un développement central puissant, et sont déliés à leur terminaison ; ils prennent ainsi une forme conique qui est d'autant plus accusée que la base est plus large et l'extrémité plus effilée. De là, le peu d'épaisseur de la peau, qui est moelleuse, douce au toucher, roulant comme sur un coussinet graisseux, et recouverte d'un poil doux, soyeux, qui donne à la main la sensation d'une mousse élastique. De là, la finesse des cornes et de toutes les parties d'une texture analogue. De là, cette forme générale cylindrique, presque parallélipipédique, ce corps massif porté sur de petites extrémités. De là, l'augmentation du poids, quand la circonférence thoracique s'accroît, et l'élévation du poids net par la réduction des extrémités. De là, en un mot, tous les caractères que l'éleveur apprécie comme réalisant l'harmonie de conformation chez les animaux dont il s'agit, et qui sont la conséquence de certaines harmonies physiologiques [1]. »

Cette citation, que le lecteur ne trouvera certainement point trop longue, prouve que Baudement, dans l'examen du phénomène de la précocité, chez les races de boucherie, avait parfaitement saisi l'expression générale des faits. Son interprétation de ce phénomène est toutefois insuffisante, parce qu'il l'a laissée un peu trop dans le vague des généralités. Les lois connues de la physiologie permettent de pénétrer plus avant et de ne point s'en tenir à l'intervention métaphysique d'une force formatrice, qui a le défaut de n'être qu'une hypothèse ingé-

---

1. *Observations sur les rapports qui existent entre le développement de la poitrine, la conformation et les aptitudes des races bovines* ; par Emile Baudement (extrait des *Annales du Conservatoire impérial des arts et métiers*), p. 63-64. Paris, 1861.

nieuse, et à faire balancer, dans l'action de cette force supposée, les extrémités par le centre.

Dans les matières scientifiques, défions-nous toujours de notre
imagination; analysons les faits, remontons des phénomènes
complexes aux phénomènes plus simples, cherchons les rapports
qui les unissent entre eux, et ne nous servons jamais, pour nos
explications, que de la méthode expérimentale. Les résultats si
bien exposés par Baudement trouvent facilement leur interprétation physiologique, à l'aide des faits acquis à l'étude de la nutrition et que nous avons posés plus haut, sans qu'il soit besoin
d'imaginer aucune force particulière. Les caractères de la précocité, conséquence directe de l'alimentation abondante durant
la période d'accroissement et de la gymnastique exclusive des
fonctions de nutrition, s'expliquent par des lois précises et certaines. Ces lois n'eussent point échappé à l'esprit pénétrant de
Baudement, si, au lieu de les demander à la seule induction, il
en avait poursuivi la recherche dans l'analyse de ces fonctions,
pas plus que ne lui a échappé celle qui régit le rapport du développement des poumons avec celui de l'aptitude dont il a
voulu donner l'explication, et qui fait le principal objet du remarquable mémoire que je viens de citer.

Dans ce mémoire, en effet, le savant zootechniste a établi
sur des observations aussi nombreuses que précises et rigoureuses, avec les poids et la mesure, que chez les animaux précoces la capacité du poumon n'est point en raison directe de
l'ampleur de la poitrine; que le poumon pèse absolument et
relativement moins, à poids égal du corps, chez les animaux
précoces que chez ceux d'une moindre aptitude au développement rapide et à l'engraissement prompt; que pour une ampleur de poitrine plus forte, la fonction respiratoire est par
conséquent moins active chez les premiers que chez les derniers;
que si donc la circonférence thoracique peut être exactement
prise comme mesure de l'aptitude dont il s'agit, c'est par erreur qu'on en avait conclu que l'ampleur de la poitrine, dans

ce cas, devait avoir pour corollaire une activité plus grande de la respiration; ce qui eût été en opposition avec les connaissances les plus positives sur la fonction et avec l'expérience la plus constante.

Les recherches expérimentales de Baudement sur ce point ont démontré sans retour le peu de consistance des efforts faits pour contredire les données générales de la science, au sujet de l'antagonisme qui existe entre l'accumulation de la graisse, la sécrétion laiteuse abondante et riche, et l'activité respiratoire. Et l'on peut voir là une nouvelle preuve de l'avantage qu'il y a toujours à introduire l'usage de la méthode expérimentale dans l'étude de ces questions. Tandis que l'empirisme raisonneur s'en laisse imposer par de simples apparences, l'analyse complète des faits conduit sûrement à la découverte de la vérité.

C'est précisément sur ce fait certain de l'antagonisme dont nous venons de parler que se base en grande partie la théorie véritable de la précocité. Et c'est, à n'en point douter, par sa mise en pratique, consciente ou non, que Backewell a le premier obtenu, à notre connaissance du moins, les résultats qui ont si solidement établi sa réputation. Là est le fondement principal de la gymnastique fonctionnelle appliquée aux activités nutritives, ainsi qu'on va le voir, j'espère, clairement.

Sous l'influence d'une alimentation abondante, par l'allaitement d'abord, puis, après le sevrage, par des rations où dominent les matières amylacées, d'une digestion facile et d'une absorption prompte, et les matières grasses, les besoins de la chaleur animale étant réduits par le repos des organes mécaniques et le calme des fonctions de relation en général, les tissus reçoivent un excédant de matériaux et s'accroissent dans une proportion plus forte. Toutes les parties du plasma nourricier qui ne sont pas assimilées et organisées s'accumulent, ainsi que nous l'avons déjà dit, dans le tissu cellulaire, distendent ses vacuoles et augmentent le volume des masses musculaires; elles remplissent en même temps les cellules du tissu adipeux, ce qui donne à toutes les parties du corps plus d'ampleur ; mais l'accroissement étant d'autant plus prononcé, dans un temps donné, que l'animal est plus jeune, l'assimilation est en raison de cette circonstance, et elle s'effectue dans des proportions d'autant plus considérables qu'elle est moins balancée par le mouvement de décomposition. L'assimilation, ainsi excitée par cette gymnastique résultant d'un apport constant de matériaux nutritifs, s'accroît en puissance et fait acquérir plus promptement à tous les tissus les propriétés qui caractérisent leur complet achèvement. Et c'est là que se trouve l'explication physiologique réelle des caractères de conformation et d'aptitude qui, chez les animaux de boucherie, sont le propre de la précocité.

La loi de balancement organique invoquée par Baudement intervient, à la vérité, pour fournir le motif des proportions réciproques que prennent les tissus mous. Partout où le tissu cellulaire est abondant, les matières albuminoïdes et les matières grasses se déposent en abondance, n'étant pas comburées par le jeu de la respiration. Celle-ci, réduite aux strictes proportions nécessaires pour l'entretien de la vie, n'entraîne les poumons et l'organe central de la circulation qu'à un fonctionnement médiocre, et par conséquent à un développement réduit, ce qui laisse au système musculaire et au système adipeux tous les éléments d'une ampleur plus grande. Il n'est donc point nécessaire de supposer une « puissance formatrice, » plus active vers le centre, pour expliquer l'organisation et le dépôt, dans les diverses régions du tronc, d'une plus forte proportion de ces éléments. C'est de même, en raison des lois normales du développement de chaque tissu, que s'effectue la disproportion des extrémités, principalement composées de parties osseuses.

En même temps, en effet, que le liquide nourricier abonde dans les régions du tronc et que chacun des éléments qui le composent se groupe d'après ce que l'on appelle, faute de mieux, son affinité élective, le phénomène se produit également du côté des extrémités. Mais ici les choses se passent nécessairement suivant le mode particulier de nutrition et d'accroissement des os. Le plasma qui arrive à ces organes, à quelque partie du squelette qu'ils appartiennent, y apporte tout à la fois, en excédant, des matières plastiques et des matières minérales. Par leur repos relatif, l'organisation n'y est point excitée, c'est le dépôt qui domine, et s'il n'y a pas de place pour celui des premières, il y en a au contraire dans la trame organique pour celui des matières minérales, qui s'en emparent progressivement et déterminent bientôt la soudure des épiphyses.

Or, si nous nous rappelons maintenant le mode d'accroissement des os en général et celui des os longs en particulier, nous comprendrons sans peine comment il se fait que chez les animaux précoces, la tête reste fine, les membres courts relativement au tronc, et la queue effilée. Une fois les épiphyses soudées, les os ne peuvent plus gagner ni en volume ni en longueur : tels l'achèvement de l'ossification les a surpris, tels ils restent ; et leurs proportions sont d'autant moindres que ce travail s'est fait plus tôt, que l'animal est plus précoce. C'est ce même travail d'ossification générale qui provoque l'éruption des dents de remplacement, laquelle éruption lui est normalement corrélative. Et tout cela une fois accompli, pendant que le squelette, arrivé à ses dimensions définitives, ne peut plus rien gagner, l'assimilation n'en continue pas moins de s'exercer dans les parties molles, en raison des aliments qui lui sont fournis, et de bénéficier même de tout le contingent que les os ne peuvent plus utiliser.

Ainsi s'expliquent, de la manière la plus simple et la plus rationnelle, ces phénomènes, que l'observation et le tâtonnement pratique ont fait produire dans le dernier siècle, et dont l'interprétation physiologique est demeurée si longtemps close. Peut-être que s'ils avaient été mieux connus on s'en fût moins émerveillé et surtout moins effrayé, quant à la difficulté de les obtenir. En mesurant plus justement la tâche, ainsi dégagée de ses obscurités et de la sorte de mystère dont l'habileté industrielle des éleveurs anglais avait su l'entourer, on se fût de bonne heure décidé à l'entreprendre, plutôt que d'exagérer ses difficultés et de rêver la transformation et l'amélioration de nos races dans ce sens par le croisement, chimère qui a causé tant de mécomptes et fait perdre à l'économie de notre bétail un temps si précieux.

Depuis que la zootechnie, entrée dans les voies scientifiques, a jeté quelque lumière sur cet objet, les exemples ne sont plus rares chez nous, qui prouvent combien on peut facilement et en peu de temps, par un usage judicieux de la gymnastique des fonctions de nutrition, arriver à produire des individus précoces dans toutes les espèces et toutes les races de boucherie. Le concours général des animaux gras et les concours régionaux en fournissent chaque année de plus en plus. Choisir les jeunes sujets les mieux conformés dans leur race, les entourer de soins, en les tenant au repos et leur donnant une nourriture riche et abondante, voilà tout le secret. Ainsi se développent l'aptitude à l'assimilation, la constitution, le tempérament et la conformation, qui en sont la conséquence. Accroître les acquisitions en les excitant et en réduisant les pertes à leur moindre degré, tels sont les effets de la gymnastique fonctionnelle méthodiquement appliquée à la nutrition.

En somme, cette gymnastique se borne donc, dans la pratique, à surexciter l'activité nutritive exclusivement, en maintenant dans ses limites les plus restreintes celle de la respiration et des fonctions locomotrices. Mais avant d'en formuler en quelques propositions simples le programme d'exécution, il nous reste à donner l'explication précise d'un fait particulier qui se produit sous l'influence de la précocité, et celle d'une des principales aptitudes de l'espèce bovine, qui ne se trouvent point dans les développements précédents. Je veux parler de la disparition des cornes frontales, chez les moutons précoces, et de l'exagération de la secrétion laiteuse des mamelles.

Une des conséquences de la précocité, dans les races ovines améliorées, a été en effet l'arrêt du développement des cornes. Ces races demeurent complétement désarmées et diffèrent par là du type naturel de leur espèce, où tous les mâles du moins sont cornus.

On pourrait s'étonner, de prime abord, que le. même résultat ne soit pas obtenu en pareil cas dans l'espèce bovine; mais un examen plus approfondi ne tarde pas à donner la raison de cette apparente anomalie, qui est due uniquement à l'époque différente de la vie où se fait normalement l'évolution de la cheville osseuse qui est la base de l'appendice corné de la peau du front. Cette cheville osseuse, on le sait, ne préexiste point; elle se développe peu de temps avant l'âge adulte chez le bélier, et beaucoup plus tôt chez le bœuf que chez ce dernier. C'est à cela seulement qu'est due la différence des effets de la précocité sur son développement. Dans l'espèce ovine améliorée l'ossification du point qui devait donner naissance à la cheville, ou plutôt à la base organique de cette cheville, est achevée avant que son travail d'évolution se soit produit; la lame osseuse du crâne ne peut par conséquent plus s'accroître et bourgeonner, pour ainsi dire, afin de donner lieu à l'excroissance qui, dans l'état normal, en soulevant la peau dans le point correspondant, stimule la sécrétion épidermique et lui fait prendre la forme des tubes cornés. Ce même effet se produit au fond dans l'espèce bovine, mais à un moindre degré : les cornes se développent, tout en n'acquérant cependant que de moindres dimensions, l'achèvement de la cheville osseuse étant plus tôt arrivé, comme celui de tous les autres os. La différence n'est donc due, en réalité, qu'à la période relative de l'évolution normale des cornes dans les deux espèces. Et nul doute que si l'aptitude à l'assimilation était poussée assez loin pour que la soudure des épiphyses fût obtenue, chez le bouvillon, avant l'époque ordinaire de l'apparition des cornes, il en serait de lui comme du jeune bélier. Les cornes, tout au moins, seraient maintenues à l'état rudimentaire.

Ce n'est pas l'instant de discuter la question de savoir s'il y aurait avantage à cela, d'un autre point de vue que celui de l'intérêt économique général de la précocité. En laissant de côté ce qui concerne les accidents produits par les cornes frontales, je ne suis pas du tout convaincu que les cornes du bœuf coûtent en réalité plus cher à produire qu'elle ne sont vendues pour les usages industriels auxquels on les fait servir. Les calculs qui ont été faits à cet égard, en se basant sur la richesse en azote de la matière cornée, comme tous les calculs de ce genre, dont on abuse tant, me semblent très-hasardés. Il ne me paraît point démontré que le même poids d'azote pût indifféremment, sous l'influence des actions nutritives, se transformer en viande ou en corne. Les évaluations, par conséquent, ont donc été faites sur ce sujet un peu en l'air.

Elles sont moins douteuses, celles qui se rapportent à l'équivalence entre le développement de la viande et la sécrétion du lait. L'analogie entre les principes immédiats de la chair, albuminoïdes et gras, et ceux du lait, est plus complète. Les vaches fortes laitières sont habituellement maigres. C'est un fait d'observation. C'en est un autre que le développement de leur cage thoracique, et par conséquent de leurs poumons, est relativement restreint. Lemaire a particulièrement appelé l'attention sur cette circonstance, déjà bien connue des praticiens. Et les arguments tirés de la conformation des individus précoces, qui lui ont été opposés, sont maintenant réduits à leur valeur par les résultats des recherches de Beaudement, cités plus haut. On sait que, chez ces individus, l'ampleur de la poitrine ne donne pas la mesure de la capacité de la cavité thoracique, et qu'à une ampleur plus grande correspondent précisément des poumons moins pesants et d'une capacité respiratoire moins forte.

Il demeure prouvé, pour cela comme pour la viande,

que l'antagonisme existe bien réellement entre une respiration active et l'aptitude dont il s'agit. Et cela est tellement élémentaire en physiologie, qu'on pourrait à bon droit s'étonner des efforts de dialectique qui ont été faits pour le contester.

Les conditions qui favorisent la précocité sont donc, sous ce rapport, celles qui peuvent aussi favoriser le développement de l'aptitude laitière. Il s'agit avant tout de ne point déterminer, dans l'économie, la combustion des principes nécessaires à la constitution du lait ; le reste est affaire de gymnastique pour l'organe qui élabore ce liquide. La fonction des mamelles, comme toutes les autres, s'excite et s'accroît par l'exercice. Il n'y a point eu, vraisemblablement, de races naturellement laitières, dans le sens que nous accordons à ce mot ; c'est l'industrie humaine qui, en les exploitant, a fait naître leur aptitude en spécialisant cette aptitude et en tirant parti des circonstances naturelles qui donnaient au produit ses qualités particulières. C'est ainsi que la Hollande et la Suisse font avec le lait de leurs vaches des fromages, tandis que la Bretagne et la Normandie en extraient surtout du beurre.

Pour maintenir ou développer l'aptitude laitière, il doit donc suffire d'attirer vers les mamelles le courant sanguin, en exerçant leur fonction. Ce n'est pas à dire que le développement de cette aptitude soit chose facile et prompte, et qu'il suffise de traire fréquemment une jeune vache appartenant à une race non laitière pour lui faire acquérir l'aptitude au plus haut degré. Non, sans doute. L'expérience, d'ailleurs, n'en a point été faite d'une manière méthodique et suivie, à ma connaissance du moins. Mais l'observation judicieusement interprétée permet d'affirmer que c'est par cette gymnastique fonctionnelle imposée par les conditions économiques, dans des circonstances climatériques favorables, que l'aptitude laitière s'est à la longue établie dans les races qui la présentent, et par conséquent qu'il serait possible d'arriver méthodiquement au même but en la pratiquant sur une suite de générations encore indéterminée, mais qui ne serait peut-être pas bien longue. Le principe est assez solidement posé pour que l'on soit autorisé à en tirer cette induction. Il n'y a point de raison pour que les mamelles et leur fonction fassent exception à la loi de la gymnastique. Ne sait-on pas, d'ailleurs, qu'en multipliant les traites des vaches laitières on en obtient plus de lait, pourvu qu'elles soient nourries suffisamment ?

La véritable importance, du reste, de ces considérations n'est pas dans leur application au développement de l'aptitude laitière, chez les races qui ne la possèdent point ; elle se rapporte surtout à la conservation de cette aptitude, en même temps que les sujets qui la possèdent à titre héréditaire sont dirigés vers la précocité. En l'absence de la gymnastique des mamelles, le balancement organique la restreindrait de plus en plus et la ferait disparaître tout à fait : c'est ce qui est arrivé pour la plupart des familles de la race de Durham, étroitement spécialisées en vue de l'élaboration exclusive de la viande, et dont les femelles, seulement tetées par leur veau, en sont réduites à ne pouvoir même plus suffire toutes seules à cette tâche ; tandis que d'autres, exercées par la traite et élevées dans le sens de la conservation de leur ancienne aptitude, peuvent encore compter parmi les bonnes laitières.

En ne considérant donc, en définitive, la gymnastique fonctionnelle qu'eu égard à son action sur les individus, il est permis de conclure de tout ce qui précède qu'elle est toute-puissante pour l'accroissement des aptitudes naturelles, quelles que soient ces aptitudes, et aussi pour celui des appareils organiques au fonctionnement desquels elles correspondent. Dans cette mesure, les résultats obtenus dans l'entraînement du cheval de course et la précocité des races anglaises de boucherie, bœufs, moutons et porcs, peuvent nous indiquer la limite assignée à la puissance de la méthode ; mais elle est par là démontrée assez grande pour que l'on puisse s'en contenter.

Dans la pratique, son application au développement de la précocité ne présente pas de réelles difficultés, puisqu'il suffit de combiner avec le repos ou un faible exercice les bons soins hygiéniques et une nourriture abondante, choisie parmi les aliments qui peuvent le plus exciter l'appétit, pour chaque espèce, tout en fournissant à la nutrition les matériaux les plus propres à être assimilés en vue du résultat cherché. Ce résultat, obtenu dans une certaine mesure pour la période d'accroissement de l'individu, dépend du point de départ. C'est pour cela que dans l'amélioration de la race il s'augmente à chaque génération du contingent que lui fournit l'hérédité, avec le concours de la sélection.

CHAPITRE VIII

———

DE LA SÉLECTION

Définition. — *Sélection* est un vieux mot français, tiré du latin *selectio*, fait lui-même du verbe *seligere*, qui veut dire choisir entre divers objets. Ce mot, conservé dans la langue anglaise, où il a pris une signification restreinte au choix des animaux reproducteurs, a été rajeuni dans ces derniers temps pour entrer dans le langage zootechnique. Dans ce langage, il remplace avantageusement la périphrase d'*amélioration des races par elles-mêmes*, dont il exprime l'idée fondamentale avec plus de concision. La sélection a en outre un sens plus complet et mieux déterminé, car elle s'applique en même temps à la conservation des races avec leurs attributs naturels, en dehors de toute amélioration. Quant à celle-ci, les effets de la sélection ne se séparent point de ceux de la gymnastique fonctionnelle, auxquels ils sont étroitement liés, l'hérédité, mise en jeu par le choix des reproducteurs, ne pouvant transmettre aux produits que les améliorations réalisées sur ceux-là.

C'est ce qui fait que, dans l'opinion la plus commune, la sélection a pris une signification qui dépasse la portée de l'étymologie propre du mot. Ce mot, pour les éleveurs français, éveille l'idée d'une méthode d'amélioration complexe, qui est la combinaison du choix des reproducteurs dans la race, ou même jusque dans la famille, avec l'emploi des procédés de la gymnastique fonctionnelle, tels que nous les avons étudiés dans le chapitre précédent. En ce sens, et considérée d'après sa signification la plus étendue, la sélection est donc le mode de reproduction qui fait converger vers le même but l'hérédité individuelle et l'atavisme, par conséquent la seule méthode qui puisse permettre de conserver les races ou de les améliorer au point de vue de la zootechnie.

Les principes posés précédemment nous dispensent d'insister sur cette assertion. Ce que nous savons maintenant des lois de l'hérédité, de la définition et de la caractéristique de la race, suffit pour faire comprendre que la transmission des attributs de celle-ci au produit ne peut être assurée que par leur existence à un égal degré chez les deux reproducteurs à la fois. Et c'est précisément le souci de cette existence simultanée qui est l'objet de la sélection appliquée à la conservation ou à l'amélioration des races. La méthode est généralement comprise ainsi par tous ceux qui ont adopté l'expression que nous définissons, à la place de la périphrase obscure et inexacte formulée plus haut, et dont nous avons fait ressortir l'insuffisance et l'inexactitude dans le chapitre consacré aux méthodes zootechniques, en général.

Rappelons en passant, en effet, que la race se peut conserver par elle-même, mais non point s'améliorer. Les améliorations, qui sont des modifications ou des extensions de ses aptitudes, lui doivent nécessairement venir du dehors, d'une façon directe ou indirecte, par un acte déterminé de la volonté de l'homme qui l'exploite, ou sans que celui-ci se soit proposé pour but son amélioration. Si l'action du milieu ne change pas, la race se reproduit et se perpétue seulement avec ses attributs et ses aptitudes naturels, avec ses caractères typiques et ses caractères secondaires, tels que les lois naturelles les ont faits.

Ces considérations n'ont encore jamais été l'objet d'une analyse méthodique suffisante, ce qui fait qu'elles restent entourées d'une certaine obscurité. Les auteurs de l'école empirique qui a dominé, jusqu'à la venue de Baudement, dans l'étude des questions relatives au bétail, contestent l'utilité du terme rajeuni de sélection. Ce terme, suivant eux, ne peut avantageusement remplacer leur périphrase. On serait fondé à s'abstenir de discuter les contestations qu'ils ont élevées, en se bornant à constater que le souverain de ces matières s'est prononcé. L'usage, en effet, a généralement adopté maintenant l'expression de sélection, pour désigner les méthodes de reproduction des animaux dans lesquelles il s'agit d'accoupler des individus aussi semblables que possible, et particulièrement d'obtenir des améliorations sans le secours du croisement. Dans l'esprit de ceux qui s'en servent, le mot de sélection éveille une idée opposée à celle qu'exprime le mot de croisement.

Cependant il faut dire, puisque nous allons ici au fond des choses, pour analyser les méthodes en les basant sur des lois physiologiques certaines, il faut dire qu'une distinction doit être établie, qui ne laissera plus aucune prise à la confusion. Cela donnera, j'espère, satisfaction aux plus difficiles, en conservant aux mots leur sens étymologique propre. La méthode de sélection, restant ainsi tout à fait indépendante de celle de la gymnastique fonctionnelle, avec laquelle elle est demeurée confondue dans l'esprit de nos prédécesseurs, ne se rapportera plus qu'au choix des reproducteurs, aussi bien dans une seule et même race que dans plusieurs, pour un objet absolu que pour un objet relatif. En ce sens, qui est au demeurant le vrai, il y aura donc sélection toutes les fois que se trouveront réunis, chez les reproducteurs des deux sexes, les caractères ou le caractère qu'il s'agira d'obtenir dans le produit. D'où il suit, en fin de compte, que la sélection est, ni plus ni moins, l'application de la loi des semblables que nous avons dégagée dans nos études sur l'hérédité. Voilà ce qu'elle signifie, réduite par l'analyse à sa plus simple expression.

La méthode qui nous occupe peut donc être appliquée pour la reproduction des individus avec tous les attributs naturels de leur race, plus, s'il y a lieu, ceux que la gymnastique fonctionnelle y a ajoutés et qui ne lui sont pas particuliers; ou bien pour la reproduction de ces derniers seulement. C'est dans le premier cas que la race se conserve ou s'améliore par la sélection, car celle-ci seule assure la reproduction de ses caractères essentiels; dans le second, l'application de la loi ne porte que sur un ou plusieurs caractères secondaires, touchant l'aptitude économique le plus souvent, et en dehors de toute notion exacte de la race.

Ces distinctions sont de la plus grande importance pour la pratique, parce qu'elles éclairent les faits particuliers, d'où l'on a trop facilement induit des théories générales, en confondant ce qui doit demeurer séparé.

Ainsi ramenée à son sens précis, qui est celui du choix des reproducteurs en vue de mettre en jeu la loi des semblables dans l'hérédité, — différant essentiellement par là des modes divers donnés à ce choix par les auteurs qui nous ont précédés, — la sélection comporte par conséquent deux procédés. Nous proposons d'appeler l'un *sélection absolue* ; l'autre, *sélection relative*. Le premier s'applique à la conservation et à l'amélioration des races; le second, exclusivement à la fabrication des machines animales, dont la fonction est d'élaborer les produits commerciaux ou industriels par une transformation des aliments. Et cette conception juste ne peut manquer d'être acceptée par les esprits droits, puisque, — je le démontrerai tout à l'heure, — elle est conforme aux faits. Elle est en outre de nature, pour ce motif même, à couper court aux dissidences entre les observateurs éclairés et de bonne foi, qu'une notion incomplète ou fautive de la race et de la loi qui préside à sa permanence a seule fait subsister. Quant aux contradicteurs obstinés qu'un parti pris en dehors de l'observation et de la raison pousserait à persister dans leur erreur, nous devons désespérer de les voir revenir sur leurs pas, pour s'engager dans le droit chemin.

Sélection absolue. — On doit désigner par ce nom l'opération qui consiste à choisir, pour la reproduction, les individus des deux sexes qui présentent au plus haut degré possible les caractères et les qualités de leur race, en même temps que la puissance héréditaire attestée par leur origine ou les mérites constatés dans leur famille. Les lois physiologiques, parfaitement confirmées par l'observation des éleveurs les plus compétents, établissent que cette dernière considération, dans la sélection, est encore plus importante que la première, et qu'il y a toujours avantage à la faire passer auparavant, lorsque les deux genres de supériorité ne peuvent pas être réunis, lorsque ne concordent point les *Performances* et le *Pedigree*, suivant les expressions employées par les Anglais pour leur chevaux dits de pur sang.

Le mode de reproduction suivi à l'égard de ces chevaux est un type de la sélection absolue. Il en est de même pour la plupart des races bovines et ovines des Iles Britanniques, la production du bétail dans ce pays, où elle est si remarquable à tous égards, étant dominée dans l'esprit des éleveurs par le respect de la pureté des races érigée en une sorte de dogme.

Pour la conservation des races avec leurs attributs naturels, il n'est pas permis de contester que la sélection absolue soit l'unique moyen d'arriver au résultat; personne, d'ailleurs, ne le conteste. La seule objection qui ait été faite au principe de la pureté garantie par une sélection attentive dans la race, se rapporte aux prétendus dangers absolus de la consanguinité rapprochée. Nous savons maintenant ce que vaut cette objection, car j'ai montré que rien ne la justifie. Il est prouvé, bien au contraire, que la reproduction dans la famille, ou en consanguinité, est le cas le plus complet de la sélection, parce qu'elle porte l'hérédité des formes et celle des aptitudes à sa

plus haute puissance, en exaltant à la fois l'hérédité individuelle
et l'atavisme. Rien ne saurait prévaloir contre les faits si nombreux qui viennent à l'appui de cette vérité.

Mais il n'en est pas de même, en ce qui concerne l'amélioration. La puissance de la sélection, comparée à celle du croisement, pour modifier les aptitudes des races, est encore un
objet de controverse. Il me paraît que cette controverse a principalement sa source dans les notions peu claires que les éleveurs et les écrivains qui s'occupent des questions zootechniques ont encore sur ces choses. Il leur arrive le plus souvent
de généraliser des faits accidentels, précaires, soumis à tous les
hasards, et de les opposer aux lois immuables de la physiologie.
Ils ont le tort de conclure d'un caractère ou d'un attribut à
l'autre, tandis qu'une observation plus complète et plus approfondie leur apprendrait que ce qui peut être vrai pour un cas
particulier ne l'est pas nécessairement pour tous. J'ose espérer
que je ferai voir, dans ce chapitre et le suivant, que la sélection
absolue doit demeurer, en thèse générale, la méthode de génération préférée pour l'amélioration des races, et que le croisement n'y peut intervenir autrement que dans une limite très-
restreinte, sauf à y introduire une perturbation qui peut aller
jusqu'à les détruire par absorption.

Et à ce propos il faut commencer par faire remarquer combien est abusive l'habitude reçue dans le langage zootechnique,
qui consiste à employer comme synonymes l'expression de
race et celle de *sang*. Cela conduit à des subtilités purement
métaphysiques, et par conséquent sans aucun fondement dans
la réalité. Partant de là, on arrive à mesurer cette chose idéale
que l'on appelle le sang en fractions déterminées, et l'on raisonne tout à fait en l'air sur ses combinaisons en proportions
définies, sans aucun souci des lois positives de l'hérédité.

Un auteur à l'imagination féconde nous a donné, à cet égard,
l'exemple d'un curieux calcul sur lequel nous aurons l'occasion
de revenir, pour essayer de prouver, contrairement à l'asser-

tion de Grognier, notamment, que le sang une fois mélangé ne pouvait plus revenir à la pureté immaculée. Lorsque, descendant des régions de la fantaisie pour marcher à pas plus solides sur le terrain de l'observation et de l'expérience, on se borne à regarder les faits d'un œil non prévenu par cette idéologie, on s'aperçoit qu'après un certain nombre de générations il ne reste plus aucune trace des caractères du mélange ; et sans se préoccuper en aucune façon de la métaphysique du *sang*, on se range de l'avis de Grognier, qui est aussi celui de tous les naturalistes observateurs, et, ce qui vaut encore mieux, celui de la vérité démontrée.

Ainsi que nous l'avons établi en traitant de l'hérédité, la part de chacun des sexes, dans la reproduction de l'espèce et de la race, n'est pas toujours nécessairement égale. Nous avons vu qu'elle paraît dépendre principalement de l'état réciproque des reproducteurs, au moment de la fécondation. C'est donc sortir des voies de la science positive, appuyée sur l'observation, que d'admettre *à priori* ces données spéculatives sur les proportions du *sang* ou de l'influence physiologique que son expression figurée représente. Cette expression signifie l'ensemble des caractères de la race, ou elle ne signifie rien. Or, dans aucun cas, on ne peut compter à l'avance que sur la reproduction de ceux de ces caractères qui se rencontrent à la fois chez les deux reproducteurs. Pour les autres, leur proportion n'est pas nécessairement toujours en rapport exact avec celle pour laquelle l'individu qui les présente seul est intervenu dans les générations.

Les *expressions fractionnaires* du *sang* n'ont donc aucune valeur précise. On observe plus d'une fois que des produits dits de demi-sang héritent des caractères de la race croisante dans une plus forte proportion que d'autres de trois quarts et même de sept huitièmes de sang. Pour choisir les reproducteurs, et surtout pour apprécier sainement l'histoire des races, il faut donc renoncer à cette conception dogmatique de la pureté ori-

ginelle du sang, considérée comme un attribut à jamais altéré
par la moindre mésalliance. L'atavisme de la race est une loi
naturelle qui reprend infailliblement ses droits, lorsqu'elle a été
un instant troublée. Il est toujours préférable de ne point
ébranler cette loi ; mais une atteinte momentanée et éphémère
ne saurait résister à l'influence du temps. En tout cas, il n'y a
pas d'autre moyen d'en juger que celui fourni par la persistance des caractères et leur puissance d'hérédité.

C'est surtout au point de vue de l'appréciation des méthodes
à l'aide desquelles l'amélioration des races a été réalisée, que
ces remarques ont un grand intérêt. Parce que l'on trouverait,
à un moment donné de l'histoire de ces races, l'intervention
plus ou moins passagère de ce que l'on appelle un sang étranger, ce ne serait point une raison suffisante pour en conclure
que leur amélioration n'est pas due uniquement à la sélection.
La connaissance des lois naturelles permet de donner aux faits
de ce genre la véritable importance qu'ils ont. La pureté s'atteste par la persistance des caractères typiques, accessibles à
l'observation directe ; elle n'a rien de métaphysique. Nous verrons plus loin, en nous occupant du croisement et du métissage, que si la race peut subir des oscillations, elle revient toujours nécessairement à son point de départ, c'est-à-dire à la
fixité de la loi naturelle dont elle est l'expression. Tout ce qui
pourrait être opposé à cette loi ne s'appuie que sur des suppositions sans fondement.

Cela bien entendu, voyons à déterminer exactement les conditions de la sélection absolue ; et laissant de côté les considérations générales dont les principes ont été posés précédemment, essayons de faire ressortir ces conditions d'exemples empruntés à la pratique des éleveurs dont les résultats sont le
moins contestés.

Nous en trouverions plus d'un en France ; mais il est
juste de les aller chercher en Angleterre, où nous avons
été devancés. Là, nous n'avons que l'embarras du choix ; car

s'il est vrai de dire que la zootechnie, — l'interprétation scientifique des faits, — est née en France, il n'est pas moins exact de reconnaître que nos voisins nous ont enseigné le mouvement en marchant.

Quelque obscurité qui règne sur les premières tentatives de Backewell pour améliorer le bétail de sa ferme de Dishley-Grange, les moyens mieux connus, employés par ses contemporains et ses successeurs pour arriver au même but, ne permettent pas de douter que les races chevaline, bovine et ovine, dont il avait entrepris de perfectionner les aptitudes, n'aient été soumises aux deux méthodes combinées de la gymnastique fonctionnelle et de la sélection. Nous n'avons aucun document qui le prouve directement ; mais il y a une autre manière d'arriver sur ce point à une certitude équivalente : c'est d'établir que les modifications d'aptitude réalisées par Backewell et qui se sont perpétuées jusqu'à nous sur la race ovine new-leicester ou de Dishley, n'ont pas pu l'être autrement. Les procédés ont pu varier ; les méthodes, non. Quelle qu'ait été l'origine du troupeau de Dishley-Grange, nous savons maintenant que durant toute sa vie, Backewell, s'il louait à des prix élevés ses propres béliers aux fermiers des environs, n'en a jamais tiré un seul des troupeaux voisins ou éloignés. Ses animaux se sont donc constamment reproduits en consanguinité plus ou moins rapprochée.

C'est là un fait qui, du reste, n'est point contesté ; et on lui attribue même le peu de rusticité de la race dont il s'agit, dû, nous le savons à présent, à d'autres causes. Cela suffirait tout seul pour nous prouver incontestablement que les caractères primitifs de cette race, dont les aptitudes ont été exclusivement modifiées, se sont conservés par la sélection. Les autres races dont Backewell s'est occupé, la race bovine longues-cornes notamment, abandonnées par lui-même et surtout par ses successeurs, n'ont pas cessé de se perpétuer avec leurs caractères typiques ; mais sur les rares sujets que le perfectionnement du bétail a laissé subsister, on ne retrouve plus que de faibles traces des améliorations que ses méthodes leur avaient imprimées. L'application des procédés que le tâtonnement empirique et l'expérience lui avaient fait découvrir, et peut-être même seulement perfectionner et généraliser, a été dirigée vers d'autres races plus propres, par leur nature, à subir efficacement l'influence de ces procédés.

C'est au milieu du siècle dernier, vers 1755, que Backewell commençait ses travaux. Et ce qui tendrait bien à prouver que le secret dont on l'accuse d'avoir entouré ses procédés a quelque chose de légendaire et d'apocryphe, c'est que, presque à la même époque, en 1769 et 1771, Tomkins et les frères Charles et Robert Colling appliquaient ces mêmes procédés à l'amélioration des races de Hereford et courtes-cornes de Durham. Ellman n'entreprit celle de la race ovine de Southdown qu'en 1780.

Il y eut sans doute, dans les façons d'agir du grand éleveur anglais, quelque chose du savoir-faire industriel de l'Anglo-Saxon; il ne négligea rien pour assurer le succès de son entreprise; au lieu de se hâter d'informer le monde des résultats de ses premiers essais et de courir d'abord après la renommée et la gloire, comme n'aurait point manqué de le faire un Français en pareil cas, il se contenta d'agir et de réussir, sachant bien, avec l'imperturbable bon sens de sa race, que cette renommée et cette gloire lui feraient d'autant moins défaut et seraient d'autant plus solides et durables, qu'elles s'appuieraient sur des résultats positifs; mais il y a tout lieu de croire que s'il ne publia point ses théories, ce fut par l'excellente raison qu'il n'en avait pas. L'Anglais est homme d'action avant tout : tandis que nous dissertons sans agir beaucoup, il disserte peu et il agit. Nous publions des théories et des espérances; il se contente, lui, de réaliser des faits, nous laissant le plus ordinairement le soin de les interpréter; et s'il y a dans nos théories quelque chose d'applicable utilement, c'est encore lui qui se charge de l'appliquer et de nous en démontrer par là l'utilité. Ceci est de l'histoire pour laquelle les faits ne manquent point.

Si donc nous ne pouvons faire, sur les méthodes à l'aide desquelles Backewell a obtenu les résultats qui ont fondé sa grande renommée, que des conjectures, nous allons voir maintenant qu'indépendamment des circonstances plus haut examinées, ces conjectures prennent le caractère de la certitude complète par l'examen des pratiques mieux connues de ses contemporains et de ses successeurs immédiats.

L'histoire de la race des chevaux de course (*Horse Race*) serait d'ailleurs suffisante pour nous éclairer à cet égard. Pour quiconque l'étudie avec compétence et attention, il demeure démontré, en dehors de toute considération relative à son origine et à la pureté du sang oriental dont elle serait un embranchement, que ses éminentes qualités sont dues à la gymnastique fonctionnelle de l'entraînement et à la sélection des reproducteurs. Les inscriptions scrupuleuses du *Stud-Book* en font foi.

Mais dans un ordre de faits plus directement applicables à la question qui nous occupe, nous trouvons dans la race bovine des courtes-cornes, dite améliorée de Durham, entre autres, tout ce qu'il faut pour nous édifier complétement. L'histoire de cette race a été reprise par Baudement, qui en faisait l'une des bases principales de son enseignement zootechnique. Usant des documents fournis par les auteurs, le regrettable savant leur a donné la seule interprétation que pût autoriser la connaissance des lois physiologiques de la reproduction, sans accorder aucune importance aux quelques particularités accidentelles qui s'y rencontrent et qui ont trop souvent arrêté les esprits imbus de la notion métaphysique signalée plus haut, particularités relatives au mélange des sangs!

Tout ce que nous savons relativement au bétail de l'Angleterre permet d'admettre que la race du bassin de la Tees, souche de celle dont il s'agit, avait déjà subi de notables améliorations, au moment où les frères Colling commencèrent à s'en occuper. Ces améliorations étaient sans doute l'effet des progrès naturels que le temps introduit dans l'agriculture et dans l'industrie humaine. La preuve en est que le premier père du troupeau qui porta si haut et si loin leur réputation d'éleveurs, *Hubback*, le taureau fameux qui dut être bientôt réformé, l'exagération même de son aptitude à l'engraissement l'ayant rendu infécond, avait été acheté par eux à l'état de veau suivant sa mère sur la berne des chemins, pour y paître une assez médiocre nourriture. Ce veau, qui attira leur attention par sa belle conformation, appartenait, ainsi que sa mère, à un pauvre journalier. Le régime auquel ils le soumirent développa beaucoup, sans aucun doute, son aptitude ; mais pour qu'elle pût atteindre au degré d'exagération qui la caractérisa plus tard, il fallait bien que l'animal en eût, dans une certaine mesure, hérité de l'un de ses parents, sinon de tous les deux. Quelque opinion que l'on ait de l'efficacité de la gymnastique fonctionnelle, il n'est guère permis de concevoir qu'il soit possible d'en obtenir de tels résultats, si les individus auxquels elle s'applique n'y avaient été préparés de longue main.

Il est acquis précisément que la race courtes-cornes des bords de la Tees, à laquelle appartenait *Hubback*, était à cette époque déjà remarquable entre toutes, à la fois par sa finesse, par son aptitude laitière et par son aptitude à l'engraissement. Il est acquis en outre que les traitements méthodiques auxquels ont été soumises les familles dont *Hubback* est le chef, n'ont fait qu'améliorer leur conformation et développer leur précocité. Ce sont là des résultats assez remarquables toutefois pour que la gloire de Charles Colling n'en soit point amoindrie ; car c'est ce dernier qui devint définitivement acquéreur du jeune veau acheté d'abord par son frère Robert, et qui l'employa comme reproducteur dans son troupeau.

A partir du moment où il posséda *Hubback*, Charles Colling n'introduisit plus chez lui aucun taureau qui ne fût de la descendance de cet animal, ainsi que nous le verrons tout à l'heure.

Mais des doutes ont été élevés sur la pureté de son origine.
Du sang hollandais, a-t-on dit, aurait coulé dans les veines de
son père, et sa mère elle-même aurait été un produit de croisement. On s'est sur ce sujet livré à de longues et érudites
dissertations, en raisonnant par l'argument du possible, auquel
se joint la notion métaphysique du *sang*, qui lui sert de base.

Les données historiques de cette controverse ont été complétement réfutées par Baudement. Ce n'était en vérité point la
peine. Ce n'est pas l'histoire qui résout ces questions-là, c'est
l'anatomie et la physiologie. A l'argument du possible historique, elles permettent d'opposer victorieusement celui de l'impossible naturel, qui vaut infiniment mieux. Que le taureau
Hubback ait eu ou non du hollandais dans son ascendance, cela
importe peu. Ce qui importe, c'est qu'il n'y ait jamais eu, dans
le troupeau de Colling, aucun animal qui présentât la moindre
trace des caractères qui distinguent la race hollandaise. Je ne
sache pas que personne, parmi ceux qui ont attribué l'origine
des courtes-cornes améliorés à un croisement entre le taureau
hollandais et la vache de la race teeswater, en ait argumenté.
On est toujours resté, à cet égard, dans la doctrine métaphysique et dogmatique du *sang*, qui ne saurait soutenir un examen sérieux. Quant à la race actuelle, telle qu'on peut l'observer
en Angleterre, en France ou ailleurs, on peut dire que les caractères typiques et les qualités par lesquels elle se distingue
sont précisément tout l'opposé de ceux qui appartiennent au
type hollandais. Cela est si évident qu'il n'y a pas lieu d'insister.

La mère de *Hubback*, de son côté, aurait eu à son tour du
sang kyloe (race voisine des West-Hyghlands de l'Écosse); elle
serait née d'une vache ayant cette origine et d'un taureau
teeswater. A cette assertion des partisans des origines multiples pour la race de Durham, en quête de preuves, bien qu'elle
ait été formellement contredite par le fils même de l'ancien
possesseur, M. Hunter, on peut faire la même réponse : Où sont
les traces visibles des caractères de cette filiation? Ils répon-

dront peut-être, de part et d'autre, que le *sang* hollandais et le *sang* kyloe existent *virtuellement* dans les veines des courtes-cornes. Pour ma part, je ne m'arrêterai point à le contester. Je me bornerai à faire remarquer que depuis cent cinquante ans la *virtualité* de ce double sang ne s'est point manifestée par des signes visibles; et cela me met suffisamment à l'aise pour n'en tenir nul compte. Tout ce qui a été observé depuis lors et tout ce qu'on observe actuellement prouve que la *réalité* du teeswater se perpétue exclusivement suivant la loi naturelle.

Amélioré sur des sujets épars, ainsi qu'en témoignent tous les éléments positifs de l'histoire du progrès agricole en Angleterre, le type s'est perfectionné par une concentration de forces entre les mains de Colling, et c'est, sans contestation possible, par la sélection absolue, que le perfectionnement s'y est produit, pour s'étendre ensuite, grâce à la renommée acquise par l'élevage de l'illustre créateur des *improved short-horned*. Il suffit de jeter un coup d'œil sur le compte rendu de la vente générale de son troupeau, en 1810, pour en demeurer convaincu. Le témoignage dont le fermier de Ketton fut l'objet, de la part des éleveurs du Royaume-Uni, lorsqu'il se retira des affaires, prouve aussi comment étaient appréciés les services rendus par lui. On sait qu'une députation fut chargée de lui offrir en leur nom une magnifique pièce d'orfévrerie, sur laquelle était gravée l'expression de leur reconnaissance.

Nous avons dit plus haut que, dans l'élevage de Colling, jamais aucun animal étranger à la race teeswater ne fut introduit. Nous avons voulu parler seulement des mâles, dont le nom, du moins pour les plus célèbres, a été indiqué précédemment, à propos de la consanguinité [1]; car nul n'ignore qu'une fois il obtint de son taureau *Bolingbroke* et d'une vache rouge galloway, un produit qui devint plus tard le taureau connu sous

____

1. Voy. ch. v, p. 130 et suiv.

le nom de *O. Callaghan's son of Bolingbroke*. Ce taureau métis
eut avec *Old Johanna*, vache pure, un fils qui, avec *Phœnix*,
fameuse pour avoir donné le jour à *Favourite* et à *Comet*, fut
père de la vache *Lady*, souche de la famille connue sous le
nom de l'*Alliage*. Cette famille ne se distingue des autres,
dans la race, qu'en recourant aux généalogies; et cela se comprend de reste, en effet, quand on connaît la loi physiologique
en vertu de laquelle les hybrides et les métis, alliés constamment avec l'un de leurs types ascendants, font nécessairement
retour complet à ce type, au plus tard à la quatrième génération.

À ce compte, *Lady* n'avait probablement plus rien de galloway, et à coup sûr ses premiers produits. En fût-il autrement, d'ailleurs, cela n'entacherait que la famille de *Lady*,
ainsi que le faisait remarquer Baudement, qui se bornait à penser que, dans la généalogie de *Lady*, le sang durham avait dû
absorber le sang galloway, sans préciser davantage sur ce point.
Tout le reste de la race, au milieu de laquelle cette famille
n'occupe qu'une faible place, n'en demeurerait pas moins avec
son entière pureté.

Aussi bien, c'est une erreur fort répandue de croire que
Charles Colling fut le premier et seul améliorateur de la race
teeswater. Il est seulement le plus célèbre de tous. Les auteurs
compétents citent, entre autres troupeaux remarquables de son
époque, celui de M. Coates, dont le taureau *Patriot*, sans aucune parenté avec les animaux de Darlington et descendant du
bétail d'un ancien éleveur de la race teeswater, M. Milbank,
fut vendu 13,750 francs.

En voilà bien assez, je pense, pour montrer que les courtes-
cornes améliorés ne sont pas autre chose que des produits de
la sélection absolue dans la race du bassin de la Tees, à l'origine première de laquelle nous ne saurions remonter. Les raisons en ont été exposées au chapitre de la race. Il est évident
maintenant que les éleveurs du comté de Durham ont formé les

magnifiques animaux que nous admirons en choisissant, dans
leurs troupeaux, les reproducteurs qui présentaient au plus
haut degré les qualités qu'ils voulaient étendre et fixer. Et ils
poussèrent si loin l'usage de la méthode, qu'une fois qu'ils
avaient mis la main sur un sujet réalisant leur idéal de conformation et d'aptitude, ils l'employaient à la reproduction avec
une rare persistance. L'exemple de *Favourite* est là pour le
prouver. On peut citer, à ce propos, l'une des plus belles vaches de la vente de Colling, *Clarissa*, qui était fille, petite-fille
et arrière-petite-fille jusqu'à la septième génération, de ce taureau fameux.

Nous avons insisté sur la création des aptitudes améliorées
des courtes-cornes par voie de sélection dans la race, parce
qu'il y avait lieu de discuter les contestations mal fondées dont
cette création a été l'objet. Je ne pense pas qu'aucun esprit
droit et sans parti pris puisse, après ce qui précède, rester à
cet égard dans le doute. On demeurera convaincu, j'espère, de
la justesse des interprétations que nous avons données aux faits.
Pour ce qui concerne les autres races améliorées de l'Angleterre,
notamment celles de l'espèce ovine auxquelles John Ellmann et
Jonas Webb, Richard Goord, ont attaché leur nom, les races
de Southdown et de New-Kent, il suffit de les mentionner. Nul
n'a jamais contesté que leur amélioration fût le résultat de la
sélection. Et si, quittant les Iles Britanniques, nous passions en
revue nos races françaises, nous y trouverions sans peine, sur
une moindre échelle, il est vrai, parce que moins de temps y a
été consacré, et aussi parce que beaucoup de ce temps a été
perdu dans des tentatives mal dirigées, sous l'empire d'une
fausse idée du pouvoir de l'homme pour améliorer les races
de bétail ; nous trouverions en France, dis-je, un grand
nombre de preuves en faveur de l'efficacité de la sélection.

Sans parler des remarquables résultats obtenus sur la race
charolaise par MM. Louis Massé, Chamard, dans le val de la Loire,
et attestés par des sujets doués d'une précocité voisine de celle

du durham, résultats un peu obscurcis par les croisements opérés dans le voisinage, bien que tout tende à prouver que les vacheries de ces éleveurs y sont demeurées étrangères; sans parler de ces résultats, ne suffit-il pas de connaître les belles familles garonnaises des environs d'Agen, pour s'apercevoir de la puissance d'une sélection bien dirigée? On a vu, à l'un des derniers concours de Poissy, un animal pur de cette race garonnaise balancer un instant les chances des lauréats habituels, — croisements durham fort avancés, — pour la coupe d'honneur des jeunes bœufs. Et dans nos concours régionaux annuels d'animaux reproducteurs, il n'est pas une seule race indigène qui ne présente au moins quelques sujets dont la conformation et la précocité ne tendent visiblement à se rapprocher de celles des durham, des southdown et des new-leicester.

Tous ceux qui ont visité, en 1864, le concours régional de Tours, par exemple, n'ont pu manquer de porter leur attention sur un lot de brebis solognotes, exposées par M. Lefèvre. L'excellente conformation, voisine du type idéal, de ces brebis, attirait tous les regards compétents. Depuis que, grâce à l'enseignement de telles exhibitions, les principes de la science zootechnique ont pu porter leurs fruits par la comparaison des résultats auxquels ils conduisent avec ceux des doctrines arbitraires qu'ils ont remplacées, il n'est en vérité pas une seule de nos races qui ne soit en voie d'amélioration, par le seul fait de la sélection que le maintien des catégories de races, dans les concours de reproducteurs, encourage.

On ne fait plus à la sélection absolue qu'une seule objection. Nul ne conteste son efficacité. Je n'ai donc pas à la défendre. On convient qu'elle conduit sûrement au but de l'amélioration; mais les partisans quand même du croisement combattent son usage, — sans succès, il est vrai, mais enfin ils le combattent, — pour ce motif que ce serait un procédé très-long. A cela, je pourrais me borner à répondre que nous n'avons pas le choix, les races ne se prêtant point à d'autres moyens, ainsi que je l'ai déjà fait voir et ainsi que je le montrerai plus amplement encore dans le prochain chapitre ; je pourrais ajouter que l'amélioration des races animales ayant pour première base les améliorations agricoles, par l'intermédiaire de la gymnastique fonctionnelle, suit celles-là en marchant du même pas, et que la sélection ne peut les devancer, non plus que le croisement, quoi qu'on en dise ; mais, en prenant la thèse telle qu'elle est formulée par les adversaires de la sélection, voyons un peu ce qu'il en est, en réalité, de sa lenteur. Les faits, à cet égard, vont nous éclairer ; et je n'hésite point à dire d'avance qu'ils seront concluants contre l'objection opposée d'une manière absolue à l sélection.

Qui prouve le plus, en effet, prouve le moins. Si des résultats tels que ceux attestés par les courtes-cornes, les dishley, les southdown, ont pu être obtenus en moins d'une génération d'hommes ; si des animaux de l'espèce bovine, dont le rendement moyen en viande nette était de 700kil.970 et en suif de 104kil.114, ont pu être amenés au point de rendre 1,053 kilogrammes de viande et 70 kilogrammes de suif, ainsi que *Durham Ox* en fournit l'exemple, après avoir été promené pendant six ans dans toute l'Angleterre et avoir souffert durant deux mois, à Oxford, d'une luxation de la hanche ; on est bien forcé d'en conclure qu'une œuvre de ce genre n'exige pas, pour être accomplie, de bien longues années. *Durham Ox* était fils de *Favourite*. Il avait été vendu à l'âge de cinq ans par Colling à M. Bulmer, en 1801, et c'est en 1807 qu'on l'abattit. C'est donc en 1796 qu'il était né. Or, l'acquisition de *Hubbach*, ou plutôt son emploi par Charles Colling date de 1785. Et dans cet intervalle, *Favourite*, *Comet* et bon nombre d'autres individus remarquables des deux sexes furent produits.

La même chose s'est montrée pour toutes les autres races améliorées des Iles Britanniques. Au moment où Backewell parut, vers le commencement de la seconde moitié du siècle passé, les races de ce pays n'étaient certainement pas, en général, plus précoces que ne le sont aujourd'hui les nôtres. Assurément, le bétail des bords de la Tees ne présentait pas des aptitudes plus développées que celles qui pouvaient être constatées il y a plus de dix ans dans la vallée de la Garonne notamment, et, bien auparavant, dans les embouches du Cher et de la Nièvre, en dehors de toute influence de croisement. Or, nous avons vu combien peu de temps après les premiers travaux de Backewell on put, sur divers points de l'Angleterre, observer les effets de la sélection qui ont porté si haut la réputation des éleveurs de ce pays.

C'est donc sans aucune raison valable que l'on opposerait à la méthode d'amélioration dont il s'agit les longs efforts qui seraient nécessaires pour en obtenir des résultats appréciables. En étudiant avec attention d'ailleurs ce qui s'est produit chez nous depuis l'institution des concours régionaux, et surtout depuis qu'on a eu le bon esprit d'établir, dans les concours d'animaux de boucherie, des catégories de races, il n'est pas possible de méconnaître le chemin parcouru en si peu d'années, grâce à l'application de cette méthode, bien que l'éducation zootechnique de nos éleveurs laisse encore beaucoup à désirer, les plus en vue et les mieux placés se livrant encore de préférence à des croisements.

Il n'est pas une seule de nos principales races qui ne se présente dans ces concours avec une élite de sujets très-notablement améliorés, dont la conformation ne se rapproche, pour l'espèce bovine, de celle des courtes-cornes, type parfait de l'animal de boucherie; pour l'espèce ovine, de celle du southdown. La poitrine est devenue plus ample, les reins plus larges, la ligne du dos plus droite, les cuisses plus volumineuses et plus descendues, les membres plus courts et moins épais. Les rendements à l'étal du boucher ont également augmenté d'une manière sensible. Et ces progrès sont l'effet d'une sélection pour ainsi dire inconsciente, en tout cas trop exclusive de la gymnastique fonctionnelle, dont les pratiques ne sont guère suivies d'une façon méthodique.

Mais, au demeurant, quoi qu'il en fût des résultats prompts ou tardifs de la sélection, son emploi se trouverait toujours subordonné à d'autres considérations, qu'il n'est point possible d'éluder. Et il est, en vérité, bien curieux de voir si souvent négliger ces considérations, lorsqu'on raisonne sur l'amélioration du bétail.

Nul ne contestera, j'espère, que la sélection absolue soit toujours applicable, et que, dans aucun cas, elle ne puisse donner de mauvais résultats. Le moins qu'on en puisse obtenir, c'est de conserver intact ce que l'on a. Il n'est guère possible non plus de contester que les aptitudes des animaux soient en rapport exact avec le milieu dans lequel ils vivent depuis longtemps, l'influence de ce milieu produisant précisément les aptitudes, en vertu de la loi naturelle d'*accommodation*, qui échappe trop souvent à l'attention des observateurs superficiels. C'est en raison de cette loi que les modifications secondaires du type suivent celles du milieu, et qu'elles ne sauraient jamais se maintenir, lorsqu'elles ont été produites en dehors de son influence, par le seul effet d'un croisement. La sélection, dans la race, ne s'exerçant que sur les individus qui, sous l'influence de cette loi d'accommodation, ont subi les premiers l'amélioration entraînée par les conditions de milieu, les modifications de forme et d'aptitude qu'ils transmettent à leur descendance, par hérédité, sont définitivement acquises ; et ainsi rien, dans l'opération, n'est aléatoire : l'amélioration s'avance en suivant une marche sûre, sans reculer jamais.

C'est une grave erreur de croire, comme on l'a trop souvent répété, que l'application de ce procédé zootechnique nécessite des connaissances plus difficiles à acquérir que celles qui se rapportent aux autres méthodes, et notamment à celle du croisement. Elle est, au contraire, la plus simple et la plus précise de toutes. Considérée isolément, la sélection absolue se borne à l'appréciation des qualités propres des animaux. Elle tombe par là sous la compétence des praticiens les plus vulgaires, qui chaque jour choisissent pour leur usage , lorsqu'ils peuvent y mettre le prix, les animaux les mieux conformés dans leur espèce. Il suffit donc d'avoir conscience de son utilité et d'y mettre quelque persévérance, pour la réaliser. Ses résultats sont en rapport avec les circonstances de cet ordre, mais elle ne présente point en elle-même de réelles difficultés. Pour la conservation de la race, il suffit de connaître le type dans sa pureté, tâche qui est facilitée par les livres généalogiques, dont l'établissement tend fort heureusement à se généraliser; pour son amélioration, de choisir toujours les reproducteurs qui présentent au plus haut degré les qualités qu'il s'agit de fixer, que ces qualités se soient produites accidentellement, ainsi que nous en avons un exemple dans la famille ovine de Mauchamp, dont l'histoire sommaire a été précédemment invoquée à d'autres points de vue [1], ou bien qu'elles aient été le résultat de l'action continue du milieu, dirigée par l'homme à l'aide de la gymnastique fonctionnelle, comme c'est le cas des races anglaises, ou enfin que l'amélioration soit tout simplement la conséquence non cherchée du progrès de l'agriculture.

En résumé , faire de la sélection absolue , c'est donc reproduire la race dans sa pureté physiologique. Tel est le sens du qualificatif que nous proposons d'ajouter au mot qui exprime la méthode. C'est le but zoologique de celle-ci , but qui ne peut en aucune façon être atteint autrement. Dans l'état naturel, les espèces et les races ou variétés se conservent ainsi, et ce fait a été exprimé par M. Darwin, lorsqu'il en a dégagé la loi de sélection naturelle à laquelle il donne, par pure hypothèse, une autre portée. L'objet zootechnique ne touche qu'aux caractères secondaires, dérivant des aptitudes et indépendants du type de la race, parce qu'ils sont, pour la plupart, variables comme le milieu, et toujours subordonnés à celui-ci. Nous

1. Voy. p. 104 et suiv.

allons retrouver cet objet en nous occupant de la sélection relative, qui s'y rapporte exclusivement.

Sélection relative. — Ceci s'applique à toutes les opérations de reproduction, de quelque nature qu'elles soient. Dans ces opérations, il faut toujours tenir compte des lois de l'hérédité, et l'on ne peut arriver au succès qu'à la condition de ne point s'en écarter. Or, nous savons que, parmi ces lois, la plus positive est celle dite des semblables, en vertu de laquelle les formes ou les aptitudes ne se retrouvent sûrement dans le produit qu'à la condition d'exister en même temps chez les deux reproducteurs. La sélection relative a précisément pour objet de réaliser, dans une limite déterminée, l'application de la loi, qu'il s'agisse d'une ou de plusieurs aptitudes, mais en laissant de côté ce qui concerne les caractères typiques de la race.

On voit par là que ce procédé peut être aussi bien l'un des éléments du croisement que le complément de celui de la sélection absolue.

Il n'est pas rare, en effet, on peut même dire qu'il est fort commun de rencontrer un certain nombre de formes et des aptitudes très-rapprochées et même identiques, chez des individus appartenant à des races fort distinctes. Nous en avons cité déjà, dans plusieurs occasions, de nombreux exemples. Il peut être avantageux, dans certains cas déterminés, de multiplier industriellement ces formes ou ces aptitudes, en les prenant où elles se trouvent, et de les entretenir par une culture constante et attentive. Sans égard au type qui s'*affole* alors, suivant l'expression de quelques naturalistes, et qui est du reste indifférent au résultat cherché, il s'agit seulement d'atteindre un but économique; et c'est ce que nous appelons la *sélection relative* qui conduit à ce but. Les reproducteurs sont choisis seulement en vue des qualités particulières appropriées à la fonction unique que doivent remplir leurs produits. C'est ainsi que des éleveurs habiles ont pu constituer des familles d'animaux parfaitement homogènes par les caractères secondaires qui forment l'objet de leur exploitation, mais essentiellement disparates quant à leur type.

On comprendra maintenant sans peine, je suppose, après les éclaircissements qu'on a lus dans ce livre sur la définition et la caractérisque de la race, sur les lois de l'hérédité, en quoi consiste l'erreur de ceux qui considèrent ces groupes d'animaux comme constituant des races nouvelles, créées par l'industrie de l'homme. Si, après avoir eu pour point de départ un croisement, les familles ainsi groupées sont arrivées à l'homogénéité de type en même temps qu'à l'homogénéité du caractère secondaire dominant, c'est qu'elles sont décidément revenues à l'un de leurs types ascendants ; — ce qui est le cas des dishley mérinos qu'on a cités, reproduits par métissage et maintenus, quant à leur aptitude, par une soigneuse sélection relative, tout en revenant, par leurs caractères zoologiques essentiels, au type mérinos ou au type new-leicester à laine améliorée, comme nous le prouverons plus loin. — Mais l'exemple le plus frappant qu'on en puisse donner est celui du troupeau de la Charmoise, dans lequel la sélection relative, tout en maintenant les aptitudes à un degré toujours remarquable, n'empêche point de se montrer à chaque génération les types divers qui ont contribué à le former. Quant aux chevaux normands dits de demi-sang, dont on invoque aussi le témoignage, ils sont hors de cause, le croisement anglais intervenant sans cesse, de l'aveu même de ceux qui veulent qu'on les prenne comme formant une race, dans leur production.

La sélection relative, en somme, ne vaut donc que pour la conservation et la reproduction des aptitudes. C'est un procédé industriel, plus difficile à manier que celui de la sélection absolue, en ce sens qu'il agit constamment sur des choses artificielles et toujours dépendantes du milieu. Plus qu'aucun autre, il exige de l'attention et de la persévérance, et il n'est pas à la portée du premier venu. Les éleveurs habiles seuls peuvent s'en servir et le mener à bien, qu'il soit complémentaire de la sélection absolue ou qu'il dépende du croisement; car, dans les deux cas, son but est l'amélioration de la race ou des produits seulement.

Dans la sélection relative, les circonstances extérieures déjouent souvent les calculs de l'opérateur, pour ce motif que le résultat dépend de conditions complexes. Il ne se sépare pas, notamment, de la gymnastique fonctionnelle, s'il s'agit d'aptitudes dont le degré de développement ne soit point naturel chez les reproducteurs. Le cas le moins difficile est assurément celui de la laine mérinos, parce que, dans ce cas, la sélection opère sur une aptitude à laquelle les conditions de milieu sont en grande partie indifférentes. Et c'est ainsi que s'explique la solidité des résultats obtenus, en France et en Allemagne, par la sélection relative des métis mérinos.

Faisons remarquer, à cette occasion, qu'un exemple parfait de l'alliance de la sélection relative avec la sélection absolue, se trouve dans les moyens qui ont été employés pour constituer tribu des mérinos de Mauchamp, qui ne diffèrent des autres que par le caractère soyeux de leur laine.

Nous avons ramené, dans l'étude qui précède, la méthode zootechnique de la sélection à sa signification précise et véritable, de manière à pouvoir défier toute objection fondée. L'analyse des faits justifie suffisamment, je pense, la séparation que nous avons établie entre la sélection absolue et la sélection relative, ainsi qu'entre la gymnastique fonctionnelle et la sélection. Ce sont là des méthodes distinctes, en réalité, dont le but immédiat est différent. Cette analyse, plus complète que celle que j'avais pu consacrer antérieurement à ces sujets, me mettra, j'ose l'espérer, à l'abri des fausses interprétations données aux affirmations auxquelles, faute d'espace, j'avais dû m'en tenir.

CHAPITRE IX

DU CROISEMENT

Définitions. — Le croisement, considéré d'une manière générale, est le mode de génération dans lequel des individus d'espèce ou de race différente s'accouplent pour se reproduire.

Les produits du croisement, dans le premier cas, — celui de la différence d'espèce, — sont dits *hybrides*, et les naturalistes appellent plus volontiers *hybridation* l'opération par laquelle on les obtient ; dans le second cas, — celui de la différence de race seulement, pour une même espèce, — les produits sont des *métis* ; mais il ne s'ensuit pas que l'opération doive être appelée *métisation* ou *métissage*, ainsi que certains auteurs persistent à le vouloir.

Ces dernières expressions ont un sens précis et déterminé, qui n'est pas celui du croisement. La première nécessité, dans toute étude scientifique, est d'éviter l'obscurité, l'équivoque, qu'entraîne la confusion des termes.

Le véritable sens du mot de croisement correspond donc à l'idée d'un accouplement, pour la génération, entre deux individus dissemblables par leurs caractères essentiels ou fondamentaux. Ce mot ne peut s'entendre que de l'union d'espèces ou de races différentes, par conséquent, sans quoi il n'y aurait plus croisement. Et c'est pour cela que, quel que soit le titre de la femelle, en qualité d'hybride ou de métisse, pourvu que le mâle ait conservé le type par, dans ce cas l'opération est toujours un croisement.

Hybride et métis, trop confondus dans le langage courant, et même dans celui des naturalistes, doivent être soigneusement distingués. Les deux idées qu'ils représentent sont parfaitement distinctes, comme les faits qui font naître ces idées. De même que l'espèce est une catégorie, de même le produit du croisement de deux espèces est une chose, comme celui de deux races en est une autre. Il ne faut pas que l'on puisse les confondre ; et c'est pourtant ce qui arrive forcément et ce qui est arrivé aux auteurs les plus distingués, qui emploient indifféremment dans leurs écrits les noms d'hybride ou de métis. On en peut voir de curieux exemples dans les travaux récents sur l'hybridité.

Une autre confusion sur laquelle il faut être encore en garde, c'est celle qui résulte du peu de solidité de la méthode admise, en botanique, pour la détermination de l'espèce. Nous en avons déjà dit un mot. Je n'ai pas, bien entendu, à dicter des lois à la science des végétaux. Je dois seulement faire observer que pour l'exacte interprétation des faits, il ne faudrait pas mettre dans la même catégorie les expériences et les observations sur l'hybridité chez les animaux et celles si remarquables et toutes récentes qui concernent les végétaux. Bon nombre de ces dernières correspondent exactement à nos croisements de races, les *espèces botaniques* sur lesquelles elles ont porté n'ayant pas entre elles d'autres caractères distinctifs que ceux à l'aide desquels nous établissons la différence de race, dans les *espèces animales*.

Du reste, la formation des hybrides est une loi de la nature comme celle des métis, puisqu'elle a lieu ; mais nous verrons qu'elle a pour correctif puissant une autre loi qui empêche, dans les conditions où nous observons, que des types nouveaux puissent être la conséquence de l'hybridité. Les faits qui établissent l'existence de cette dernière loi ne sont pas moins intéressants au point de vue de la zootechnie qu'à celui de la biologie. Par leur concordance, au degré près, avec ceux qui sont relatifs aux simples métis, ils donnent aux principes sur lesquels doivent être basées les opérations de croisement une solidité que des efforts inconsidérés ne parviendront point à ébranler. Mais achevons d'exposer nos définitions.

Les produits obtenus du croisement des espèces et de celui des races peuvent être et sont accouplés à leur tour avec des individus appartenant à l'une ou à l'autre des espèces ou des races qui ont contribué à leur formation. On a la déplorable habitude d'exprimer cela par des fractions de sang, et les métaphysiciens de l'anthropologie et de la zootechnie les chiffrent avec la plus grande précision. J'ai promis un curieux exemple de cette arithmétique ; le moment est venu de s'exécuter, car il servira mieux que tous les discours pour la clarté des définitions que nous sommes bien obligé de donner, sauf à discuter la valeur des mots auxquels elles se rapportent.

Voici donc comment se diviserait et se subdiviserait le sang, dans les opérations de croisement. J'en emprunte le calcul à M. Eugène Gayot, dont la compétence n'est point contestée [1] :

M. Gayot suppose que l'opération s'exécute entre un mâle de race *régénératrice*, auquel il donne une valeur égale à 1, et une femelle de race *dégénérée*, dont la valeur est zéro. « On admettra aisément avec tous les naturalistes, dit-il, que le produit *amélioré* qui résulte de leur mariage représente une valeur égale à la moitié du caractère du père et à la moitié de celui de la mère. »

---

1. *Nouveau Dictionnaire pratique de médecine, de chirurgie et d'hygiène vétérinaires*, de Bouley et Reynal, art. CROISEMENT, t. IV, p. 568.

Soit par conséquent, ajoute M. Gayot, l'union de R $= 1$ avec D $= 0$, le caractère de A sera égal à la moitié du caractère du père $= 0,50$, et à la moitié de celui de la mère $= 0$: il sera donc de 0,50 ou *demi-sang*.

Soit encore l'alliance de R $= 1$ avec la femelle *croisée* $= 0,50$, le caractère de A, deuxième génération, sera $\dfrac{1 + 0,50}{2} = 0,75$ ou *trois quarts de sang*, ou trois quarts du caractère de R, son père.

A la troisième génération, le caractère de R étant toujours 1 et celui de C devenant $= 0,75$, celui de A sera $\dfrac{1 + 0,75}{2} = 0,875$, ou *sept huitièmes de sang*.

A la quatrième génération, on obtient R $= 1 + $ C $= 0,875$, et A $= 0,9375$, ou *quinze seizièmes de sang*.

Et continuant ainsi, d'après l'auteur que nous citons, on a à la dixième génération :

$$\frac{\mathrm{R} = 1 + \mathrm{C} = 0,998016875}{2}, \mathrm{A} = 0,999023437;$$

A la vingtième génération :

$$\frac{\mathrm{R} + \mathrm{C}}{2}, \mathrm{A} = 0,999999671300689375 ;$$

A la trentième génération :

$$\frac{\mathrm{R} + \mathrm{C}}{2}, \mathrm{A} = 0,9999999999679001450485864817333.$$

Ces calculs sont de pure fantaisie; il est à peine besoin de le faire remarquer; et par conséquent les expressions qui en résultent aussi. Par des raisonnements du même genre et en compliquant l'opération par l'intervention de la *race croisée*, à un moment déterminé, qui est celui de la troisième génération, on donne aux fractions ordinaires qui représentent les produits, un dénominateur commun, et l'on a dès lors, d'un côté, *trois huitièmes*, ou *trois huit*, comme disent les calculateurs du *sang*, et de l'autre *cinq huit*, ce qui représente l'entier du *pur sang*.

Cependant, pour ces calculateurs, la représentation est purement nominale; car ils n'admettent point, nous l'avons vu, que cette pureté puisse jamais se rétablir. Et pour preuve, M. Gayot a pris une comparaison qui a fait fortune. « Si, dit-il, l'on introduit une goutte d'eau dans un vase rempli d'une autre liqueur, de vin par exemple, soit une bouteille, si grande qu'on la suppose d'ailleurs, est-ce qu'il suffirait de transvaser ensuite le liquide pour obtenir que la goutte d'eau s'en échappe et que le vin redevienne complétement pur? Non, sans doute; l'étrangère aurait altéré la pureté de la liqueur à tout jamais. »

Non, assurément, cela ne suffirait pas, ajouterons-nous à notre tour; mais qu'est-ce que cette comparaison a de commun avec les phénomènes auxquels on l'applique? Et puisque nous en sommes aux comparaisons chimiques, faisons-en une qui n'est point gratuite. Supposons un réactif qui s'empare tout juste de la goutte d'eau mêlée au vin et qui l'en sépare? est-ce que, dans ce cas, le vin, si grande que soit la bouteille qui le contient, ne sera pas redevenu pur? Or, ce réactif existe précisément dans les phénomènes qui nous occupent, et c'est l'hérédité, ainsi que nous le verrons, l'hérédité qui, à un moment déterminé, fait élection des caractères purs de l'espèce ou de la race croisante. Si le sang reste *virtuellement* impur, nous n'en savons rien, et ce n'est pas cela qui importe. Nous savons seulement que les caractères du type, une fois qu'ils se sont manifestés intégralement, se reproduisent ensuite sans retour par la génération opérée entre les individus qui les présentent.

A ces expressions en fractions de sang, employées pour désigner les produits de croisement, hybrides ou métis, il convient donc de préférer celles qui, au lieu d'entraîner l'idée d'une pure hypothèse sans fondement, se bornent à caractériser le fait réel de l'opération à laquelle elles se rapportent. A ce titre, il faut appeler hybrides et métis les produits seulement qui ont les caractères de l'hybridité et ceux des individus croisés, et compter leurs degrés par le nombre des générations. On a ainsi des *premiers*, des *deuxièmes*, des *troisièmes hybrides* ou *métis*, et ainsi de suite pour chaque génération successive entre les femelles croisées et les mâles croisants; mais nous verrons qu'on a bien rarement l'occasion, quand on reste dans la réalité des choses, de dépasser les degrés qui viennent d'être énoncés implicitement. La clarté du langage et la vérité des faits n'ont qu'à gagner à la substitution plus générale des expressions de *premier métis*, *deuxième métis*, *troisième métis*, à celle de *demi-sang*, *trois quarts de sang*, et *sept huitièmes de sang*; etc.

Cela ramène l'esprit à une notion plus exacte et plus nette des choses, parce que les termes ainsi définis sont mieux déterminés. Et nous allons nous en assurer encore davantage en étudiant d'abord les phénomènes de l'hybridité qui, outre qu'ils ont de quoi nous éclairer beaucoup pour la question du croisement des races, nous offrent encore un intérêt zootechnique direct, puisque divers hybrides sont exploités ou pourraient l'être industriellement.

Il convient donc de considérer à part le croisement des espèces et celui des races.

Croisement des espèces ou hybridation. — Tous les faits authentiques recueillis jusqu'à présent dans les annales de la science, relativement au croisement des espèces, établissent que les hybrides qui en résultent, lorsqu'ils sont féconds, ne jouissent que d'une fécondité limitée.

Toutes les espèces n'ayant pas été croisées ensemble dans des expérimentations suivies, l'on n'est point autorisé à affirmer que la fécondité des hybrides féconds s'arrête nécessairement à telle génération; à cet égard, le champ du possible reste toujours ouvert; mais comme on ne peut raisonner exactement que sur les faits connus, et qu'aucun de ces faits n'a encore établi la fécondité continue pour les hybrides, le contraire étant d'ailleurs conforme à la loi naturelle de l'espèce, sans trop engager l'avenir,

on peut admettre comme acquis que les hybrides, en thèse
générale, sont inféconds, et que lorsqu'exceptionnellement ils
sont féconds, leur fécondité est toujours plus ou moins restreinte et limitée.

Cette question de l'hybridité a beaucoup occupé, dans ces
derniers temps, les anthropologistes. Et l'on peut bien dire
que les faits qui s'y rapportent ont été torturés dans tous les
sens. C'est que, dominées par une idée doctrinale, les recherches des anthropologistes et celles des naturalistes aussi ont
eu pour but, non pas de découvrir la vérité, mais de trouver
des arguments. Les faits connus d'hybridité ont été invoqués
tour à tour pour appuyer les doctrines opposées du monogé-
nisme et du polygénisme de l'homme, de l'unité et de la plu-
ralité primitives du genre humain, celles de la permanence et
de la mutabilité de l'espèce.

Nous n'avons pas à discuter à fond ici ces doctrines ; ce serait sortir de notre cadre. Toutefois on ne peut se dispenser,
en exposant les faits au point de vue qui nous intéresse, de
faire ressortir les conclusions qui en résultent, au moins relativement à la notion de l'espèce ; car cette notion étant, ainsi
que nous l'avons vu, étroitement liée à celle de la race qui en
dérive, s'il était établi que, dans les conditions actuelles, l'espèce
n'est pas fixe, à plus forte raison serait-on conduit à constater
que la race l'est encore moins. Et faisons remarquer tout de
suite, à cet égard, que s'il arrivait dans l'avenir qu'on pût
observer la fécondité continue entre des produits résultant de
deux types considérés aujourd'hui comme appartenant à des
espèces distinctes, la seule conclusion rationnelle qu'on en pût
tirer ne serait point que les hybrides peuvent être indéfiniment féconds. Cette conclusion serait que, dans le cas particulier, la distinction des deux espèces avait été à tort établie ; et
si, par supposition, le même fait pouvait se produire entre
toutes les espèces connues, ce n'est point la mutabilité de l'espèce qui en résulterait, c'est sa disparition.

L'espèce, en effet, répétons-le, ne peut être une réalité abstraite qu'à la condition de correspondre à un fait permanent et fixe, du moins considérée dans la période de temps accessible à notre observation. Si les types qui représentent chacune de ses manifestations pouvaient se mêler indéfiniment et donner par là naissance à des types nouveaux, il faudrait absolument renoncer à classer les individus en groupes spécifiques ; ces individus seuls seraient des réalités. Il y a donc lieu d'admettre la permanence de l'espèce ou de rejeter sa notion. C'est à choisir. La logique en fait une loi. La reproduction constante et indéfinie est le seul caractère spécifique, ou l'espèce n'existe pas. Dans cette reproduction indéfinie, la répétition des formes typiques est le caractère de la race, ou sans cela la race n'existerait pas plus que l'espèce : ce serait une base arbitraire de classification, au lieu d'être l'expression d'une loi naturelle. Or l'arbitraire doit être banni de la science ; la méthode scientifique ne lui laisse aucune place ; et c'est guidé par cette seule méthode que nous allons examiner la question de l'hybridité.

Laissant de côté toute préoccupation relative aux idées par lesquelles les auteurs ont été dominés, à quelque opinion philosophique qu'ils appartinssent, cherchons seulement dans l'examen des faits la vérité. Et dans cette disposition d'esprit, — la seule qui soit scientifique, — rien n'est plus propre à nous mettre en garde contre l'erreur, que d'avoir constamment sous les yeux les écrits de ceux qui, parmi ces auteurs, ont fait le plus d'efforts pour extraire des observations d'hybridité connues une conclusion contraire à celle que la logique vient de nous indiquer, en nous plaçant au point de vue le plus général. Nous y pourrons peser le fort et le faible de cette conclusion et ne nous rien dissimuler des arguments qui peuvent lui être opposés. En outre de la question de fécondité, l'étude des hybrides nous fournira des documents sur l'hérédité des caractères typiques, qui auront l'avantage d'être bien tranchés et qui viendront confirmer par l'expérience directe une partie des principes que nous avons posés dans le chapitre consacré particulièrement à cet objet.

Depuis l'antiquité l'on accouple , dans un but industriel, les deux espèces de l'âne et du cheval (toutes deux du genre *Equus*), pour en obtenir des hybrides appelés *mulets*. Dans les auteurs anciens qui se sont occupés d'histoire naturelle, Aristote, Pline, etc., la distinction n'est pas nettement établie entre les produits de l'accouplement de l'âne avec la jument et ceux qui résultent du rapprochement du cheval avec l'ânesse ; car les deux modes de fécondation ont également lieu. C'est Buffon qui, le premier, proposa de réserver le nom de *mulet* au produit de l'âne avec la jument, et de donner celui de *bardeau* ou *bardot* au produit de l'ânesse avec le cheval. Ces dénominations ont été depuis adoptées.

L'existence du bardeau a été non-seulement mise en doute, mais niée absolument par un hippologue contemporain. On peut difficilement se l'expliquer. Outre les nombreux faits qui en sont relatés, avec leurs détails les plus authentiques, dans les annales de la science, avec un peu d'attention on rencontre des bardeaux presque partout. Nul s'occupant de zootechnie ne devrait ignorer que dans l'ancien royaume de Naples, notamment, les bardeaux sont plus communs que les mulets proprement dits.

Ce qui pourrait rendre la distinction de ces animaux un peu difficile pour les observateurs superficiels, c'est que leurs caractères extérieurs diffèrent peu de ceux des chevaux de petite taille au milieu desquels ils vivent. Mais lorsqu'on les examine d'un œil compétent, les caractères différentiels ou typiques apparaissent. Ainsi, la disposition de l'arcade orbitaire est la même chez le bardeau que chez le cheval ; le bardeau a, comme le cheval, quatre châtaignes lisses aux membres ; sa queue est fournie de crins, ainsi que l'encolure ; mais au lieu d'avoir six vertèbre lombaires, à la manière du cheval, il n'en a souvent que cinq comme le mulet , à la manière de l'âne. Si donc de nombreux témoignages authentiques n'établissaient la notoriété de l'hybride du cheval et de l'ânesse, ce caractère seul suffirait pour l'affirmer, et il a été constaté notamment par M. Goubaux, professeur à l'École d'Alfort. Quant à celle de l'hybride de l'âne et de la jument, il serait superflu, sans doute, de la discuter. Cet hybride fait chez nous, Dieu merci, l'objet d'une industrie assez prospère.

Cela dit, voyons ce qu'il en est de la fécondité de ces deux hybrides, et faisons remarquer d'abord, toutefois, que pour les produire, les deux espèces se fécondent réciproquement avec la plus grande facilité. Ce qui a été avancé relativement à l'aptitude privilégiée qui appartiendrait, sous ce rapport, à la race chevaline dite *mulassière* du Poitou, est de pure fantaisie. Il se produit des mulets à peu près dans toutes les régions du globe, dans les climats méridionaux de l'Europe et de l'Afrique, comme dans les climats tempérés que nous habitons, et dans ceux-ci avec toutes les races chevalines également; celles de la Gascogne, du Dauphiné, de la Bretagne, sont aussi bien fécondées par l'âne que celle du Poitou. L'aptitude de l'ovule à recevoir l'imprégnation des spermatozoïdes est nécessairement la même partout. L'opinion contraire ne peut être qu'un préjugé.

L'organisation anatomique et physiologique des mulets et des bardeaux ne met aucun obstacle à ce qu'ils puissent s'accoupler entre eux ou avec des individus de l'une ou de l'autre de leurs deux espèces mères. Les femelles entrent en rut, et les mâles, qui se montrent souvent très-ardents, lorsqu'ils se livrent à l'acte du coït, éjaculent un liquide qui ne semble en rien différer, à l'œil nu, de celui du cheval. Bien souvent on a vu des mules saillies par des mulets, et des bardelles par des bardeaux. Jamais personne n'a dit nulle part qu'il en fût résulté la fécondation des femelles hybrides. Hebenstreit, Walter et Hausel, Glichen, Bory de Saint-Vincent, MM. Prévost et Dumas, Hausmann, de Hanovre, et beaucoup d'autres observateurs contemporains, ont examiné au microscope le liquide sécrété par les testicules du mulet; personne n'y a jamais pu découvrir la présence des spermatozoïdes, qui sont les agents incontestables de la fécondation, et c'est là une recherche trop facile pour que tous ces résultats négatifs n'acquièrent pas, par leur nombre et leur unanimité, une valeur absolue.

Un seul fait, qu'il ne faut pas taire, semble contradictoire : c'est celui rapporté par Prangé, d'après lequel Brugnone aurait trouvé dans les vésicules séminales d'un mulet des spermatozoïdes [1]. Ce fait, que M. Paul Broca [2] a tenu pour démontré, probablement parce qu'il concorderait, dans une certaine mesure, avec la thèse qu'il avait entrepris de soutenir et qu's'accommoderait mieux de la fécondité possible du mulet mâle; ce fait se réduit, au demeurant, à une simple assertion, c'est-à-dire, pour une matière aussi grave, à rien.

Voici ce qu'on lit à cet égard dans le rapport de Prangé : « MM. Prévost et Dumas ont attesté les avoir vus (les spermatozoïdes) dans le sperme de tous les animaux, sauf dans celui du mulet, *où Brugnone dit les avoir rencontrés.* » Et c'est là tout. En vérité, ce serait se montrer trop peu difficile d'admettre, sur ce simple renseignement, que dans des cas même très-exceptionnels, il existe des spermatozoïdes chez le mulet. Si Brugnone, et Prangé après lui, avait décrit ce qu'il dit avoir rencontré, et que sa description se rapportât exactement aux caractères si faciles à reconnaître actuellement des spermatozoïdes de l'âne et du cheval, on pourrait même encore conserver des doutes, en raison du défaut de contrôle de l'observation; mais sur un simple dire, la méthode fait une loi de passer outre et de n'en tenir nul compte.

1. Brugnone, *Trattato della razza,* cité par Prangé, *Bulletin de la Société impériale et centrale de médecine vétérinaire,* 1850, t. V, p. 179.

2. *Recherches sur l'hybridité animale en général,* etc., *Journal de physiologie* de Brown-Séquard, et tirage à part. Paris, 1860, imprimerie Claye, notes, p. 6.

On est donc autorisé à conclure absolument, par tous les faits authentiques connus, que les hybrides mâles dont il s'agit sont radicalement inféconds. Et cette conclusion se fortifiera encore des autres faits que nous aurons à passer en revue.

Mais nous allons voir qu'il n'en est pas ainsi des femelles.

Au moment où Prangé rédigeait le rapport cité plus haut, c'est-à-dire en 1850, il avait pu rassembler un nombre relativement assez considérable de faits plus ou moins authentiques, empruntés pour la plupart à des auteurs anciens, grecs, latins ou italiens, et relatifs à la parturition des mules ou des bardelles. Ces faits, pour la science positive, n'ont pas une grande valeur : ils manquent des détails précis qui permettraient de leur accorder toute créance. Cependant, ils sont suffisants pour établir que de tout temps la parturition des mules a été considérée comme possible. Mais ce qui prouve à quel point elle était rare, c'est que les anciens historiens qui en ont parlé ont pris les faits de ce genre pour de mauvais présages et en ont signalé la coïncidence avec quelque grand événement fâcheux.

Le rapport de Prangé contient toutefois un cas bien précis et bien authentique, observé par M. Leconte, vétérinaire à Cerisy-la-Salle (Manche). C'est l'observation de ce cas, communiquée par son auteur à la Société impériale et centrale de médecine vétérinaire, qui a été du reste l'occasion des recherches bibliographiques de Prangé et l'objet du rapport.

Le 30 décembre 1844, une mule de douze ans environ, appartenant à M. Duval, meunier à Montpinchon, avorta. En juillet de la même année, étant en chaleur, elle avait été saillie par un cheval, à plusieurs reprises. Le produit de l'avortement a été mis sous les yeux des membres de la Société, et il est maintenant conservé dans le musée de l'École d'Alfort. M. Leconte a décrit dans la note qui accompagnait le fœtus de mule les caractères zoologiques de celui-ci, et, à l'appui de ses dires il a fait certifier le fait par des personnes qui en ont été comme lui les témoins. Aucun doute ne peut donc subsister.

Depuis lors, M. E. Liard, vétérinaire militaire, a fait connaître une nouvelle observation de fécondation d'une mule, recueillie en Algérie, où les faits de ce genre, d'après lui, ne seraient pas rares [1]. Cette mule, dont il donne le nom et le numéro matricule, appartenait alors au 2e escadron du train des équipages. Elle avorta le 27 octobre 1862. Le fœtus, qui était femelle, avait 25 centimètres de long et pesait 305 grammes. Sa mâchoire supérieure dépassait l'inférieure de près d'un centimètre. Le reste était normal. Il est déposé au musée de l'École de médecine d'Alger. La mule avait été fécondée par un cheval de l'escadron.

A l'occasion de cette observation, M. le capitaine Mangin-l'Épine a dit avoir vu, en 1840, à Orléanville, un fait semblable. On donna le fœtus de mule au colonel de Saint-Arnaud, devenu plus tard maréchal de France.

On voit, d'après ces indications sommaires, que les faits de fécondité des femelles hybrides du genre *Equus* ont été principalement observés dans les climats méridionaux. Les auteurs enclins à tout expliquer ont cru pouvoir en conclure que cette aptitude à produire des ovules féconds devait tenir sans doute à la température, et ils n'ont point manqué de trouver des raisons plausibles à l'appui de cette explication, dans ce qui se produit pour les espèces des pays chauds, qui deviennent souvent infécondes, lorsqu'on les transporte vers le nord. Mais il est bon de faire remarquer que les mules sont beaucoup plus nombreuses dans ces mêmes pays méridionaux, et c'est là une raison bien suffisante pour que les cas de gestation, exceptionnels partout, s'y présentent de préférence.

Quoi qu'il en soit, ce qui est surtout à noter pour nous, c'est que, dans les cas recueillis avec tous les éléments qui

____

1. *Journal de médecine vétérinaire militaire*, t. I, p. 573. Paris, Asselin. 1863.

puissent permettre de leur accorder une entière confiance, i
n'est aucune des mules fécondées par le cheval qui ait mis au
jour un produit viable et qui ait vécu.

La fécondité des mules, si elle ne peut pas être mise en
doute, doit donc être tenue pour extrèmement restreinte. Il
n'y a aucun fait connu de fécondation par l'âne, et l'on sait
que, de son côté, le mulet est absolument infécond. La condition indispensable de la fécondité des mâles est aujourd'hui
bien déterminée et peut être constatée par le simple examen de
leur sperme au microscope. L'absence de cette condition ayant
résulté d'un grand nombre de recherches directes, on en peut
conclure sans hésiter, d'abord qu'il est certain que les hybrides dont il s'agit ne peuvent pas se reproduire entre eux,
puis qu'il est fort douteux que les femelles puissent mêm
former souche en s'accouplant avec l'âne ou avec le cheval.

Avant de passer aux autres espèces dont les hybrides sont
ou pourraient être l'objet d'une exploitation industrielle, il es
bon d'examiner ce qui concerne ceux qui n'ont d'intérêt qu'au
point de vue de l'histoire naturelle et qui ont été beaucoup
invoqués, dans ces derniers temps, a l'appui de certaines théories sur l'hybridité. Ces théories ont eu leur retentissement
en zootechnie, et il n'en pouvait guère être autrement, maintenant qu'on a senti le besoin de ne plus s'en tenir, dans l'étude
des questions relatives à la production du bétail, à l'observation empirique.

La plus ancienne expérience d'hybridation régulière, poursuivie dans un but scientifique, est celle qui a été rapportée
par Buffon, et qui est relative à l'accouplement de la louve
avec le chien. Elle est intéressante à plus d'un titre, et ses
détails sont de nature à rectifier la croyance assez généralement répandue de l'existence d'une race, pour ne pas dire
d'une espèce de chiens-loups, préjugé qui est entretenu par
la ressemblance éloignée entre la forme de la tête et des oreilles
de certains chiens et celle de la tête et des oreilles du loup.

Voici les détails de cette expérience :

Une louve qui avait été prise dans les bois, à l'âge de trois mois à peine, par un paysan, fut vendue au marquis de Spontin-Beaufort. Le 28 mars 1773, étant âgée de plus d'un an, elle fut couverte par un chien braque, et à plusieurs reprises deux fois par jour pendant deux semaines. Le 6 juin 1773, soixante-dix jours après le premier rapprochement, elle mit bas quatre petits, trois mâles et une femelle. On ne put en conserver que deux, un mâle et la femelle, qui s'accouplèrent à leur tour pour la première fois le 30 décembre 1775, à l'âge de deux ans et demi. Le 3 mars 1776, après soixante-trois jours de gestation, la femelle hybride fit quatre petits, deux mâles et deux femelles.

C'est un couple de cette portée de première génération qui fut envoyé par le marquis de Spontin-Beaufort à Buffon. Celui-ci garda les hybrides quelque temps à Paris, puis les fit conduire à sa terre de Buffon, où ils furent élevés ensemble. On exerça sur eux une surveillance assidue, afin que la femelle ne pût être couverte par les chiens de l'endroit. Ce n'est qu'à l'âge de deux ans et dix mois environ, le 30 ou le 31 décembre 1778, qu'ils s'accouplèrent. Le 4 mars 1779, après une gestation de soixante-trois ou soixante-quatre jours, la femelle mit bas sept petits.

Buffon raconte que le gardien ayant eu la curiosité de prendre les petits dans sa main pour les examiner, la mère entra en fureur, se jeta sur sa progéniture et dévora tout, sauf un seul qui était une femelle.

Celle-ci, hybride de deuxième génération, fut élevée avec son père et sa mère dans un grand caveau où aucun autre animal ne pouvait pénétrer. Étant âgée de près de deux ans, au commencement de 1781, elle fut couverte par son père, et dans le courant du printemps, elle fit quatre petits, dont elle mangea deux. Les deux restants, un mâle et une femelle, n'ont jamais été accouplés, du moins il n'en est rien dit.

Ainsi, la seule conclusion que l'on soit autorisé à tirer de cette expérience, quant à la fécondité des hybrides du chien et de la louve, c'est que si la femelle s'est montrée apte à la génération jusqu'au troisième degré, la preuve s'arrête, quant au mâle, au deuxième. Nous verrons tout à l'heure les éclaircissements que des expériences ultérieures peuvent donner sur ce point. Auparavant, parlons des caractères de ces hybrides.

Les deux de la première génération, que Buffon avait fait accoupler, furent donnés à la ménagerie de Versailles, où ils s'accouplèrent de nouveau et firent trois petits. Le prince de Condé en prit deux et l'on ne sait ce qu'ils sont devenus. M. Leroi, lieutenant des chasses et inspecteur du parc de Versailles, dans une lettre adressée à Buffon, dit que le troisième, qui était un mâle, *ressemblait beaucoup au loup*; qu'à six mois on fut obligé de l'enchaîner; qu'il *aboyait rarement le jour et que la nuit il ne poussait que des hurlements*. Ce qui n'empêche pas M. Broca de dire, en rapportant ces mêmes renseignements, que ceux qui liront la description de ces hybrides « pourront se convaincre que la *race intermédiaire* ne tendait à revenir ni à l'espèce du chien ni à l'espèce du loup[1]. »

A l'espèce du chien, non sans doute, mais à celle du loup, c'est différent. M. Leroi, qui s'inquiétait peu, vraisemblablement, d'avoir une opinion sur les phénomènes de l'hybridité, le constate en termes assez clairs; et pour ne pas le voir, il faut avoir devant les yeux, ou derrière plutôt, le parti pris d'une thèse arrêtée.

Au point de vue de la question de fécondité, l'expérience de Buffon a été répétée à plusieurs reprises par Frédéric Cuvier et par M. Flourens, au Muséum d'histoire naturelle de Paris. Ces deux savants ont obtenu souvent des hybrides de chien e'

---

1. *Recherches sur l'hybridité*, loc. cit., p. 557.

de loup; mais voici ce qu'en dit M. Flourens dans un de ses
derniers ouvrages [1] :

« Buffon a fait, sur la reproduction du chien et du loup, une
série d'expériences. Il n'a jamais pu passer la troisième génération. Frédéric Cuvier, qui a été pendant trente ans le directeur de la ménagerie du Jardin des Plantes, n'a pu aller plus
loin. Moi-même je n'ai pu en obtenir davantage. »

Il existe, dans les annales de la science, un assez grand nombre d'autres faits d'hybridité du même genre, que M. Broca
relate avec grand soin dans le mémoire cité plus haut ; mais
tous ces faits se rapportent à des hybrides de première
génération. La réalité de la fécondation de la louve par le chien
étant suffisamment démontrée, il n'y a pas lieu d'insister. On
connaît d'ailleurs beaucoup d'espèces, parmi les oiseaux comme
parmi les mammifères, qui peuvent ainsi se féconder réciproquement avec plus ou moins de facilité. Il suffit, pour cela,
qu'elles appartiennent au même genre naturel. Et les degrés
divers du phénomène sont précisément une confirmation de
cette vérité que, dans les lois naturelles, il n'y a que des transitions ménagées. Il n'y a pas un seul exemple authentique de
rapprochements féconds entre des individus d'ordres divers,
bien que ces rapprochements se soient quelquefois produits.

Les espèces animales ont aussi leurs aberrations. Tout ce qui
a été dit à cet égard, notamment sur le *Jumart*, produit de la
vache et du cheval ou de la jument et du taureau, est pure
fable. « J'ai souvent, dit M. Flourens, tenté, et quelquefois
obtenu l'union de ces animaux; jamais elle n'a été féconde. »
Buffon avait déjà constaté, ajoute le même physiologiste, que le
renard ne s'accouple point avec la chienne. « Mes expériences
ont confirmé celles de Buffon. Jamais le renard n'a voulu s'accoupler avec la chienne, ni le chien avec la renarde. Je suis

____

1. *Examen du livre de M. Darwin sur l'origine des espèces*, p. 107. Paris,
1864. Garnier frères.

même convaincu que leur accouplement, s'il a jamais lieu, sera sans effet [1] » Tout autorise à le penser, certainement.

Mais dans l'ordre d'idées que nous poursuivons en ce moment, les expériences les plus importantes à noter sont celles que le même M. Flourens a faites sur l'hybridation des deux espèces du chien et du chacal. Ces expériences célèbres sont, à notre double point de vue, pleines d'enseignements. Il faut donc les relater en détail, car elles ont un grand caractère de précision.

En 1845, M. Flourens obtint de l'union d'un chien avec une femelle de chacal trois hybrides. Ces petits animaux, élevés au milieu de petits chiens de leur âge, en différaient d'abord, dit-il, par des allures brusques, farouches. Leur première dentition marcha beaucoup plus vite que celle des petits chiens; mais ce qui les distinguait surtout de ceux-ci, c'est qu'ils avaient les deux poils, soyeux et laineux, de tout animal sauvage. Ils tenaient d'ailleurs à peu près également du chacal et du chien par leurs autres caractères extérieurs. Ils avaient les oreilles droites, la queue pendante, et ils n'aboyaient pas.

Un mâle et une femelle de cette première génération s'accouplèrent, lorsque l'âge du rut fut venu, et ils eurent des petits, qui s'accouplèrent ensemble ainsi jusqu'à la quatrième génération et ne purent former souche au delà. La même expérience répétée plusieurs fois donna toujours les mêmes résultats. Jamais on ne put franchir la quatrième génération. A cette limite, les hybrides de chien et de chacal deviennent donc inféconds, comme ceux du chien et du loup. Nous aurons occasion de voir, du reste, que d'après tous les faits connus, là est la limite extrême de la fécondité des hybrides.

Et à cet égard, il convient de faire observer, dès à présent, qu'il ne s'agit que des véritables hybrides. c'est-à-dire des individus obtenus de la première génération entre espèces différentes. Les personnes qui obéissent à des idées préconçues, ou

____

1. Loc. cit., p. 109.

qui sont insuffisamment au courant du sujet, confondent avec une grande facilité la fécondité de ces hybrides avec celle des individus qui en peuvent dériver par un autre mode de génération dont nous allons maintenant nous occuper, en suivant les résultats des expériences de M. Flourens.

Accouplés, en effet, avec l'une ou l'autre des espèces qui ont contribué à leur formation, les hybrides jouissant seulement de la fécondité limitée donnent successivement des produits qui arrivent à jouir de la fécondité continue ; mais c'est parce qu'ils ont bientôt fait retour complet à cette même espèce. Voici ce qui a été observé lorsque M. Flourens accouplait les femelles hybrides de première génération avec un chien, en continuant toujours l'emploi du même mâle pour les femelles obtenues :

Le produit de la deuxième génération n'aboie pas encore ; mais il a déjà les oreilles pendantes par le bout, et il est moins sauvage.

Celui de la troisième génération aboie ; il a les oreilles pendantes, la queue relevée, et il n'est plus sauvage.

Celui de la quatrième génération « est tout à fait chien. »

« Quatre générations m'ont donc suffi, ajoute l'illustre savant, pour ramener l'un des deux types primitifs, le type chien ; et quatre générations me suffisent de même pour ramener l'autre type, le type chacal [1]. »

Ce fait constant montre bien, soit dit en passant, entre autres choses, ce que valent les affirmations relatives à l'influence indélébile des mélanges de sang considérés d'une façon absolue. Si quatre générations suffisent, ainsi que le démontrent les expériences précises de M. Flourens, pour ramener au type spécifique les produits hybrides d'un premier croisement, lorsque ce type intervient dans la génération d'une manière continue, on voit déjà ce qu'il doit en être pour le type de la race, à beaucoup près moins accusé par ses caractères distinctifs.

1. Loc. cit., p. 110.

Voilà donc un premier point résolu, quand même nous n'aurions pas d'autres preuves à faire valoir ; mais tel n'est pas le cas dans lequel nous nous trouvons. Les expériences de M. Flourens, confirmant et complétant celles de Buffon, prouvent que les hybrides se reproduisant entre eux voient leur souche s'éteindre à la quatrième génération, au plus tard, pour cause d'infécondité.

Une objection y a été faite, tirée de l'influence de la consanguinité. Nous n'avons plus à réfuter cette objection. On sait maintenant ce qu'il en faut penser. L'auteur qui l'a formulée, obéissant alors au préjugé commun, et désireux d'ailleurs de trouver des raisons qui pussent amoindrir la signification de résultats qui contrariaient sa thèse, n'oserait plus à présent, j'en suis sûr, la soutenir.

Ces expériences donnent, en outre, sur un second point, celui de la fixité des hybrides, des éclaircissements qui, joints à ceux que nous aurons à faire ressortir des observations relatives aux autres espèces que nous avons encore à examiner, permettront de ne plus conserver aucun doute.

Je passe sur les expériences d'Isidore Geoffroy Saint-Hilaire, relatives au croisement de l'âne avec l'hémione. Les deux types, si tant est qu'ils appartiennent à des espèces distinctes, sont susceptibles d'être fécondés l'un par l'autre. Ils ont été accouplés dans un but qui n'était point celui de résoudre la question d'histoire naturelle dont nous nous occupons en ce moment, et l'on n'a pas dépassé, que je sache, la première génération. C'était une affaire d'acclimatation. Nous n'avons donc rien à en tirer.

Plus importants sont, au point de vue de cette question, les faits qui concernent les deux espèces de la chèvre et du mouton. J'ai déjà eu l'occasion de dire, dans ce livre, que les naturalistes considèrent ces espèces comme faisant partie de deux genres distincts, le genre *Capra* et le genre *Ovis*. Eh bien ! pour premier résultat de notre étude, la fécondité étant admise comme base de la classification, nous allons voir qu'il y a lieu, sur ce point, à une rectification.

Des faits authentiques et nombreux, du moins pour ce qui concerne l'un des deux sens de l'hybridité, établissent que les deux espèces en question jouissent entre elles de la fécondité limitée. On est allé jusqu'à leur accorder la fécondité continue, mais nous verrons aussi tout à l'heure que c'est par une erreur d'interprétation, et faute d'une connaissance suffisante des éléments du problème qu'il s'agissait d'examiner, ou par un trop vif désir de trouver, dans l'histoire naturelle, des arguments pour une thèse philosophique.

Buffon avait déjà constaté que le bouc féconde aisément la brebis ; il s'en était assuré par l'expérience ; mais en mentionnant ce fait dans son article sur l'*Histoire naturelle du mouflon et des autres brebis*, il ajoute « que le bélier ne produit point avec la chèvre. » Un fait observé dans les Vosges par M. de Grandprey [1], prouve que cette restriction ne peut plus subsister. « Je possède, a écrit cet honorable agriculteur, une chèvre, produit d'un bélier et d'une chèvre du pays. Le produit a la tête et les extrémités de l'espèce caprine et le restant du corps du mouton, y compris la toison ; cette dernière s'arrête derrière les cornes. » Il ajoute que la bête a quatre trayons, tandis que les chèvres du pays n'ent ont que deux.

Au mois de décembre 1862, elle fut luttée par un bélier qui la féconda. Quelques jours avant le terme de la gestation, elle mit bas deux jeunes morts-nés. « L'un de ces jeunes était en tout semblable à sa mère, seulement la laine était un peu plus fine (ce qui n'est pas surprenant chez un nouveau-né) et un peu plus noire ; l'autre était plus singulier: il avait la tête et l'avant-train couverts de laine blanche comme le père et le restant du corps d'une laine jaune-brun. »

Au mois de décembre 1864, l'hybride de M. de Grandprey a

1. *La Culture*, t. VI, p. 372. 15 janvier 1865.

été de nouveau saillie par un bélier à laine fine et de couleur noire ; et au moment où il annonçait cette circonstance, l'auteur se proposait de prendre toutes les précautions nécessaires pour pousser l'expérience jusqu'au bout. « Je dois cependant ajouter, disait M. de Grandprey, mais sans pouvoir l'affirmer, parce que ce n'est qu'un on dit que j'ai recueilli, que la chèvre a été plusieurs fois saillie par un bouc de pays, sans qu'il en soit jamais rien résulté. »

L'existence de l'hybride de la chèvre et du bélier, d'après cela, peut donc être affirmée. Quant à celle de l'hybride de la brebis et du bouc, elle ne peut faire l'objet d'aucun doute. Indépendamment des expériences de Buffon, on en trouve la preuve relativement assez fréquente dans les troupeaux du Poitou. J'en ai moi-même personnellement observé plusieurs cas à Aulnay (Charente-Inférieure), dans le troupeau de M. Nestor Perthuis-Lasalle, alors membre du Conseil général du département. C'était en 1852 ou 1853, si je m'en souviens bien. Un jeune bouc très-ardent, qui vivait avec les brebis, comme c'est la coutume à peu près générale de ce pays, en avait sailli et fécondé plusieurs. Les hybrides qui en résultèrent se rapprochaient, par leurs formes, beaucoup plus du mouton que de la chèvre, mais ils avaient, dans leur toison, une très-forte proportion de poil. Le propriétaire de ces animaux ne se soucia point de les propager et la chose en resta là. Il est intéressant de savoir, cependant, ce qu'il advient de ces hybrides, lorsqu'on cherche à les multiplier.

Une industrie qui existe depuis longtemps au Chili, fondée sur leur exploitation, va nous éclairer à cet égard. Dans ce pays, ils sont connus sous le nom de *chabins*. Et sur ce point comme sur beaucoup d'autres, des auteurs un peu trop faciles sur les preuves et trop pressés de conclure dans le sens de leurs opinions préconçues, ont présenté les résultats obtenus au Chili sous un jour qui demande à être rectifié. Il est d'autant plus nécessaire de soumettre ces résultats à une critique rigoureuse, qu'ils ont été introduits dans la science sous le couvert d'une légitime autorité, qui impose toujours aux observateurs superficiels et aux gens incompétents.

L'abbé Molina, dans son *Histoire naturelle du Chili*, publiée en 1782, avait annoncé, dit M. Paul Broca [1], que les Péhuenches, habitants des Andes chiliennes, croisaient avec succès les chèvres et les moutons. « Les individus de cette race intermédiaire, disait-il (ajoute M. Broca), sont deux fois plus gros que les autres brebis, et sont couverts d'un poil très-long et doux comme celui de la chèvre d'Angora. Ce poil est un peu crépu, et ressemble beaucoup à la laine. Il s'en trouve qui a plus de deux pieds de long. » Dans la seconde édition de son ouvrage, publiée à Bologne en 1810, l'abbé Molina fait remarquer que « cette race se propage constamment en dépit de la différence spécifique qu'on suppose exister entre la chèvre et la brebis. »

Le meilleur moyen de contrôler la portée de cette assertion, vague dans son expression, au point de vue qui nous occupe, et de savoir comment les chabins se propagent *constamment,* c'est d'emprunter à notre savant collègue de la Société d'anthropologie, à M. Broca lui-même, les détails sur l'exploitation commerciale de ces animaux. Leurs peaux, qui font l'objet de cette exploitation, sont connues sous le nom de *pellions*. Ces détails, notre collègue les a recueillis dans des conversations avec M. Claude Gay, de l'institut. M. Broca voulant prouver la fécondité continue de certains hybrides, il n'est pas probable qu'il eût négligé, dans l'exposé qu'il donne de la multiplication des chabins, quelque chose qui pût être en faveur de sa thèse.

« Ceux qui élèvent les chabins, dit-il, ayant principalement en vue d'obtenir de beaux pellions, dirigent dans ce but spécial les croisements du bouc et de la brebis. Les métis de premier

---

1. *Recherches sur l'hybridité*, etc., loc. cit , p. 551.

sang ont les formes de la mère et le pelage du père ; leurs poils sont plus longs, mais presque aussi durs et aussi roides que ceux du bouc ; aussi leurs peaux sont-elles peu estimées. On ne s'attache donc pas à multiplier ces métis, qui sont d'ailleurs parfaitement féconds *entre eux* (où en est la preuve ? M. Broca ne la donne pas ; il reste seulement établi que les Chiliens ne s'attachent pas à les accoupler ensemble). On n'en élève que le nombre nécessaire pour entretenir et régénérer de temps en temps la race issue du second croisement. Les chabins de second sang, qui fournissent les meilleurs pellions, s'obtiennent en croisant avec les brebis les métis mâles de premier sang. Ces chabins de second sang sont indéfiniment féconds *entre eux*, tout permet du moins de le croire (rien ne le prouve cependant, comme on va le voir) ; mais *au bout de* TROIS OU QUATRE GÉNÉRATIONS, *leurs descendants directs subissent une modification* qui en diminue la valeur commerciale ; *leur poil devient plus gros et plus dur, et se rapproche par conséquent de celui des chèvres* (c'est nous qui soulignons ces phrases importantes), chose vraiment bien remarquable (ajoutait notre auteur, peu au courant alors sans doute des faits zootechniques et des lois qui les dominent), puisque ces métis de second sang, un quart chèvre et trois quarts mouton, sont trois fois plus rapprochés du mouton que de la chèvre. Ce qui est plus remarquable encore, c'est que, pour rendre aux générations suivantes la souplesse et la finesse du poil, il faut croiser les femelles de second sang avec les mâles de premier sang : on obtient ainsi un hybride intermédiaire entre les demis et les trois quarts, contenant trois huitièmes de sang de chèvre et cinq huitièmes de sang de mouton, plus éloigné de la brebis que sa mère, et possédant pourtant une toison plus souple et plus douce, dont la supériorité se maintient ensuite pendant plusieurs générations [1]. »

1. *Recherches sur l'hybridité*, etc., loc. cit., p. 553.

A travers les obscurités des calculs de M. Broca sur les mélanges de sang des chabins, un fait ressort considérable d'abord : c'est que les chabins de deuxième croisement ne sont pas doués de la fixité, puisqu'au bout de trois ou quatre générations ils reviennent au type de leur premier père. Quant à la limite de leur fécondité, elle n'est pas déterminée ; et M. Broca n'est nullement autorisé par l'expérience, lorsqu'il ajoute : « Il ressort évidemment de ce qui précède que les chabins sont doués d'une fécondité indéfinie... »

On ne peut point dire que cela ne soit pas ; nul ne le sait, l'expérience n'ayant point été faite, puisque, dans la reproduction de leurs hybrides du second degré, les Chiliens s'arrêtent au plus tard à la quatrième génération ; mais il est encore bien plus interdit de prétendre que cela est. Il est fait vraiment, dans la science, un trop fréquent abus de cette méthode qui consiste à tenir pour vraie une chose qui n'est point démontrée impossible ; et c'est ainsi que toutes les hypothèses trouvent crédit auprès des esprits insuffisamment rigoureux et que les erreurs les plus graves se répandent, propagées ensuite par les écrivains qui les acceptent de confiance, abritées qu'elles sont sous l'autorité de leur premier auteur.

Ce qui est positif, c'est qu'il n'existe pas dans la science un seul fait avéré qui prouve que la fécondité d'aucun hybride soit allée au delà de la quatrième génération. Il s'en produira peut-être ; on doit toujours réserver l'avenir ; mais la science ne se peut baser solidement que sur les faits connus. Et en admettant même que la fécondité dépassât la limite extrême que ces faits lui assignent et qu'elle devînt indéfinie, ces mêmes faits permettent de considérer comme une loi désormais acquise celle qui en ressort d'une manière définitive, à savoir le retour infaillible de l'hybride à l'une ou à l'autre des espèces qui ont concouru à le former. Lors donc qu'il n'est pas complétement infécond dès la première génération et qu'il se reproduit jusqu'à la quatrième, c'est qu'il se rapproche de plus en plus de l'espèce ancienne, pour y retourner définitivement.

L'hybridation, par conséquent, ne peut pas, chez les animaux, être le point de départ d'espèces nouvelles; elle ne peut servir que pour la production d'individus. Elle a sa valeur, et souvent très-grande, à ce point de vue : exemple la production des mulets du genre *Equus*, et aussi celle des chabins, dont nous venons de parler. Elle mérite toute l'attention du zootechniste, en outre, à cause des faits d'hérédité qu'elle met en lumière, aussi bien que celle du naturaliste, pour les raisons sur lesquelles nous avons le plus insisté.

On a fait grand bruit, dans ces derniers temps, à propos de prétendus hybrides de lièvre et de lapin, auxquels M. Broca, dans le travail que nous avons déjà si souvent cité, a fait une notoriété, en les prenant sous sa responsabilité. Les détails extrêmement circonstanciés dans lesquels ce savant était entré sur la production de ces animaux, ne permettaient guère de douter de la réalité du fait, surtout pour ceux qui étaient, comme nous, en mesure de connaître la sincérité de sa parole. Les dates, les précautions prises pour obtenir le croisement des deux espèces, les mœurs de celles-ci dans l'état domestique, jusqu'aux moindres particularités, tout y était. M. Alfred Roux, président de la Société d'agriculture d'Angoulême, était donné comme l'auteur de cette nouvelle création, qui devait doter l'économie publique d'une nouvelle espèce intermédiaire aux deux autres du genre *Lepus*, et différant de chacune d'elles par ses propriétés comestibles. « Les premiers essais de M. Roux, dit M. Broca, remontent à 1847, mais c'est c'est seulement depuis 1850 qu'il est sorti de la période des tâtonnements, et qu'il a donné à ses expériences les proportions d'une exploitation régulière. »

Tant qu'ils demeurèrent dans le domaine de la petite publicité donnée au mémoire qui les contenait, ces détails purent bien soulever des doutes dans l'esprit des naturalistes convaincus que les hybrides ne jouissent pas de la fécondité continue, et que, en tout cas, la fixité des caractères n'est point leur lot; mais ces doutes ne se produisirent pas ostensiblement. Les choses en étaient là lorsque M. Gayot, endossant à son tour la création attribuée à M. Roux, et sans aucune vérification personnelle, fit en confiance une analyse amplifiée du mémoire, sur ce point, dans le *Journal d'agriculture pratique*. L'attention ainsi éveillée, les habitants d'Angoulême furent les premiers surpris d'apprendre qu'un fait si important se produisait depuis plusieurs années chez eux. « Ces résultats sont connus de tous les habitants d'Angoulême, » avait écrit M. Broca. Au moment où notre savant collègue était allé visiter l'habitation de M. Roux, au mois d'octobre 1857, « déjà les léporides avaient fourni, disait-il, six à sept générations, et constituaient une exploitation agricole assez lucrative. Dans le courant de l'année, M. Roux en avait vendu plus d'un millier sur le marché d'Angoulême. »

Ces assertions, reproduites et amplifiées par M. Gayot, émurent, je le répète, les habitants de la ville, bien placés pour être informés. L'un deux, M. P. Boisnard, vétérinaire, écrivit au journal *la Culture* [1] pour les démentir en termes un peu vifs. D'autres personnes opposèrent des dénégations purement théoriques. Une polémique s'ensuivit.

Voyant sa responsabilité ainsi mise en cause, M. Gayot ne se contenta pas de se retrancher derrière l'autorité du savant auquel il avait emprunté ses matériaux pour la rédaction de l'article contesté. Il somma M. Roux de s'expliquer, et fit bien. Celui-ci, mis en demeure, répondit d'une manière évasive. M. Gayot, non satisfait, alla plus loin et fit encore mieux : il interrogea directement M. Roux et obtint enfin de lui l'aveu que le croisement du lièvre avec la lapine, sur lequel il avait

---

1. *La Culture, écho des comices*, etc., t. V, p. 12. Paris, Savy, 1863-1864.

donné à M. Broca des détails minutieux et circonstanciés, n'était point son œuvre, mais bien celle de sa mère.

Cette particularité, que je tiens de la bouche même de M. Gayot, n'a pasencore, que je sache, été publiée. L'honorable hippologue, voulant en avoir le cœur net, a entrepris de tenter lui-même ce croisement, essayé déjà sans succès par M. Broca et par d'autres personnes, notamment dans les environs de Rouen. Il a donc fini par où il aurait peut-être dû commencer. Les faits d'une telle gravité ne peuvent se passer de vérification avant d'être acceptés.

Bien des gens ont été tentés, en présence de cette histoire des léporides d'Angoulême, de l'ajouter, à titre d'épisode, au chapitre des mystifications scientifiques. Le seul tort de M. Broca fut d'accorder une confiance trop aveugle aux assertions de M. Roux, qui, sans aucun doute, n'en avait point compris d'abord la gravité. Par exception, le savant docteur avait fait, dans cette circonstance, trop bon marché de la méthode scientifique, qui ne permet d'admettre que les faits bien et dûment constatés. Les prétendus léporides de M. Roux, auxquels il a donné le baptême et M. Gayot la confirmation, sont aujourd'hui considérés, par tous ceux qui les ont vus et goûtés, comme de simples lapins.

Ce n'est pas à dire que le croisement du lièvre et de la lapine ne puisse avoir lieu. Aucune raison scientifique valable ne s'oppose à ce qu'il soit admis comme possible. Je ne suis pas touché, pour ma part, de celles qui ont été données, notamment du défaut de coïncidence signalé dans les époques du rut. Pour l'état sauvage, cela ne paraît un empêchement capital, mais qui ne saurait valoir pour l'état domestique. On sait trop bien que dans ce dernier cas, rien n'est plus commun que de voir les femelles entrer en rut sous l'influence des sollicitations des mâles avec lesquels elles vivent. Les femelles et les mâles domestiques s'accouplent en toute saison. Ce qui est certain seulement, c'est qu'aucun fait digne de créance ou avéré n'a encore été produit qui prouve l'existence de l'hybride du lièvre et du lapin.

Les expériences qui se poursuivent, quel que doive être leur résultat, offriront toujours un grand intérêt ; car si elles réussissent, elles ne manqueront point de fournir une nouvelle confirmation de la loi en vertu de laquelle les hybrides retournent toujours nécessairement à l'un des types primitifs.

Si les individus dont M. Roux attribue l'origine au croisement avaient eu en réalité cette origine, ils en seraient eux-mêmes une preuve palpable, car leurs caractères typiques, ainsi que je m'en suis personnellement assuré plusieurs fois, sont ceux du *Lepus cuniculus*, c'est-à-dire du lapin. J'ai entendu un illustre savant, M. Chevreul, alors que la Société impériale et centrale d'agriculture de France s'occupait de la question, à propos des communications de M. Gayot, formuler cette pensée que l'examen des poils pourrait fournir un bon élément de détermination, la fourrure du lièvre différant essentiellement, et par un caractère tranché, de celle du lapin. Il y a là, je crois, une erreur qui pourrait conduire, le cas échéant, à des conclusions mal fondées. On sait en effet que, sous l'influence de la domesticité longtemps prolongée, le système pileux des animaux se modifie toujours profondément. Le mouton, par exemple, perd son poil, ou *jarre*, pour n'avoir plus que de la laine, au lieu de conserver à la fois les deux, comme il arrive lorsqu'il n'est l'objet d'aucun soin.

Cette loi du retour des hybrides, loi de la reversion, dont il vient d'être parlé de nouveau, ressort surtout éclatante, des expériences si remarquables et suivies avec tant de soin sur les végétaux, qui sont dues à M. Naudin. Il nous faut à présent résumer les résultats de ces expériences. Ce sera une bonne transition pour arriver à la question du croisement des races ; car si elles ont porté, pour la plupart, sur des espèces végétales bien déterminées et rentrant dans les termes de la définition adoptée en zoologie, plusieurs, que les botanistes qualifient d'espèces, ne sont en réalité, d'après cette définition, que des variétés, ou des races véritables.

Quoi qu'il en soit, dès qu'il ne s'agit que de la fixité des caractères obtenus par le croisement, espèce, variété ou race, peu importe. C'est toujours la même loi qui est en jeu, et, pour ne le point apercevoir, il faudrait méconnaître les plus simples éléments de l'analyse expérimentale. M. Naudin et tous les savants qui accordent à ses travaux l'importance qui leur est due ne s'y sont pas trompés.

M. Naudin a suivi, pendant une dizaine d'années, au Muséum d'histoire naturelle, les générations successives de tous les hybrides végétaux féconds qu'il a pu obtenir. « A partir de la seconde génération, dit-il dans son mémoire couronné par l'Académie des sciences, en 1862, la physionomie des hybrides se modifie de la manière la plus remarquable. Dans bien des cas, à l'uniformité si parfaite de la première génération succède une bigarrure de formes, les unes se rapprochant du type spécifique du père, les autres de celui de la mère, quelques-unes rentrant subitement dans l'un ou dans l'autre. D'autres fois, cet acheminement vers les types producteurs se fait par degrés et lentement, et quelquefois on voit toute la collection des hybrides incliner du même côté. C'est qu'effectivement c'est à la seconde génération que, dans la grande majorité des cas (et peut-être dans tous), commence cette dissolution des formes hybrides, entrevue déjà par beaucoup d'observateurs, mise en doute par d'autres, et qui me paraît aujourd'hui hors de toute contestation. »

Ce retour brusque, dans les expériences de M. Naudin, s'est surtout manifesté pour les *Primevères*, les *Pétunias*, le *Linaria purpureo vulgaris*, qui semblent être plutôt des variétés ou races, que de véritables espèces. Il se fait souvent par gradations insensibles ; mais « ce que je puis affirmer, ajoute le savant botaniste, c'est qu'aucun des hybrides que j'ai observés n'a manifesté la moindre tendance à faire souche d'espèce. »

Et plus loin : « Ce qui est démontré ici, c'est qu'au moins dans les troisième, quatrième et cinquième générations, les formes hybrides n'ont rien de fixe et qu'elles se modifient d'une génération à l'autre, dans le sens des types spécifiques qui les ont produits. »

Dans des communications ultérieures, M. Naudin a ajouté de nouveaux faits à l'appui de ces conclusions. Ceux-ci sont relatifs à des croisements opérés entre les *Datura lævis*, *ferox*, *stramonium*, *quercifolia*, *tatula*. Les botanistes considèrent ces plantes comme appartenant à un « groupe sous-générique, » ce qui veut dire, si je ne me trompe, que chacune représente une véritable race de ce que nous appellerions, en zoologie, l'espèce *Datura*, si le *datura*, au lieu d'être une plante, était un animal.

Les individus de ce groupe se répartissent en deux séries : l'une, comprenant ceux qui ont les tiges vertes et les fleurs blanches, embrasse les *D. stramonium*, *lævis* et *ferox* ; l'autre, dont les tiges sont plus ou moins brunes ou pourpre-noir et les fleurs violettes, comprend les *D. tatula* et *quercifolia*, ainsi que quelques autres non désignés.

Des fécondations opérées entre ces diverses plantes ont donné des graines à l'aide desquelles M. Naudin a pu élever en 1863 un nombre total de cent trente hybrides ou métis, suivant l'interprétation, issus des mêmes parents, ayant alternativement rempli les rôles de père et de mère, et différant « étrangement » des deux espèces auxquelles ils devaient le jour. « Ce n'étaient ni la taille, ni le port, ni les fleurs, ni les fruits de ces dernières ; ce n'était même rien d'intermédiaire entre leurs formes si connues et si tranchées. » Issus d'individus de la série blanche, ils auraient dû être classés dans la violette, car tous avaient les fleurs de cette couleur et les tiges brunes. La même expérience, renouvelée en 1864, produisit les mêmes résultats. En se tenant là, on eût donc pu les considérer comme appartenant à une espèce nouvelle.

M. Naudin explique le fait de la coloration violette par l'existence de cette même coloration dans la tigelle de l'espèce pure, au moment de la germination. Les graines de ces hybrides ou de ces métis, semées au printemps de 1864 en deux lots, ont donné l'exemple d'une variabilité qui est telle, dit M. Naudin, que « sur les quarante-cinq plantes qui composent les deux lots, on n'en trouverait pas deux qui se ressemblassent exactement. » Après avoir donné leurs caractères différentiels de port, de couleur, de fruit, etc., il ajoute : « En somme, les quarante-cinq plantes des deux lots constituent, pour ainsi dire, autant de variétés individuelles, comme si, le lien qui devait les ratta-cher aux types spécifiques s'étant rompu, leur végétation s'était égarée dans toutes les directions. C'est ce que j'appelle la *varia-tion désordonnée*..... »

M. Decaisne a été témoin de tous ces faits. De son côté, il a obtenu des résultats analogues ou identiques dans des se-mis de diverses variétés de poires. Les sujets auxquels ces semis ont donné naissance n'ont jamais reproduit exactement des fruits ayant les mêmes caractères que ceux d'où les pepins semés provenaient. Et aux observations déjà citées des deux savants botanistes, M. Naudin en joint beaucoup d'autres qu'il serait superflu de rapporter ici, celles qui précèdent me parais-sant plus que suffisantes pour établir la généralité de la loi.

« J'ignore, dit M. Naudin, en terminant son dernier mémoire, si des faits analogues à ceux que je viens de rapporter ont été observés dans le règne animal, mais je ne serais pas surpris si l'on venait un jour à reconnaître que, là aussi, les croisements entre races caractérisées sont une cause de variabilité tout in-dividuelle, et qu'ils sont impuissants à créer de nouvelles races, c'est-à-dire des agrégations uniformes et capables de durer indéfiniment. Il ne serait certainement pas sans intérêt d'exa-miner si, en s'alliant les unes aux autres, les races bien distinc-tes se fondent en une nouvelle race mixte, mais homogène, ou si, comme chez les plantes, le croisement a pour effet de diver-sifier à l'infini les physionomies et les tempéraments. Mais c'est là un sujet qui n'est plus de ma compétence, et que j'ai hâte de laisser aux zootechnistes de profession [1]. »

On sait maintenant ce que les faits connus permettent de dire, quant aux hybrides animaux, sur le fondement de cette vue de M. Naudin. Il n'est pas douteux que les choses se passent, dans le règne animal, comme dans le règne végétal. L'hybridité ne peut pas plus être souche d'espèce nouvelle dans l'un que dans l'autre. Nous verrons plus loin ce qu'il en est relativement aux métis, et si les croisements entre races caractérisées peuvent créer de nouvelles races, c'est-à-dire des agrégations uniformes et capables de durer indéfiniment, suivant les expressions excellentes de M. Naudin, que l'on doit signaler à l'attention de ceux qui résolvent la question ainsi posée par l'affirmative.

Croisement des races. — Il n'est plus nécessaire aujourd'hui d'examiner la thèse formulée d'abord par Buffon, puis chaudement défendue par Bourgelat et les naturalistes de son temps, à savoir que les races ont une tendance naturelle *à dégénérer* et que le moyen d'arrêter leur *dégénération* (c'était le mot adopté) consiste à les croiser constamment entre elles, et particulièrement celles du Nord avec celles du Midi. J.-B. Huzard est un des premiers, sinon même tout à fait le premier, parmi les naturalistes de ce siècle, qui se soit élevé contre cette thèse. Le croisement des races, a-t-il dit, ne les conserve pas, il les *dénature* au contraire. Et J.-B. Huzard avait vu juste en cela, ainsi que nous sommes en mesure maintenant de le démontrer. Mais il n'en est pas moins vrai que l'honneur de la démonstration revient à l'école zootechnique actuelle, qui, reprenant pour son compte la proposition de l'illustre vétérinaire, l'a exprimée par cet aphorisme plus précis : « Le croisement ne forme pas les races, il les *détruit*. »

---

1. *Comptes rendus hebdomadaires des séances de l'Académie des sciences*, t. LIX, p. 845.

Même pour les auteurs qui contestent l'exactitude de cet aphorisme, — et il en reste encore quelques-uns, — il ne s'agit
point en effet de revenir à la thèse de Buffon et de Bourgelat.
Buffon, du reste, l'avait pour son compte en grande partie
abandonnée. On trouve dans ses œuvres plus d'un passage qui
permet de le penser. Quoi qu'il en soit, ce que nos contradicteurs soutiennent, ce n'est pas que le croisement empêche les
races de dégénérer, c'est qu'il a la puissance de créer des races
nouvelles. Et c'est cette puissance que l'école zootechnique
lui conteste absolument. Là est donc le seul point sur lequel
doive porter la discussion, la thèse ci-dessus n'appartenant plus
qu'à l'histoire.

Écartons d'abord un argument puéril, invoqué souvent dans
les polémiques auxquelles la question a donné lieu.

Pour preuve de la puissance du croisement à former des races,
on a invoqué avec une grande légèreté l'exemple des substitutions opérées à son aide par une sorte d'absorption de la race
croisée dans la race croisante. Ce n'est évidemment pas de cela
qu'il s'agit. Dans les opérations de ce genre, que nous allons
voir tout à l'heure, la race croisée disparaît, elle est détruite,
comme nous le disons, et il ne s'en forme point de nouvelle,
puisque c'est la race croisante qui prend sa place. L'aphorisme, dans ce cas, reçoit au contraire sa plus complète confirmation.

Nous avons donc raison de qualifier l'argument de puéril.
Le seul qui serait valable, c'est celui qui établirait que des
individus croisés, des métis, ayant des caractères distincts et
intermédiaires entre ceux des deux races qui ont servi pour les
former, peuvent arriver à la fixité et à se reproduire indéfiniment entre eux avec ces caractères.

Nous avons vu que cette faculté est absolument refusée aux
hybrides, même à ceux qui sont féconds et dont la limite de
fécondité n'a pas encore pu être déterminée positivement par
l'expérience. Nous avons vu que dans tous les cas, sans excep-

tion, la tendance au retour vers l'une des deux espèces mères
se manifeste bien avant que la fécondité soit épuisée. Nous verrons plus loin que cette tendance est encore bien plus évidente chez les métis. Ici, la fécondité continue, et surtout
l'exploitation industrielle de certaines qualités de ces métis, ont
permis de pousser l'observation aussi loin que possible et d'arriver à une solution qui ne peut plus laisser aucun doute
dans les esprits bien édifiés sur l'exacte définition de la
race.

Au double titre de sa valeur démonstrative pour l'histoire naturelle et de son utilité économique, l'opération de la reproduction des métis, appelée métissage dans la langue zootechnique,
veut qu'on lui consacre un chapitre spécial. En ce moment,
occupons-nous seulement du croisement des races et de l'influence qu'il peut avoir dans la production du bétail. Nous avons
assez déblayé le terrain pour qu'il ne soit plus utile de nous
placer au point de vue du pur sang et de son action régénératrice sur les races. Cette métaphysique ne peut plus désormais
embarrasser notre marche. Nous poursuivons celle-ci dans le
champ plus solide de la physiologie expérimentale et nous ne
raisonnons que sur des réalités.

Le produit de deux races, comme celui de deux espèces, est
ordinairement, à la première génération, un individu qui représente à peu près la moyenne des caractères de ses procréateurs.
Nous l'avons déjà vu en nous occupant de l'hérédité. Cela n'est
pas absolu, sans doute, et dépend de plusieurs circonstances,
dont les principales sont relatives à la puissance héréditaire de
chacun d'eux, à leur force d'atavisme. Mais, pour simplifier, on
peut partir de ce point pour étudier la question du croisement.
Il faut admettre aussi, en thèse générale, après cela, que les
caractères du métis sont en rapport avec le degré de croisement,
c'est-à-dire qu'ils se rapprochent d'autant plus de ceux de l'une
ou de l'autre des deux races croisées, qu'elle est intervenue
pour une plus forte part dans les générations opérées. Et nous

savons maintenant que le rapprochement peut aller jusqu'à l'identité.

Pour le croisement des espèces, cela a été démontré, notamment par les expériences de M. Flourens. On sait qu'à la quatrième génération, au plus tard, il n'y a plus d'hybrides. A plus forte raison ne doit-il plus y avoir de métis. Les croisements si nombreux qui ont été opérés entre les races, dans un but industriel, l'ont prouvé surabondamment. Et seule l'idée préconçue du dogme immuable du pur sang qui, suivant le plus autorisé de ses grands prêtres, — « doit être considéré en dehors de la forme qui le contient, » — seule, cette idée contradictoire à toute saine notion de physiologie a pu empêcher d'apercevoir un fait pourtant si évident. Néanmoins, beaucoup de praticiens ayant écrit sur le bétail ont observé le fait, et en recommandant ce qu'ils ont appelé le croisement de progression, ils se sont montrés convaincus que ce procédé zootechnique pourrait suffire pour substituer une race à une autre race, par voie de génération.

Comme méthode zootechnique, le croisement des races peut donc être employé de deux façons. A cet égard il n'y a point de dissidence, si ce n'est avec les rares partisans du pur sang de l'espèce chevaline, pour le motif que nous avons dit au commencement de ce chapitre, en exposant leur hypothèse de l'inviolabilité de ce pur sang dogmatique. Il n'y a pas lieu, je pense, de nous y arrêter davantage. Sauf l'interprétation, tout le monde, à part ceux-là, se basant sur l'observation, admet que le croisement des races peut conduire à deux buts distincts.

Ou bien il a pour résultat de faire disparaître la race croisée dans la race croisante, en accouplant constamment et indéfiniment les femelles métisses à divers degrés avec des mâles de cette dernière : c'est ce que l'on appelle le *croisement continu*, qui a été appelé aussi croisement de progression. Dans ce cas, les produits de la quatrième génération peuvent être, en général, considérés comme purs, car ils ne présentent plus, ainsi que nous l'avons vu pour les hybrides sur lesquels des expériences rigoureuses ont été suivies, aucun des caractères essentiels de la race croisée.

Cela, sans doute, souffre des exceptions individuelles, dues à l'influence de l'atavisme de cette même race croisée, mais n'infirme point la généralité du fait et peut être négligé.

Ou enfin le croisement des races peut avoir pour objet la production de métis à divers degrés, valant individuellement pour le but industriel qu'ils ont à atteindre et que les conditions économiques permettent de déterminer. Son effet, dans ces conditions, est de se plier parfaitement aux nécessités de la situation agricole, de faire obtenir des consommateurs de fourrages dont les aptitudes soient en rapport exact, tout à la fois, avec les ressources et avec les débouchés, rapport qui ne pourrait exister ni avec la race locale, ni avec celle qui sert pour son croisement.

Celui-ci est dans le cas une opération difficile, délicate, qui exige de l'éleveur une grande sagacité, une attention soutenue pour se maintenir toujours au niveau des conditions multiples dont le succès dépend, ni en deçà, ni au delà ; mais de nombreux faits sont venus prouver, en Angleterre et en France, en Angleterre surtout, que ce mode d'emploi du croisement avait un rôle important à jouer dans la production du bétail pour la consommation.

Marchant de front toujours avec l'amélioration des races par la sélection absolue et la gymnastique fonctionnelle, excellente pour en tirer, au besoin, des profits immédiats plus élevés, en attendant qu'elles aient atteint le summum de leurs aptitudes, la production des métis, sorte de fabrication industrielle de machines à transformer les fourrages en matières de consommation courante et en engrais, est un agent puissant de l'extension du progrès agricole. A ce titre, il n'est aucun zootechniste éclairé qui ne se soit déclaré partisan du croise-

ment des races. La discussion n'a pu porter que sur l'oportunité
de son emploi. On n'a jamais contesté que les doctrines de ceux
qui le préconisent aveuglément et d'une manière absolue, à un
unique point de vue et au mépris tout à la fois des lois de l'économie rurale et de celles de l'économie publique en général.

Nous reviendrons tout à l'heure sur cette utopie. Examinons
d'abord le premier mode de croisement indiqué plus haut, en
déterminant les circonstances de son usage utile, et en nous
appuyant pour cela sur des exemples.

En économie rurale pas plus qu'ailleurs, le progrès ne se
réalise guère tout d'une pièce. Sa réalisation, au reste, rencontre
des obstacles de plus d'un genre. On ne songe point, en particulier, à remplacer la race de bétail adoptée dans une ferme
ou dans une exploitation quelconque, à moins qu'elle ne réponde
plus, par ses aptitudes, aux conditions que les progrès de la
culture ont amenées, ou tout au moins à celles qui sont offertes
par le débouché.

Pour un certain nombre de cas, le choix d'une nouvelle
race peut ne pas présenter des difficultés sérieuses, à cause
des moyens que l'on a de se procurer dans son voisinage les
sujets en nombre suffisant pour renouveler tout entière la
partie du cheptel vivant afférente à l'espèce dont il s'agit. La
différence de prix peut, dans cette circonstance, n'être pas au-
dessus des facultés de l'éleveur. Dans les exploitations conduites
avec un gros fonds de roulement, la chose va de soi. C'est ainsi
que se sont constitués chez nous, notamment, les quelques beaux
troupeaux de moutons southdown que nous avons, ceux de
M. de Bouillé, de la ferme impériale de Vincennes, etc. C'est ainsi
que la France a été dotée du troupeau mérinos de Rambouillet,
de la vacherie de courtes-cornes, appartenant à l'Etat. Mais
ces importations en masse d'animaux mâles et femelles provenant de l'étranger ou chèrement achetés à l'intérieur, ne sont
pas à la portée de tout le monde ; et quand même il n'y aurait
point d'autres motifs pour s'en abstenir, l'absence des capitaux

nécessaires en serait un suffisant pour la plupart des agriculteurs ou éleveurs.

Telle est la situation qui commande d'arriver au résultat par
des moyens moins prompts mais plus pratiques, en se contentant
d'acheter des mâles ou des étalons de la race que l'on veut
introduire, pour les employer au croisement continu de celle
qu'il s'agit de remplacer. C'est en procédant de cette façon que
la plupart de nos régions à moutons ont été peuplées de mérinos,
ainsi que celles de plusieurs États de l'autre côté du Rhin. S'il
avait fallu aller chercher en Espagne toutes les brebis nécessaires à ce peuplement, et aussi même tous les béliers, nul
doute qu'il ne se fût jamais accompli. La tâche de notre Tessier,
pour constituer le premier noyau du troupeau de Rambouillet,
a été assez rude, bien qu'il eût l'aide de Gilbert et de Daubenton,
pour qu'on n'y pût point songer. De Rambouillet sont partis ensuite des reproducteurs mâles, dont l'influence continue a trans-
formé les races ovines indigènes en mérinos, partout où le croisement a été poussé assez loin. Quelques races, qui n'en reçurent
que des atteintes insuffisantes, sont revenues à leur type primitif, mais en conservant toutefois dans leurs toisons l'empreinte
indélébile du caractère mérinos, phénomène curieux d'hérédité
sur lequel nous aurons occasion de revenir.

L'histoire de l'introduction du mérinos en France et en Allemagne, dont nous négligerons les détails anecdotiques pour
nous en tenir au grand fait qui nous occupe, cette histoire
fournit la preuve la plus frappante de la portée et de l'utilité
que peut avoir le procédé de croisement que nous étudions en
ce moment. L'*Instruction pour les bergers et les propriétaires
de troupeaux*, de Daubenton; l'*Instruction sur les bêtes à
laine*, de Tessier; les *Instructions sur les moyens les plus
propres à assurer la propagation des bêtes à laine d'Espagne*,
de Gilbert; tous ces écrits, dont les titres presque identiques
étaient dans le goût du temps et se sentaient par là de la période révolutionnaire, n'ont pas eu d'autre objet que de recom-

mander et d'exposer la méthode du croisement continu.

Sur la foi de leur origine, on considère encore assez généralement les moutons à laine fine, ceux de la Beauce notamment,
comme des métis mérinos. On serait bien embarrassé cependant
s'il fallait distinguer leurs caractères typiques de ceux de la souche espagnole d'où ils proviennent; car la seule différence qu'ils
présentent avec les purs mérinos de Rambouillet ne porte que
sur les caractères secondaires, dépendant des conditions de
milieu moins bonnes dans lesquelles ils ont été produits et
élevés.

L'efficacité du croisement, pour substituer avec le temps
les caractères typiques et les caractères secondaires de la race
mérine, a été si évidente en Saxe, notamment, où se produisent les belles laines dites électorales, qu'elle a servi de base à
la doctrine zootechnique qui règne outre-Rhin, et dont Au-
guste de Weckherlin est le représentant le plus autorisé. Purement empirique, mais basée sur une observation judicieuse,
cette doctrine ne vaut que pour le cas particulier auquel elle
s'applique. Les faits qui ont servi à l'établir n'en ont pas moins
une très-grande valeur. Ils ont fourni, entre autres choses
considérables, des preuves non équivoques de la puissance de
l'atavisme, manifestée par ces phénomènes accidentels de retour au lainage indigène, que les Allemands ont appelés des
coups en arrière. Ces phénomènes d'atavisme, d'une importance capitale dans la question de la reproduction des métis
entre eux, ainsi que nous le verrons plus loin, sont sans importance ici, où il ne s'agit que d'établir le fait de l'absorption
d'un type par le croisement continu de ce type avec un autre
qui demeure lui-même immuable. Dans ce dernier cas, il suffit
qu'ils soient très-exceptionnels pour être négligeables. C'est
quand ils sont la règle qu'il devient seulement urgent de les
considérer.

Posant des principes généraux, nous n'avons pas à déterminer les circonstances particulières où l'emploi du croisement

continu pourrait être actuellement nécessaire ou utile. Il suffit
d'en exposer le mode d'exécution. Du reste, ce mode peut fort
bien être envisagé comme une sorte de couronnement de celui
que nous appelons croisement industriel, et dont le but est la
production de métis uniquement propres à la consommation,
dans l'ordre des fonctions économiques qui leur appartiennent.
Le degré de croisement, dans ce cas, est subordonné aux aptitudes nécessaires pour correspondre exactement à ces fonctions, et surtout aux conditions faites par la situation agricole.
Les produits représentent une partie plus ou moins forte des
aptitudes de leur père. A mesure que la situation s'améliore,
cette partie peut s'élever jusqu'à devenir le tout, et les métis
arriver, par degrés successifs, au point qui caractérise la pureté, par élimination des caractères de la souche maternelle.
On passe ainsi, par des transitions économiques ménagées, du
croisement industriel au croisement continu. Rien ne s'y oppose, et c'est ce qui est commandé lorsque, pour les races de
boucherie spécialisées, par exemple, les améliorations agricoles
d'où résulte une production plus considérable de nourriture
pour le bétail, marchent plus vite que le développement des
aptitudes par la sélection.

Mais, encore un coup, les opérations de ce genre sont
seulement à la portée des éleveurs habiles, rompus à toutes
les exigences d'une exploitation industrielle de la terre et du
bétail. Au point de vue purement zootechnique, elles comportent une combinaison attentive des procédés divers de la gymnastique fonctionnelle, de la sélection relative et du croisement,
toutes choses qui nécessitent une instruction complète et une
habileté pratique consommée. Le plus habituellement, à
l'heure présente, les éleveurs qui réalisent ces conditions s'en
tiennent à la production des premiers métis. On peut citer,
entre autres, M. le marquis de Dampierre en Saintonge, M. de
Béhague en Sologne, M. le comte de Kergorlay en Normandie.
Cependant, il en est d'autres qui vont plus loin, sur l'espèce

bovine principalement ; et de ce nombre sont M. le comte de
Falloux, M. Tiersonnier, M. le comte de Bouillé, M. Gernigon,
M. le marquis de Torcy, etc., dont les durham-manceau,
durham-charolais et durham-cotentin sont bien connus, surtout par les succès qu'ils leur ont valus au concours de Poissy.

C'est dans les concours de ce genre et sur les marchés d'approvisionnement pour la consommation, en effet, qu'il faut
juger les métis à divers degrés. Le mode de croisement qui les
produit, considéré au point de vue des principes généraux de
la zootechnie, n'est économiquement propre qu'à leur fabrication comme objets de vente courante. Et l'on n'est pas dans la
vérité lorsqu'on présente l'école zootechnique comme opposée
d'une manière absolue à l'emploi du croisement dans la production du bétail. Aucun de ses représentants, ni Baudement, ni M. le professeur Tisserant, ni nous-même, ni personne
parmi les éleveurs distingués qui ont adopté les principes que
nous soutenons, n'a jamais rien prétendu de pareil.

Une confusion d'idées et de termes peut seule expliquer la méprise dans laquelle les adversaires de l'école tombent à cet
égard. Ce que nous contestons, c'est que le croisement puisse
servir pour l'amélioration des races existantes ou pour la création de races nouvelles. Et je crois avoir, pour mon compte, mis
hors de doute, par tous les enseignements de l'expérience
et de l'observation, le bien fondé de la contestation. Le croisement, s'il n'est pas poussé jusqu'au point où l'influence de la
race croisante domine et donne des produits ayant tous les caractères de la pureté de cette race, le croisement, hors ce cas,
ne donne que des métis, c'est-à-dire des individus n'ayant
aucune fixité, aucune puissance héréditaire déterminée, par
conséquent impropre à des opérations régulières de reproduction. Ces métis, comme reproducteurs, peuvent être un pis-
aller; leur emploi ne saurait jamais, en principe, être recommandé comme préférable ou même seulement comme équivalant
à celui des individus purs.

Voilà ce que nous soutenons et ce que signifie la formule adoptée, au sujet du croisement, par l'école zootechnique. Et il faut bien faire remarquer, à ce popos, que ceux qui ont combattu cette formule et qui la combattent encore ne l'ont point entendue et ne l'entendent point clairement. Ils confondent d'ailleurs, le plus souvent, le croisement avec le métissage et ils vont même jusqu'à contester l'utilité de la distinction établie entre les deux modes de reproduction, distinction basée pourtant sur la réalité des faits, ainsi qu'on est en mesure d'en juger par tout ce que nous avons dit précédemment.

Un des plus curieux arguments qui aient été opposés aux principes d'après lesquels l'école zootechnique considère le rôle du croisement comme moyen industriel de produire des individus propres à la consommation, c'est celui qui consiste à prétendre que ce moyen se heurte nécessairement à une impossibilité pratique. Il en serait ainsi, a-t-on dit, parce que, à un moment donné, la race à croiser serait nécessairement absorbée dans la race croisante. Nous avons vu que l'absorption est en effet chose possible, et que c'est là un des modes du croisement. Mais on a peine à comprendre que des hommes éclairés aient pu s'arrêter à une telle argumentation. Il suffirait, pour la réfuter, de se borner à faire remarquer que ce qui est ainsi déclaré impossible se pratique depuis assez longtemps avec succès, notamment par les éleveurs dont nous avons cité les noms plus haut. Mais au lieu d'une opération réalisée, s'agit-il de quelque chose qui fût encore à l'état purement théorique, on n'en serait point plus embarrassé pour montrer le peu de fondement de la contestation.

Sans doute, si l'on consentait à supposer que toutes les femelles d'une race fussent à la fois livrées au croisement et qu'elles dussent ainsi, à un moment donné, être remplacées, pour la reproduction, par des premières métisses, lesquelles, à leur tour, devraient faire place à des deuxièmes métisses, et ainsi de suite ; sans doute, dans ce cas, l'argumentation serait juste:

la race croisée devrait, comme on l'a dit, disparaître dans la race croisante, et il ne serait plus possible de comprendre la possibilité pratique de l'industrie de la production des métis à des degrés déterminés. C'est ainsi que les choses se sont passées lors de l'extension du mérinos, et c'est ainsi qu'elles doivent se passer toutes les fois qu'il s'agit d'implanter une race nouvelle dans un pays sans importer des femelles de cette race. Telle est l'opération que nous avons appelée croisement continu, et que nos devanciers exprimaient lorsqu'ils parlaient de former des troupeaux de progression.

Mais ne sait-on pas que dans l'économie agricole, comme dans l'économie industrielle, le travail se divise, pour suivre sa loi, et que sans qu'il soit besoin de s'occuper soi-même d'élever les femelles de la race locale nécessaires pour la fabrication des premiers métis, il suffit que ces femelles soit demandées pour qu'il se trouve quelqu'un intéressé à les produire ? En vérité, on a peine à comprendre que des objections du genre de celle qui est ici discutée aient besoin de réfutation. Il est de la logique la plus élémentaire que le progrès soit par essence exceptionnel. On ne manquera donc jamais de sujets pour les croiser avec ceux qui seront plus avancés dans la voie de l'amélioration. Du reste, la sélection absolue, dans la plupart de nos races, étant posée en principe par tous les enseignements vraiment scientifiques de la zootechnie, le croisement industriel dont nous parlons ne peut que marcher de front avec elle et sans que les moules qui lui sont nécessaires soient jamais brisés.

Quiconque réfléchit aux conditions normales de la production animale, dans les situations si diverses de notre économie rurale, ne peut que considérer comme purement chimérique l'argumentation que nous avons pris la peine d'examiner, par égard seulement pour l'autorité de celui qui l'a opposée à l'aphorisme de l'école zootechnique relatif au croisement. On aurait pu, ainsi que je l'ai déjà dit, se contenter de citer l'exemple de l'Écosse, de l'Angleterre et aussi un peu celui de la France, mais l'exemple des pays d'outre-Manche surtout. Là, bien que la conservation des races dans leur pureté soit érigée en point de doctrine absolu, cela n'empêche pas que le croisement de ces races entre elles, pour la fabrication des animaux destinés aux marchés d'approvisionnement de la viande, s'effectue sur une très-grande échelle. On compte toujours une proportion considérable d'animaux croisés, venus à Smithfield de toutes les parties de l'Angleterre, et cela n'empêche pas les magnifiques races de ce pays de se conserver intactes. Les comtés de Lincoln et de Leicester, qui élèvent le plus de courtes-cornes, notamment, sont aussi ceux qui fournissent à la consommation de Londres la plus forte proportion d'animaux issus de croisements.

La production des métis, pour leur valeur individuelle de consommateurs de fourrages plus avantageux que ceux de la race locale en voie d'amélioration, est donc l'application d'un procédé zootechnique parfaitement possible et rationnel. Ce procédé n'a rien de commun, il est vrai, avec l'amélioration de cette même race, ni avec la création d'une race nouvelle quelconque ; mais il n'en a pas moins sa valeur propre, sur laquelle il importe seulement de ne point s'abuser. C'est un des modes d'application de la méthode zootechnique du croisement, dont les limites sont déterminées. Il n'a pas toujours été compris par ceux qui l'ont combattu, ni même par ceux qui le recommandent avec le plus de chaleur, en ce sens que ces derniers dépassent habituellement son but et sa puissance, placés qu'ils sont à un point de vue absolu, tandis que la portée de ce mode de croisement est essentiellement relative. Ce n'est point une raison pour que l'exploitation économique des produits métis comme marchandise de vente courante n'ait pas sa place dans l'industrie rurale. Je crois avoir à cet égard posé les vrais principes ; et quand nous en serons aux applications, il nous sera facile d'indiquer les cas particuliers où, dans notre pays, il peut être avantageux d'en faire usage.

En résumé, la méthode du croisement comporte deux procédés, également applicables lorsqu'il s'agit des races, et dont le but est différent. Le premier, qui est le *croisement continu*, conduit à l'absorption de la race croisée dans la race croisante; le second, que j'ai proposé d'appeler *croisement industriel*, donne des métis dont la valeur est purement individuelle et qui ne sont pas destinés à se reproduire, une fois qu'ils ont atteint le degré d'aptitude correspondant à leur fonction économique.

Ce dernier procédé est le seul, par la nature même des choses, qui puisse s'appliquer à l'hybridation ou croisement des espèces. Quant à la reproduction des métis ou des hybrides entre eux, qui est un autre mode de génération, elle a pour la science et pour la pratique à la fois une importance telle, que nous devons, je le répète en terminant, consacrer à l'examen des questions qu'elle soulève un chapitre spécial. Nous en avons posé les bases, par notre revue des faits résultant des expériences sur l'hybridité. Nous n'aurons plus qu'à rechercher si ces bases expérimentales et scientifiques se vérifient dans les pratiques zootechniques des éleveurs, et à marquer les limites utiles de la méthode de multiplication des métis.

CHAPITRE X

—

DU MÉTISSAGE

Définition. — La plupart des auteurs d'ouvrages relatifs à la production du bétail se servent indifféremment des expressions de *croisement* et de *métissage*, pour désigner l'opération qui consiste à obtenir des produits par l'accouplement de deux reproducteurs de race différente, et dont nous venons de nous occuper dans le chapitre précédent. Dans le sens qu'ils accordent à ce mot, le métissage serait donc tout simplement l'opération qui a pour but de produire des métis.

Telle n'est point la signification réelle qu'il a, et qu'il convient de lui conserver, en la précisant mieux qu'elle ne l'a été jusqu'à présent, par une exacte définition.

Le métissage s'entend, non pas de la *production*, mais bien de la *reproduction* des métis. Et pour lui donner une caractéristique qui embrasse tous les cas et soit par conséquent générale, il suffit de dire qu'il y a métissage toutes les fois que dans l'acte de la reproduction le mâle est un métis.

Cette seule circonstance, en effet, suffit pour différencier profondément le métissage du croisement proprement dit. On le comprendra sans peine, si l'on veut bien se souvenir des considérations qui ont été développées au chapitre de l'hérédité, particulièrement de celles qui concernent les phénomènes d'atavisme.

Dans le croisement, chacun des reproducteurs purs intervient avec ses caractères fixes; et si la part qu'il en doit transmettre au produit ne peut être exactement déterminée d'avance quant à sa quantité, du moins le peut-elle être quant à sa qualité.

Dans le métissage, au contraire, nul ne saurait prévoir dans quelle mesure les caractères intermédiaires du métis mâle interviendront dans la constitution du produit. Il s'engage nécessairement une lutte d'atavisme entre les deux races qui ont contribué à former ce métis, et cela ne peut être qu'une source de *variation désordonnée*, suivant l'expression de M. Naudin.

Dès qu'il en est ainsi, — et l'observation attentive le prouve surabondamment, — on voit qu'il n'est pas possible de fonder sur une telle base des opérations régulières, autrement que dans des conditions très-limitées, que nous aurons à indiquer. Le peu de fixité des caractères du métis, qui peut être prévu dès à présent, d'après les résultats des expériences exposées dans le chapitre précédent, entraîne nécessairement le retour à la race qui fournit les femelles, si le mâle est lui-même un métis de cette race; si, au contraire, il lui est complétement étranger par ses deux souches, c'est la variation désordonnée qui se produit, c'est-à-dire un mélange hétérogène des trois types auxquels les individus obtenus ont emprunté leur origine.

Le métissage comporte donc deux cas : celui de la reproduction des métis entre eux et celui de la reproduction d'un mâle métis avec des femelles pures. Dans l'un ou l'autre de ces cas, la méthode zootechnique dont il s'agit peut-elle conduire à la constitution d'un type fixe et déterminé, capable de se reproduire indéfiniment avec ses caractères propres, et tel que les individus qui en dérivent forment une race par leur ensemble? C'est la question qu'il nous faut d'abord résoudre. La solution intéresse autant et plus encore ce qui est appelé la philosophie naturelle que la zootechnie. De cette solution dépend en partie le sort du débat qui divise les naturalistes sur la grosse question de l'origine des espèces; et lorsque nous avons dû toucher en passant à ce débat, au moment où nous définissions l'espèce et la race, j'ai ajourné jusqu'à ce moment la production des preuves.

C'est dans les faits acquis à l'expérience zootechnique que ces preuves peuvent être trouvées. Et c'est bien là, en effet, ainsi que j'ai eu l'occasion de le dire, qu'elles ont été cherchées. En les examinant avec un peu plus de méthode qu'on n'en a mis jusqu'à présent pour les invoquer, j'espère en faire jaillir la vérité, de telle sorte qu'il ne puisse plus rester de doute dans aucun esprit non prévenu.

Nous allons voir que les opérations de métissage effectuées chez les animaux ont depuis longtemps donné satisfaction pleine et entière aux prévisions induites par M. Naudin de ses expériences sur les végétaux.

Puissance héréditaire des métis. — C'est dans l'examen expérimental du degré de la puissance héréditaire des individus métis, qu'il y a lieu de chercher la vérification de la proposition ou de l'aphorisme de l'école zootechnique, précédemment énoncé et relatif à la formation des races nouvelles par le croisement.

Une race nouvelle ne pourrait se constituer qu'à la condition de présenter des caractères typiques nettement définis et différents de ceux qui distinguent les races déjà existantes. Il faudrait, pour cela, que les individus des

deux sexes issus d'un croisement présentassent les caractères
fusionnés de leurs deux types originaires, de manière à ce que
de la fusion résultât un autre type fixe et capable ainsi de se
perpétuer indéfiniment par la seule influence de la génération.

Tel est le caractère de la race.

Et pour que cela fût, il serai absolument nécessaire que les
métis eussent une puissance héréditaire complète, c'est-à-dire
égale pour tous leurs caractères ; qu'ils donnassent en tous points
une vérification entière de la loi des semblables.

Or, c'est précisément ce qui n'est pas, comme nous allons le
voir. Ce que la reproduction de ces individus entre eux met en
évidence, c'est la persistance des types naturels et la loi de
leur conservation infaillible ; par conséquent, notre impuissance
à les faire varier au delà de certaines limites.

C'est dans les écrits de ceux qui ont entrepris de prouver la
mutabilité des espèces et des races, disions-nous à propos
de l'hybridité, qu'il faut surtout aller chercher les bons arguments pour établir le contraire. Les faits qu'ils exposent avec
une grande bonne foi se chargent de démontrer le peu de
fondement de leur hypothèse.

Il en est un, par exemple, dont la signification si nette
n'aurait point dû échapper à leur sagacité. On trouve, di-
sent-ils, sur les bords du Nil, une race de chiens autrefois
soumise à l'homme, maintenant libre et nomade, et « à qui
trente siècles de civilisation, suivis de mille ans de bar-
barie, n'ont fait subir aucun changement. Ces chiens, qu'on
désigne vulgairement sous le nom indien de *parias*, sont
tout à fait semblables à ceux dont les corps embaumés se retrouvent en grand nombre dans les plus anciens tombeaux de
l'Égypte. C'est leur image qui forme le signe unique et inva-
riable du mot *chien* dans toutes les inscriptions hiéroglyphi-
ques [1]. »

_____

[1] P. Broca, *Recherches sur l'hybridité*, etc., loc. cit., p. 414.

Ce type n'était certainement pas le seul qui fût indigène dans ce pays d'antique civilisation. Les formes si caractéristiques du basset et du lévrier sont figurées, notamment, sur le tombeau de Roti, célèbre amateur de chasse qui vivait sous la douzième dynastie, c'est-à-dire plus de deux mille ans avant notre ère. Il est curieux de constater, ajoute seulement l'auteur auquel nous empruntons ce fait, « que le type du lévrier et celui du basset étaient alors aussi distincts, aussi bien caractérisés qu'ils le sont aujourd'hui, et que ces types ont persisté sans altération notable, depuis l'origine des temps historiques, sous les climats les plus divers et dans les conditions les plus changeantes. » L'antiquité du mâtin, dit-il aussi, n'est pas moins respectable, « car ses ancêtres avaient déjà des statues à Babylone et à Ninive, plus de six cents ans avant Jésus-Christ. On voit dans le travail de M. Nott sur l'*Histoire monumentale des chiens* la gravure d'un magnifique bas-relief trouvé dans les ruines de Babylone et sculpté, paraît-il, d'après le dire des archéologues orientalistes, sous le règne de Nabuchodonosor, où se trouve « un superbe mâtin, dont la forme et les proportions, la physionomie et les allures se retrouvent, sans aucune modification, dans la race des mâtins actuels. »

Il est vrai de dire que ces faits si curieux, bien qu'ils se trouvent rapportés dans un ouvrage dont le but essentiel est de démontrer la mutabilité des espèces et des races, sont invoqués pour établir la spécificité des races de chiens, que Buffon a considérées comme dérivant d'un type unique, et à l'encontre de l'opinion qui veut qu'il en soit ainsi des races humaines. Et à ce propos l'auteur s'écrie : « C'est pourtant quelque chose qu'une expérience de quarante siècles, et si, pendant cette longue période, qui embrasse tout le passé connu, certains types sont restés immuables, sur quoi peut-on se baser pour dire qu'auparavant ces types avaient varié? Il ne faut rien moins que le besoin de défendre un système pour égarer des esprits sérieux dans de semblables hypothèses. Dira-t-on que 4,000 ans d'observations sont insuffisants et que ce laps de temps est peu de chose en comparaison des siècles innombrables qui nous séparent de la création? Mais j'entends déjà les théologiens qui se récrient et demandent ce qu'on fait du déluge universel, survenu, comme on sait, 2,348 ans avant la grâce, c'est-à-dire 4,216 ans avant le présent jour de juin 1858, et trois ou quatre siècles à peine avant le célèbre chasseur qui comptait déjà dans sa meute, outre les chiens autochthones de la vallée du Nil, des bassets, des lévriers et des chiens courants. C'est donc pendant ces trois ou quatre siècles que les descendants du chien de Noé ont dû perdre l'uniformité de leur organisation et se diviser en races distinctes, qui depuis lors n'ont plus changé. La chose est difficile à comprendre, et c'est pourquoi bon nombre de naturalistes éminents, il faut bien l'avouer, se sont vus forcés de rejeter la chronologie du peuple juif [1]. »

Cela est parfait; mais le savant anthropologiste ne s'est pas aperçu qu'il fournissait ainsi le plus solide des arguments contre sa thèse principale, et que cet argument retomberait sur lui de tout son poids. Quand on songe, en effet, à cette persistance des types les plus anciennement connus, surtout lorsqu'ils se rapportent aux chiens, dont la promiscuité est proverbiale, comment admettre que le croisement puisse les altérer? Si les hybrides ou les métis pouvaient, en se reproduisant, être, après quelques générations, comme on le prétend, la souche d'espèces ou de races nouvelles, il y a belle heure évidemment que le type des bords du Nil représenté dans l'écriture hiéroglyphique, ceux du tombeau de Roti, et même le mâtin de Ninive et de Babylone auraient disparu pour faire place aux types nouveaux résultant de leurs croisements indiscontinus !

Pour satisfaire leur instinct génésique, les chiens, on le sait

<hr>

[1] P. Broca, loc. cit., p. 447.

bien, ne se préoccupent guère de la sélection absolue. La considération de race ne les arrête nullement. Et pour que le lévrier, le basset, le chien courant du temps de Sésostris, le mâtin du temps de Nabuchodonosor soient venus jusqu'à nous, il est nécessaire qu'une loi naturelle, infaillible, ait présidé à la conservation de leur race. Je ne dis pas de leur espèce, car la fécondité continue des métis qu'ils produisent par leurs croisements prouve que chacun de ces types de chiens n'appartient point à une espèce distincte. Cette loi, c'est précisément celle de la permanence des races, en vertu de laquelle l'atavisme reprend toujours ses droits. C'est elle qui ramène bientôt les métis au type primitif de l'une ou de l'autre des races qui ont concouru à leur formation, et assure ainsi son indéfinie conservation.

L'histoire de la science nous montre l'extinction et la disparition de quelques-uns des types qui ont existé, soit que les conditions de leur existence aient été modifiées par le temps, soit qu'ils aient été absorbés dans un autre par un croisement continu, et cela aussi loin que l'on puisse remonter dans le temps. L'imagination seule en crée de nouveaux et les fait dériver, par voie de mutations successives, de ceux auxquels ils auraient succédé. Le besoin de tout expliquer peut bien faire accepter à cet égard une hypothèse séduisante, mais la science ne saurait être basée solidement que sur l'analyse rigoureuse des faits connus. C'est donc seulement de ces faits qu'il convient de s'occuper.

Laissons de côté ceux de l'antiquité historique et ne parlons pas non plus de ceux des âges paléontologiques, où l'hypothèse a trop de prise. Les arguments de ce genre pourraient paraître seulement spécieux, parce qu'on n'a point sous les yeux les moyens de les vérifier. Occupons-nous des temps modernes et des races que nous observons tous les jours, dans les diverses espèces domestiques. Nous aurons là largement de quoi fournir notre démonstration de l'impuissance des métis à former des races. Il nous suffira pour cela de discuter les arguments fournis en faveur de la thèse contraire.

Les plus nombreux et les plus considérables de ces arguments ont été produits par M. Darwin, dans le livre dont nous avons eu déjà l'occasion de parler. Mais ce qu'on peut dire de moins dur aux partisans de la formation des races par le croisement, qui ont invoqué, à l'appui de leur thèse, l'autorité du savant naturaliste anglais, c'est qu'ils ne l'ont point lu.

M. Darwin, en effet, croit fermement à la production de races et même d'espèces nouvelles, par suite de variabilité naturelle ou artificielle des individus, dont les caractères nouveaux se fixent et se perpétuent par sélection. Nous avons vu ce qu'il en est du fondement de cette croyance, en faveur de laquelle l'auteur a accumulé tant de faits et de raisonnements, qu'une définition exacte de l'espèce et de la race suffit à renverser sans retour. Il n'est pas nécessaire d'y insister de nouveau. Restons dans notre sujet. Pour ce qui est des métis et de leur puissance héréditaire, voici ce qu'en dit textuellement M. Darwin :

« On a souvent répété oiseusement que toutes nos races de chiens ont été produites par le croisement de quelques formes originales ; mais, par le croisement, on peut obtenir seulement des formes en quelque degré intermédiaires entre leurs parents ; et si nous avons recours à un pareil procédé pour expliquer l'origine de nos diverses races domestiques, il faut admettre alors l'existence préalable des formes les plus extrêmes, telles que le lévrier italien, le limier, le boule-dogue, etc., à l'état sauvage. De plus, la possibilité de produire des races distinctes à l'aide de croisements a été beaucoup exagérée. On connaît des faits nombreux montrant qu'une race peut être modifiée par des croisements accidentels, si on prend soin de choisir soigneusement les descendants qui présentent le caractère désiré ; mais qu'on puisse obtenir une race presque intermédiaire entre deux autres très-différentes, j'ai peine à le croire. Sir J. Sebright a fait des expériences expressément dirigées dans ce but, et n'a pu réussir. Les produits du premier croisement entre deux races pures sont en général uniformes et quelquefois parfaitement identiques, ainsi que je l'ai vu pour les pigeons. Les choses semblent donc assez simples jusque-là; mais quand ces produits sont croisés à leur tour les uns avec les autres pendant plusieurs générations, rarement il se trouve deux sujets qui soient semblables, et c'est alors qu'apparaît l'extrême difficulté, ou plutôt l'entière impossibilité de la tâche. Il est certain qu'une race intermédiaire entre deux formes distinctes ne peut être obtenue que par des soins extrêmes et par une sélection longtemps continuée; *encore ne saurais-je trouver un seul cas reconnu où une race permanente se soit formée de cette manière* [1]. »

Il faudrait, on le voit, trop de bonne volonté pour consentir à classer M. Darwin parmi les auteurs qui ne repoussent pas l'idée de constituer des races nouvelles par la reproduction des métis entre eux. S'il fallait donner à ses phrases dubitatives ou conjecturales une signification, en les rapprochant de celle par laquelle se termine la citation que nous venons de faire, on serait forcé de conclure que le naturaliste anglais ne se préoccupe pas de baser ses opinions sur les faits. Il n'y en a pas un seul, en vérité, qui puisse autoriser la conclusion affirmative, ainsi qu'il l'a fort bien dit.

Il sera bon aussi, à cette occasion, de donner sa portée exacte à un aphorisme formulé naguère par M. le professeur Tisserant, avec lequel nous ne saurions être en dissidence au fond, même sur un seul point, du moment que nous sommes d'accord sur les principes fondamentaux de la zootechnie. Voici cet aphorisme, faisant partie de ceux dont son enseignement de l'École vétérinaire de Lyon n'est que le développement :

« Les produits moyens obtenus du croisement de deux races

1. *De l'origine des espèces*, etc.. traduction de Mlle Royer, 1re édition in-18, p. 40, et 2e édit. in-8, p. 28.

peuvent être alliés entre eux, métissés, et devenir la souche d'une sous-race nouvelle, si, dans la formation de celle-ci, on fait intervenir une sélection attentive et un régime convenable [1]. »

L'erreur me paraît être ici dans l'emploi abusif de cette expression de « sous-race, » pour désigner un groupe d'individus ayant un seul de leurs caractères commun, lequel ne peut rien avoir de relatif à la détermination d'un type quelconque de race. L'aphorisme exprime un fait réel, qui se rapporte à la véritable fonction du métissage comme méthode zootechnique ; et il n'est pas possible que M. Tisserant l'entende autrement. Du reste, si, d'après l'énoncé de la proposition précédente, il pouvait rester quelque doute à cet égard, ce que dit ensuite notre savant confrère de la nécessité d'une intervention attentive et d'un régime convenable, pour maintenir les résultats acquis par le métissage, exclut de sa part toute idée de race véritable. « Cette intervention, ajoute-t-il en effet, est rigoureusement nécessaire, en raison de l'*instabilité* des caractères acquis et de la *tendance à s'altérer* que présentent les types secondaires et toujours plus ou moins artificiels provenant d'un premier croisement. »

En retranchant donc l'expression fautive de sous-race, on peut souscrire à la proposition, qui est conforme à la plus rigoureuse observation. Nous n'avons plus à insister sur le vice de cette expression. Nous avons établi que la race, pas plus que l'espèce, ne comporte des degrés. Elle est ou elle n'est pas. Et nous savons aussi que son existence ne peut point être subordonnée à des soins industriels, car elle dépend uniquement d'une loi naturelle. Nous verrons du reste plus loin que M. Tisserant lui-même est de cet avis. Cela est important ; car il ne faut pas que l'autorité du savant professeur puisse être in-

[1] *Journal de médecine vétérinaire*, t. XX, p. 412 ; Lyon, École vétérinaire, 1864.

voquée à l'appui d'une erreur soutenue déjà par d'autres malheureusement trop autorisés.

En abordant ici la discussion directe des arguments produits avec une grande insistance par un ancien maître, pour défendre cette erreur, j'éprouve un certain embarras. Il m'en coûte d'avoir à mettre à nu la fragilité et le peu de consistance de cet amas de contre-vérités scientifiques. Il ne faut rien moins que l'intérêt supérieur de l'économie du bétail, déjà trop envahie par les doctrines zootechniques de pure fantaisie, pour m'y décider. Si je n'avais que les griefs d'attaques personnelles injustes de la part d'un maître dont j'ai toujours discuté les opinions avec la plus grande déférence, quelque singulières qu'elles fussent, cela ne suffirait point. Mais le devoir de mettre en évidence les dangers pratiques d'une doctrine que la science condamne, prime ici toutes les autres considérations.

M. Magne, dont il s'agit, accuse toujours ses contradicteurs de lui prêter, pour les combattre, des opinions qui ne sont pas les siennes. Je n'ai pu échapper, moi non plus, dans d'autres occasions, à ce reproche peu mérité. La reproduction presque infaillible de l'accusation, dans toutes les controverses où l'honorable professeur a été mêlé, tendrait à prouver que ses énoncés ne sont pas toujours clairs, qu'il se contredit souvent lui-même, et que finalement on ne sait pas bien à quoi s'en tenir sur le véritable état de son esprit. Dans la question qui nous occupe, serré par la discussion, il a été un peu moins confus. On sait donc mieux par où le prendre ; et du reste, pour rendre le lecteur juge, je le citerai textuellement.

Ce n'est pas toutefois que ses idées sur cette question soient entièrement nettes, bien qu'il ait formellement déclaré son intention de les « préciser. » Voyez d'abord comment M. Magne comprend que les différents modes d'application du croisement, que nous nous sommes appliqués à bien définir, doivent être entendus : « ... Je ne crois pas, dit-il, qu'il soit convenable de désigner par des dénominations particulières les divers croisements, selon le but que l'on veut atteindre ; d'appeler *croisement* l'opération, quand on voudrait substituer une race à une autre, et *métissage* quand on aurait pour but de créer une race intermédiaire. L'opération est la même, quel que soit le but qu'on se propose d'atteindre, et il n'est pas possible, dans la pratique, de distinguer les degrés des uns et des autres. Ainsi, on a formé avec le sang durham et le sang charolais des métis qui diffèrent à peine de la race française et des métis qui ont la plus grande ressemblance avec le type anglais ; quelques éleveurs en produisent qu'on ne distingue pas de ce type. Dira-t-on qu'on pratique dans le Nivernais deux opérations différentes ? Qu'on indique, dès lors, à quel degré finit le métissage et commence le croisement. » Et plus loin : « Ces distinctions compliqueraient la science sans utilité. Et, pour prouver qu'elles sont inutiles, j'ai rédigé ce travail sans employer une seule fois le mot *métissage*, quoique l'opération dont je m'occupe surtout soit celle qu'on voudrait désigner par ce mot [1]. »

Évidemment, l'auteur n'a que des idées très-confuses sur les distinctions qu'il repousse et qui, suivant lui, compliquent la science. On sait fort bien que ces distinctions, conformes à la réalité des choses, ne s'appuient point du tout, comme il semble le croire, d'après l'exemple cité, sur des degrés dans le croisement. Nous ne reviendrons pas, à cette occasion, sur les définitions que j'ai données et qui sont celles adoptées par l'école zootechnique, parce qu'elles sont l'exacte expression des faits. Il suffit d'y renvoyer. Disons seulement, pour essayer de satisfaire M. Magne, que le croisement ne commence pas où finit le métissage, mais que c'est précisément le contraire qui a lieu. Le métissage, lorsqu'il se pratique, suit le croisement de

<hr>

1. *Bulletin de la Société impériale et centrale vétérinaire*, t. IX, 2ᵉ Série p. 2. Paris, Asselin, 1864.

toute nécessité, puisqu'il ne peut s'effectuer qu'entre métis issus de croisement, ou tout au moins avec des mâles métis.

Ce point vidé, pour montrer la difficulté de la tâche avec un adversaire si peu au courant de la doctrine qu'il combat, voyons à discuter celle qu'il soutient. Ici nous nous trouvons en présence de propositions qui ne comportent pas d'équivoque, si elles sont grandement sujettes à contestation. Elles sont toutes puisées à la source qui vient d'être indiquée. Cela soit entendu, afin de nous éviter la peine de la rappeler pour chacune.

« Le croisement, dit M. Magne, peut être utile pour créer des races qui réunissent à un égal degré les caractères des deux races croisantes. »

Ceci est la thèse qu'il s'agit de démontrer. Comme exemple de sa vérité, l'auteur cite les « *demi-sang* dishley mérinos et la race équestre anglo-française. » Nous les retrouverons plus loin. En attendant qu'il le prouve, M. Magne affirme que les animaux dont il veut parler tiennent à peu près le milieu entre les races qui ont contribué à les former; puis il se pose cette question : « Les races formées par croisement sont-elles fixes? »

Rappelons, avant de passer outre, que, pour être exact, il eût fallu remplacer dans cette dernière phrase le mot de croisement par celui de métissage; mais nous savons que l'auteur s'est appliqué à ne point employer ce dernier mot, sauf à ne pas être clair. Quoi qu'il en soit, c'est la question qu'il veut examiner, et il commence pour cela par définir à sa manière la fixité.

« La *fixité*, la *constance* des races se compose de deux phénomènes ou plutôt de deux qualités, de l'hérédité des caractères et de leur persistance. » C'est fort bien, à cela près de la correction du langage. Les deux phénomènes ou qualités *caractérisent* ou établissent la fixité, en effet, mais ne la *composent* point. « Pour qu'une race soit fixe, il faut que ses caractères *se transmettent* par la génération et qu'ils *se conservent* par l'élevage. »

La dernière condition est de trop, et son énoncé prouve que M. Magne se trompe complétement sur la caractéristique de la race. Les individus d'une race peuvent perdre, sous l'influence de leur mode d'élevage, les caractères économiques dont ils étaient doués, ou en acquérir de nouveaux ; les caractères typiques qui les distinguent, jamais. Ce qui constitue la race, ce sont précisément ces caractères typiques sur lesquels le milieu n'a aucune prise, et qui ne peuvent ni être détruits, ni être modifiés, ni être conservés par « l'élevage. »

Là est toute l'erreur de M. Magne et de ceux qui pensent comme lui sur ce sujet. La fixité de la race s'établit seulement par la transmission héréditaire indéfinie de son type. Les caractères secondaires y sont indifférents, ainsi que nous l'avons vu en analysant les résultats des expériences précises qui ont été faites sur ce sujet. Nous le verrons encore mieux tout à l'heure en passant la revue des faits invoqués à l'appui de la thèse que nous combattons. Il suffit qu'un caractère, quel qu'il soit, ait besoin d'être conservé par l'élevage, c'est-à-dire par la gymnastique fonctionnelle, pour que ce caractère n'ait rien de commun avec les attributs de la race.

Personne n'en a jamais contesté l'hérédité possible et même presque certaine, dans le cas de sélection relative, que M. Magne exprime en disant qu'il « suffit de bien appareiller les reproducteurs, de faire reproduire au besoin les animaux par la consanguinité. » C'est là-dessus précisément que nous basons la méthode zootechnique du métissage et son utilité particulière. Mais pour admettre que cette opération industrielle soit capable de constituer les groupes d'individus qu'elle produit en race véritable, il est absolument nécessaire de méconnaître les premiers éléments de la zoologie. Ainsi que nous le faisions dire plus haut à M. Darwin, on ne saurait « trouver un seul cas reconnu où une race permanente se soit formée de cette manière. »

Mais M. Magne ne s'embarrasse pas de cela. Il est tout le premier à déclarer que la plupart des naturalistes les plus illustres, sinon même tous, se sont prononcés contre l'opinion qu'il soutient. C'est ce qui lui importe peu, vraiment. Il a sur ces choses des principes auxquels la science n'a rien à voir. « Quant aux races, dit-il à quelque endroit du travail que nous examinons, il n'est pas possible d'établir entre les unes ou les autres une distinction rigoureuse, une distinction scientifique. C'est autant par l'aptitude à répondre à des besoins locaux, à des habitudes agricoles, par des dispositions à prospérer sous certains climats, à vivre, à prendre *racine* sur certains sols, que par les caractères zoologiques des animaux, que nous distinguons les races dans les cours de zootechnie et d'économie rurale. — La distinction, du reste, est ici sans importance;... »

En vérité! Dans les cours de M. Magne, sans doute, puisqu'il le dit, mais non pas dans ceux du regretté Baudement, de M. le professeur Tisserant et de quelques autres, qu'il n'est pas besoin de nommer. Dans les cours de zootechnie basés sur la science, on pose en principe, au contraire, que la notion de race est exclusivement du ressort de la zoologie, parce que l'on sait que seuls les caractères zoologiques ont le cachet de la fixité. Or, ainsi que l'a fort bien exprimé M. Tisserant, « la fixité à travers les générations successives est le cachet et le criterium de la race. C'est son être. » Et le même zootechniste ajoute avec raison : « La pureté n'intéresse que son histoire. »

La définition que donne M. Magne, pour les besoins de sa cause, lui est donc personnelle. Prétendre qu'il n'est pas possible d'établir entre les races une distinction rigoureuse, scientifique, c'est soutenir une thèse contre laquelle proteste la pratique la plus vulgaire des éleveurs. Il n'en est aucun qui soit embarrassé pour distinguer un durham d'un hereford ou d'un devon; un parthenais d'un garonnais, d'un charolais, d'un flamand ou d'un cotentin; un southdown d'un new-leicester; un mérinos d'un solognot, etc.

Tout le monde a de ces divers types, ainsi que j'ai déjà eu l'occasion de le faire remarquer, une impression synthétique. Les zootechnistes vraiment dignes de ce nom sont seuls, il est vrai, en mesure d'analyser cette impression et de dire sur quels caractères zoologiques elle est fondée, à ce point qu'il leur suffirait d'observer la tête de ces divers animaux pour en déterminer le type; mais c'est là ce qui ne semble pas avoir occupé l'honorable professeur d'Alfort, qui, dans ces matières, considère la science zoologique comme fort accessoire : ce qui a produit, à double titre, un singulier effet, lorsqu'il a dû défendre devant les maîtres de cette science et les éleveurs les plus éclairés sa thèse de la puissance héréditaire des métis.

Cette thèse n'a pas eu plus de succès devant les anthropologistes, qui n'ont jamais pu comprendre qu'il y eût, pour la détermination et la distinction des races, d'autres caractères plus solides et plus certains que ceux fournis par la configuration du type transmissible indéfiniment par la génération, sachant fort bien que l'accommodation au milieu est le propre de toutes les races, à peu près indistinctement.

J'insiste sur ces principes fondamentaux, parce qu'ils donnent la mesure de l'esprit dans lequel M. Magne a examiné les faits sur lesquels il a voulu établir la formation de races nouvelles par cette opération que nous devons, quoi qu'il en ait, continuer d'appeler métissage.

Il appert clairement que la notion exacte de la race, sa notion zoologique ou scientifique,— la seule qui puisse être vraie, — lui a échappé. Jugez-en : « Au point de vue de la *persistance*, dit-il, nous devons établir une distinction entre les caractères qui sont indépendants du sol, du climat et du régime, et ceux qui sont subordonnés à ces agents hygiéniques. — Les premiers se maintiennent facilement, — de ce nombre sont l'absence ou la présence des cornes, la forme de la tête, la couleur, etc. ; les seconds, — le poids du corps, l'aptitude à prendre la graisse, la finesse, l'ardeur des animaux au travail, — ne persistent que par des soins particuliers. »

Il y a là, dans les détails, plusieurs inexactitudes d'observation.

Ainsi, on comprend mal que la présence des cornes puisse être mise au nombre des caractères persistants, lorsqu'on sait l'histoire de nos races ovines améliorées, laquelle établit que le mérinos lui-même en est facilement privé par la gymnastique fonctionnelle : exemple la tribu soyeuse de Mauchamp, les béliers de M. Noblet, etc. Mais c'est une étrange association d'idées et de mots, celle qui comporte la persistance et les soins particuliers ; et ce serait, au point de vue de la classification, une curieuse race, celle qui aurait besoin, pour se maintenir, de soins particuliers, et une étrange loi naturelle, celle qui dépendrait de nos combinaisons et de notre industrie. La persistance des caractères, dans le seul sens propre de ce mot — nous l'avons déjà répété vingt fois — voilà le véritable attribut de la race ; c'est-à-dire « la fixité à travers les générations successives, » comme dit M. Tisserant, et cela indépendamment de toute intervention de l'homme.

Laissez donc de côté les caractères qui « ne persistent que par des soins particuliers ! » Ils n'ont rien de commun avec la caractéristique de la race. Et vous le reconnaissez vous-même, sans vous en douter, puisque vous ajoutez : « Les caractères qui sont indépendants du régime se conservent toujours, ce qui prouve la puissance de l'hérédité, et ils se conservent souvent seuls, ce qui démontre l'insuffisance des soins hygiéniques donnés aux animaux. »

Voyez l'étrange doctrine ! En vérité, l'on ne peut se dispenser de la qualifier ainsi. M. Magne semble persuadé qu'on avait méconnu jusqu'à ce jour l'influence que le régime exerce sur certaines aptitudes. « On s'attachait, dit-il, exclusivement au volume du corps, à la finesse des tissus, au tempérament, c'est-à-dire à ce qui dépend du climat et d'un régime ; quand on voyait ces caractères disparaître sur les métis, on disait : le croisement ne peut pas former des races. »

Il cite à cet égard les modifications que subissent dans le Perche les poulains venus de la Bretagne, les moutons solognots nés dans les environs de Paris, lesquels conservent leurs pattes et leur tête rousses, la laine raide et les mèches pointues de leur race, mais dont la taille et le poids augmentent considérablement, etc., etc. Ce sont là des faits vulgaires.

Comment se fait-il que M. Magne ait pu écrire, en 1864, que « on avait jusqu'à ce jour négligé de faire ces distinctions? » N'ai-je pas, pour mon compte, bien auparavant, fait remarquer que la petite race ovine du plateau central, à mesure qu'on la considère en se dirigeant de ce plateau vers les régions calcaires du littoral ouest, en passant par la Vienne, la Charente, les Deux-Sèvres et la Charente-Inférieure, acquiert progressivement un plus grand volume, au point de se confondre, sous ce rapport, avec la race poitevine, dont elle ne diffère que par les caractères typiques de sa tête fine et pyramidale, aux arcades orbitaires peu saillantes, aux oreilles droites, tandis que le chanfrein du mouton poitevin est busqué, ses arcades orbitaires saillantes, ses oreilles pendantes, sa tête longue et volumineuse [1]? »

Qu'est-ce que le « volume du corps, » la « finesse des tissus, » le « tempérament, » ont donc de commun avec la caractéristique de la race? Est-ce que, par hasard, il faudrait ranger les sanguins, les bilieux, les obèses, les femmes nerveuses, dans des races à part? Cela est inimaginable. J'ai hâte d'abandonner ces considérations peu sérieuses, et auxquelles je ne me serais certainement pas arrêté, n'était le crédit dont jouit, par sa position, leur auteur, pour examiner les faits sur

1. A. Sanson. *L'Espèce ovine de l'Ouest et son amélioration*, p. 65. Paris, Victor Masson, 1858.

lesquels il appuie sa doctrine et ceux que d'autres ont invoqués pour la soutenir.

« Pour simplifier mon sujet, dit M. Magne, je ne parlerai que de la race dishley-mérinos demi-sang et de la race équestre anglo-française. Ce sont nos deux races métisses les plus intéressantes et celles dont la fixité est la plus contestée. »

Je le crois parbleu bien, et c'est de tout point avec raison.

Quant aux métis de la première catégorie, que l'auteur qualifie de race, il est curieux de voir que dans ses dissertations il ne s'occupe pas un seul instant des caractères sur lesquels il faudrait précisément discuter. Et c'est ici qu'il se montre bien avec cet enchevêtrement d'assertions contradictoires et toutes plus ou moins hasardées, propre à ses écrits.

S'agit-il du manque d'homogénéité des métis anglo-mérinos? il nous parle de la race mérine qui, « malgré l'antiquité de son origine, présente des individus qui pèsent 80 kilogr. et d'autres qui en pèsent à peine 20; des individus pourvus d'énormes cravates et de très-larges fanons, tandis que d'autres ont la peau unie; les cornes sont en spirale très-raccourcie dans quelques béliers et en spirale allongée dans d'autres, et elles manquent quelquefois. »

Rappelons en passant que M. Magne plaçait tout à l'heure la présence ou l'absence des cornes parmi les caractères qui se maintiennent facilement, parce qu'ils sont indépendants « du sol, du climat et du régime. » Mais qu'est-ce que cela prouve pour le type de la race? Le mérinos, avec ou sans cravate, avec ou sans fanon, avec ou sans cornes, en est-il moins un mérinos? Le dishley a-t-il une cravate, un fanon, des cornes? Pourtant, ce n'est pas un mérinos. Pourquoi? Il pèse souvent 80 kilogr. Bien d'autres n'en pèsent que 20. Pourtant ce ne sont pas des mérinos. Pourquoi, encore une fois? Parce qu'ils n'en ont point les caractères typiques, qui ne disent rien à l'esprit de M. Magne, et dont il ne sait pas, pour ce motif, tenir compte dans ses raisonnements. Ce qui fait qu'il est toujours à côté de la question.

Lorsqu'on dit que les métis anglo-mérinos ne présentent pas l'homogénéité qui serait nécessaire pour constituer à l'état de race les groupes d'individus qu'ils forment, on entend par là que dès la première génération, c'est-à-dire quand ces métis sont accouplés entre eux, ils commencent à fournir l'exemple de cette variation désordonnée que M. Naudin a observée dans ses expériences sur les végétaux ; qu'aucun des produits ne présente plus exactement les caractères intermédiaires à ceux des deux souches ; que cette variation ne fait qu'augmenter aux générations suivantes, et que la fixité ne peut être obtenue, pour les caractères typiques de la tête, qu'à la condition d'un retour à l'un ou à l'autre des types primitifs. Les uns reviennent au mérinos, les autres au dishley.

Qu'ils conservent un ou plusieurs caractères secondaires d'aptitude, nul ne le conteste, et cela dépend uniquement de l'habileté de l'éleveur. Encore faut-il le plus souvent, pour cela, *rafraîchir le sang*, suivant l'expression consacrée, en ayant recours à l'importation de reproducteurs appartenant à la race qui présente au plus haut degré cette aptitude qu'il s'agit de conserver.

M. Magne ne le conteste point d'abord ; il le reconnaît au contraire formellement ; mais il prétend seulement que « cette obligation n'a rien qui s'applique exclusivement aux produits des croisements. » C'est juste. Les aptitudes des races s'altèrent comme celles des métis, et pour la même raison, lorsque manquent les conditions de milieu qui les peuvent maintenir. Nous l'avons prouvé surabondamment. Toutefois, le type de la race n'en persiste pas moins, bien que son aptitude s'altère. Et ce n'est pas cela qu'il faudrait prouver : c'est la persistance, ou en d'autres termes, la puissance héréditaire des caractères typiques intermédiaires du métis ; et c'est ce que personne n'a jamais encore prouvé, pas plus pour le mouton anglo-mérinos que pour le cheval anglo-français. A cette condition seulement il serait permis d'admettre la création de races nouvelles par métissage. C'est aussi ce que personne, parmi les partisans de la doctrine, n'a voulu ou pu entendre jusqu'à présent.

Un des plus ardents défenseurs de la prétendue race anglo-normande, qui est également un des plus convaincus de son existence réelle, M. le comte d'Osseville, dans ses polémiques avec Baudement sur ce sujet et depuis en toute occasion, revient sur les procédés qu'il est nécessaire de suivre pour obtenir les individus de cette prétendue race. Ces procédés, qu'il expose toujours avec une grande netteté, et qui sont du reste ceux préconisés par M. Gayot et pratiqués au haras de Serquigny par M. le marquis de Croix, consistent en une combinaison du métissage avec le croisement intervenant de temps en temps, lorsque la variation désordonnée tend à éloigner les produits du type intermédiaire poursuivi. Allier d'abord entre eux des métis de divers degrés, demi-sang, trois-quarts, trois-huitièmes ou cinq-huitièmes de sang anglo-normand, — pour nous servir du langage de ces hippologues, — puis ramener au besoin la proportion convenable de sang par l'intervention momentanée du pur sang anglais : voilà ce que l'on appelle former une race par le croisement et le métissage! Et voilà ce que M. Magne, lui aussi, appelle la race anglo-normande ou anglo-française, tout en reconnaissant, avec les autres, qu'il est nécessaire, pour la maintenir avec ses caractères, de *rafraîchir le sang* à des moments déterminés, par des alliances avec l'étalon dit de pur sang.

Mais c'est précisément ce que font les Chiliens avec leurs chabins, pour obtenir de beaux pellions, lorsque ces hybrides de la brebis et du bouc arrivent, après quatre générations, à se rapprocher trop du type de la chèvre. Ne faut-il pas se tromper complétement sur la valeur exacte des termes, pour qualifier de race une collection d'individus présentant ces conditions? Que ces individus aient plus ou moins les aptitudes propres au service en vue duquel on les produit ainsi, c'est ce que nous n'avons pas à discuter en ce moment, et j'accorderai volontiers à cet égard tout ce qu'on voudra. Il ne s'agit pas d'examiner la question industrielle. Ce que je suis en droit de soutenir seulement, en me basant sur les notions les plus simples et les plus positives de l'histoire naturelle, c'est qu'ils n'ont aucun des attributs indispensables de la race. De l'aveu même de nos contradicteurs, le principal leur manque : la persistance des caractères typiques, « la fixité à travers les générations successives, » qui est le cachet et le criterium de la race, qui est « son être, » comme l'a si bien dit M. Tisserant.

Du reste, voici comment se présente, pour tout observateur attentif, la population chevaline de la Normandie, dont il s'agit :

Cette population se compose d'abord d'une élite, dont le type zoologique est celui du cheval anglais dit de pur sang, avec plus d'ampleur dans les formes, et qui n'est qualifiée métisse ou demi-sang qu'en raison de son origine première;

Ensuite d'un nombre plus ou moins grand d'individus que les hommes de cheval appellent *décousus*, moitié anglais, moitié normands, tête belle et croupe laide, qui semblent faits de deux morceaux soudés ensemble, vers le milieu de leur corps;

Enfin, d'un certain nombre d'autres dont la tête longue et busquée à des degrés divers rappelle l'ancienne race sur laquelle les croisements ont été opérés.

Pour vérifier l'exactitude de ce dénombrement, il suffit de visiter les écuries d'un régiment de cavalerie dont les remontes s'opèrent en Normandie.

A cela l'on répondra sans doute que seule l'élite dont il vient d'être parlé constitue la race anglo-normande, et l'on nous renverra, pour en voir les types, au haras de Serquigny, chez M. le marquis de Croix. Mais on n'aura point prouvé par là qu'il se fasse à Serquigny autre chose que des purs sang étoffés, dits chevaux de service.

« Devrions-nous, écrit M. Magne en poursuivant sa réponse

aux objections opposées par M. le marquis de Dampierre, par M. Eugène Marie et par l'auteur de ce livre à la thèse ici réfutée, devrions-nous renoncer à l'élevage de ces deux races, des moutons anglo-mérinos et des chevaux anglo-normands, parce qu'il faudrait de loin en loin rafraîchir le sang?... »

Eh! qui est-ce qui vous parle de cela? Ce qu'on vous soutient seulement, c'est que la nécessité que vous acceptez suffit à prouver que les moutons anglo-mérinos et les chevaux anglo-normands sont des métis, dépourvus de la puissance héréditaire qui appartient aux seuls individus des races véritables.

Mais toute discussion est difficile et pleine d'embûches avec M. Magne. Il n'a pas plutôt fait une concession sur un point, qu'il s'empresse de la retirer par une affirmation contraire, sans se soucier assez de prouver cette affirmation. Il vient de reconnaître la nécessité de rafraîchir le sang dans les opérations de métissage, et explicitement pour les anglo-mérinos, tout en prétendant que ces métis n'en forment pas moins une race. Le voici maintenant qui leur accorde un certificat de fixité en ces termes, une page plus loin : « On ne peut pas supposer que des animaux qui, comme les moutons entretenus à Alfort, comme le troupeau de M. Pluchet, comme celui de M. Malingié, se reproduisent depuis plus de trente ans en conservant leurs caractères, ne se conserveront pas indéfiniment s'ils continuent à être soignés comme ils l'ont été. »

C'est beaucoup s'avancer, d'abord, d'affirmer ainsi que ces moutons dont on parle se reproduisent depuis plus de trente ans sans l'intervention d'aucun nouveau croisement. M. Magne serait sans doute assez embarrassé, si on le mettait en demeure d'en fournir la preuve. J'ai de bonnes raisons de penser, pour ma part, qu'en ce qui concerne ceux d'Alfort, M. Yvart, qui en est le créateur, ne consentirait point à se porter garant de l'assertion. L'éminent *moutonnier* sait mieux que personne à quoi s'en tenir à cet égard, et il a toute sa vie fait preuve de trop de sens pratique pour s'illusionner sur la fixité absolue de ses élèves. Cela s'appelle se montrer plus royaliste que le roi.

Quant aux deux autres troupeaux, nous conseillerons tout simplement à M. Magne de feuilleter les procès-verbaux des ventes publiques de béliers anglais, il y verra ce que vaut son assertion.

Qu'il prenne, par exemple, celui de la vente faite à la Bergerie impériale de Montcavrel, le 5 mai 1856, dont le compte rendu se trouve dans le premier volume du *Journal d'agriculture pratique* sur lequel je viens de mettre la main au hasard, dans ma bibliothèque, il y verra cette phrase : « Le bélier le plus cher a été adjugé pour 735 fr. à M. Pluchet, de Trappes ; c'était un dishley. »

Si je ne savais pas, un peu mieux que M. Magne apparemment, l'histoire du troupeau de M. Pluchet, et à quel prix les métis qui le composent conservent leurs caractères, cela me suffirait pour juger du cas qu'il convient de faire d'assertions auxquelles l'observation exacte est absolument étrangère. Il ne s'est pas, que je sache, écoulé trente ans entre le 5 mai 1856 et le 14 juillet 1864, date de la séance de la Société impériale et centrale vétérinaire où nous entendions l'affirmation que je rectifie.

Au reste, quiconque a vu d'un œil compétent les moutons de M. Pluchet, fort beaux d'ailleurs par leurs aptitudes, sait que ces moutons sont arrivés pour la plupart au type dishley, dont ils ne diffèrent que par le caractère secondaire de leur toison modifiée par l'influence de leur souche mérinos ; ce qui est un phénomène tout à fait dans la puissance du croisement, et même dans celle du métissage, ainsi que nous le verrons, mais qui n'en est pas moins en dehors de toute caractéristique de race. Les anglo-mérinos de M. Pluchet ne ressemblent pas plus aux anglo-mérinos d'Alfort, que ceux-ci ne ressemblent au dishley et ne se ressemblent entre eux, avant qu'il ait été opéré un triage parmi les agneaux, à chaque agnelage. Et pour maintenir l'aptitude moyenne cherchée, il faut avoir recours tantôt au mérinos pur, tantôt au dishley.

Telle est la vérité, qu'il ne faut pas voiler pour les besoins de sa cause, en mettant des conceptions imaginaires à la place des faits.

On va pouvoir juger ici même de l'exactitude de ce que nous avançons.

J'ai fait graver les portraits de plusieurs moutons anglo-mérinos, pris sur nature, au concours régional de Versailles, en 1865, par M. Mégnin. Les individus représentés, tous désignés par le jury pour les prix de leurs catégories, n'ont donc pas été choisis par moi. C'est une garantie pour la signification des caractères reproduits fidèlement par l'artiste. En même temps, M. Mégnin a bien voulu prendre aussi parmi les lauréats les types mérinos et dishley purs, pour servir de termes de comparaison.

De très-belles aquarelles de ces divers types, mises sous les yeux de l'Académie des sciences[1], ont été considérées comme fournissant une démonstration péremptoire de la loi de reversion des métis.

Nos dessins les reproduisent exactement, avec leurs légendes donnant à chaque portrait son caractère d'authenticité. Il est impossible de contester, au simple coup d'œil, que les gravures 5 et 6, bélier et brebis dishley-mérinos du troupeau de M. Pluchet, sont plus ou moins revenus au type dishley représenté dans son état de pureté par la gravure 2, tandis que les sujets des gravures 3 et 4, bélier du même troupeau et brebis métisse exposée par M. Muret, ont fait retour, surtout la dernière, au type mérinos représenté par la gravure 1.

En comparant ensuite ces quatre dishley-mérinos entre eux, on peut voir aussi combien peu l'homogénéité de caractères, indispensable pour la constitution de la race, existe parmi eux.

Pour ce qui est des moutons de la Charmoise, ici, nous sommes en pleine fantaisie, relativement à la formation d'une

____

1. Voy. *Comptes-rendus*, t. LXI, p. 73 (séance du 10 juillet 1865).

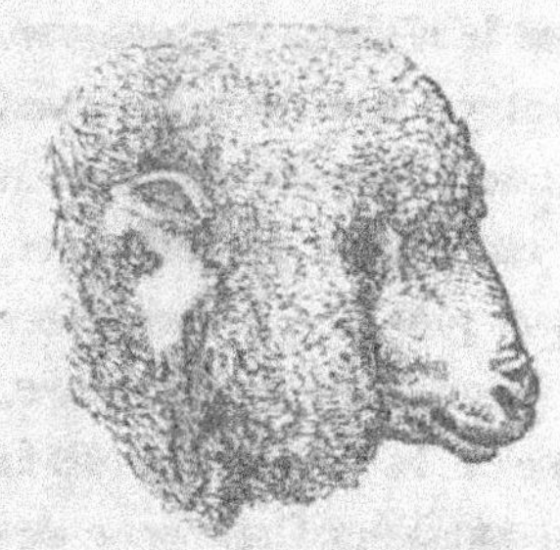

Grav. 1. — Brebis mérinos exposée par M. Bouvry, à Montcornet (Aisne). — Concours de Versailles en 1865.

Grav. 2. — Bélier dishley, exposé par M. Pinte, à Cappy (Somme). — Concours de Versailles en 1865.

Grav. 3. — Bélier dishley-mérinos, exposé par M. Pluchet, à Trappes (Seine-et-Oise). — Concours de Versailles en 1865.

Grav. 4. — Bélier dishley-mérinos exposé par M. Pluchet, à Trappes (Seine-et-Oise). — Concours de Versailles en 1865.

Grav. 5. — Brebis dishley-mérinos exposée par M. Muret, à Noyon (Seine-et-Marne). — Concours de Versailles en 1865.

Grav. 6. — Brebis dishley-mérinos, exposée par M. Pluchet, à Trappes (Seine-et-Oise). — Concours de Versailles en 1865.

race, s'entend. Je ne conteste nullement le résultat économique. L'aptitude cherchée a été obtenue. Tout y a concouru. Le point de vue physiologique et le point de vue économique auxquels se plaçait Malingié, lorsqu'il fit son entreprise zootechnique, étaient également faux. Il n'y avait pas plus lieu de substituer un type unique de moutons à notre population ovine variée, surtout un type principalement propre à la production de la viande, qu'il n'était vrai que l'on pût annihiler l'atavisme des mères, en les choisissant parmi des métisses de deux races indigènes, pour les croiser avec la race étrangère douée de l'aptitude qu'il s'agissait de faire prévaloir dans les produits.

Je n'insisterai pas sur ce point. Ce qui a été dit précédemment de l'hérédité suffit pour m'en dispenser. On est en droit seulement de s'étonner que des hommes éclairés sur les lois physiologiques, puissent encore conserver l'impression de cette métaphysique des races dites *affolées*. Il faut pour cela qu'ils n'aient pas eu l'occasion d'observer de près un certain nombre des produits de la Charmoise réunis. Autrement, ils se fussent bien vite aperçus de la vanité d'une pareille conception, en constatant jusqu'à quel point, chez les individus nés à la Charmoise, la loi de variation désordonnée se vérifie quant aux caractères typiques. Depuis une dizaine d'années, soit au concours de Poissy, soit dans les concours régionaux, où les lots étaient nécessairement choisis parmi les plus beaux individus sous le rapport de leur aptitude, afin de présenter une conformation du corps aussi identique que possible, je n'ai jamais manqué de constater moi-même et de faire constater à d'autres, par l'examen de la tête de ces individus, la présence de plusieurs types distincts, se rattachant exactement aux diverses souches qui ont contribué à les former. Parfaitement homogènes ou à peu près, sous le rapport de leur aptitude, dépendant de la gymnastique fonctionnelle à laquelle ils sont soumis, avec une habileté d'élevage à laquelle je me plais à rendre hommage, jamais il ne m'a été donné d'en voir six à la fois qui le fussent quant à leur type. Et je comprends de reste, d'ailleurs, que l'habile éleveur qui les produisait, continuant l'œuvre de son père, ne s'en préoccupât pas. Cela est pratiquement étranger à son but. Il ne visait qu'à l'aptitude, et il avait raison, parce que cela seul était en son pouvoir. Mais il n'est permis à personne de considérer cette aptitude comme suffisante pour élever la famille à la dignité de race. Ce ne peut être et ce n'est qu'une famille métisse, présentant cette variabilité tout individuelle dont a parlé M. Naudin, et non pas une agrégation uniforme et capable de durer indéfiniment.

C'est que les métis, par cela même qu'ils sont métis, ainsi que nous venons de le voir en discutant les faits qui s'y rapportent et qui ont été invoqués en leur faveur, ne sont doués de la puissance héréditaire que dans une limite très-restreinte. Le résultat de leur accouplement est toujours aléatoire, et il est absolument impossible de compter sur la transmission intégrale du type intermédiaire qu'ils représentent, en tant qu'individus. L'hérédité, pour nous servir d'une expression figurée, fait le plus souvent, sinon même toujours, élection de l'un ou de l'autre des deux atavismes qui sont en jeu dans leur constitution. Il y a toujours lutte entre l'hérédité individuelle et ces deux atavismes, et le résultat de la lutte est cette variabilité désordonnée que nous avons déjà plusieurs fois signalée, au lieu de la fixité qui est le propre de la race.

J'ai fait, pour la famille de la Charmoise, le même travail que pour les familles dishley-mérinos. Ici, le résultat est encore plus frappant, parce que les caractères des deux souches typiques, le new-kent et le berrichon, sont plus tranchés. Le type crânien du new-kent est ce que nous appelons brachycéphale, c'est-à-dire que les deux diamètres du crâne, le longitudinal et le transversal, sont à peu près égaux, ce qui donne un front large. On peut s'en assurer sur la gravure 7, en mesurant la distance de l'angle de l'œil à la ligne du profil frontal. En outre, les arcades orbitaires sont saillantes et le profil du chanfrein est presque droit. Le crâne du berrichon (grav. 8), au contraire, est dolichocéphale, c'est-à-dire plus long que large. La distance de l'angle de l'œil au profil frontal est moitié moindre que dans le new-kent. Les arcades sourcilières sont moins saillantes et le chanfrein est busqué.

Eh bien! jetez les yeux sur les sujets représentés par les gravures exactement copiées sur des portraits tirés des comptes rendus officiels des concours régionaux et dont des aquarelles ont été également présentées à l'Académie des Sciences (séance du 16 octobre 1865[1]), vous y verrez à la première inspection que les sujets des gravures 9 et 10 sont complétement retournés au type new-kent (grav. 7), tandis que ceux des gravures 11 et 12 représentent exactement le type berrichon pur de la gravure 8.

Les conclusions de la Note qui accompagnait la présentation de ces types si bien peints à l'aquarelle par M. Mégnin, avec une obligeance dont je ne saurais trop le remercier, étaient ainsi formulées :

« La comparaison des portraits de moutons de la Charmoise que je mets sous les yeux de l'Académie, démontre péremptoirement, comme ceux des dishley-mérinos que je lui ai déjà soumis :

« 1° Que les individus qu'ils représentent, et qui sont bien l'expression de la moyenne du groupe auquel ils appartiennent se rattachent à deux types distinctifs nettement tranchés ; par conséquent, que ce groupe manque du caractère indispensable pour constituer une race, l'homogénéité ;

« 2° Que ces types sont ceux du new-kent et du berrichon, souches originaires des métis de la Charmoise ;

« 3° Que la loi naturelle du métissage, la variabilité individuelle des métis par leur retour au type de la race permanente, trouve une nouvelle confirmation. »

---

1. Voy. *Comptes-rendus*, t. LXI, p. 636.

Grav. 7. — Bélier new-kent, 1er prix de la 2e catégorie au Concours universel de Paris en 1855. (M. Allier, exposant.)

Grav. 8. — Bélier berrichon, 1er prix de la 2e catégorie au Concours de Blois en 1858. (M. le duc de Maillé, exposant.)

Grav. 9. — Bélier de la Charmoise, 1er prix de la 3e catégorie au Concours de Nevers en 1854. (M. Paul Malingié, exposant.)

Grav. 11. — Bélier de la Charmoise, 1er prix de la 3e catégorie au Concours de Blois en 1858. (M. Paul Malingié, exposant.)

Grav. 10. — Brebis de la Charmoise, 1er prix de la 3e catégorie au Concours de Tours en 1855. (M. Paul Malingié, exposant.)

Grav. 12. — Brebis de la Charmoise, 1er prix de la 3e catégorie au Concours de Blois en 1858. (M. Paul Malingié, exposant.)

Il n'est donc pas possible de fonder sur le métissage des opérations zootechniques certaines et bien déterminées, à l'abri de toutes chances mauvaises, dont le plan, tracé à l'avance, puisse être suivi sans hésitation et conduire à des résultats prévus. Il faut surtout renoncer à la prétention de créer par là des races. On a démontré suffisamment, j'espère, par ce qui précède, qu'en aucun cas cette prétention ne s'est justifiée.

Est-ce à dire qu'à titre de méthode zootechnique, le métissage ne puisse donner de bons résultats industriels? Nullement. Conduit d'une façon convenable, il peut, dans des cas déterminés, rendre des services. Ce sont ces cas qu'il nous reste à examiner.

Conditions du métissage.—Toutes les argumentations employées pour essayer de combattre l'aphorisme de l'école zootechnique relatif à l'impuissance des métis à constituer des races, et dont nous venons de voir le peu de valeur, se rapportent précisément aux conditions dans lesquelles le métissage, comme le mode de croisement qui le précède, peut être utilisé industriellement. On a pu s'apercevoir, en effet, que le résultat obtenu, dans les faits invoqués, ne porte jamais que sur les caractères secondaires, que sur les caractères d'aptitude, qu'il s'agisse du cheval, du bœuf ou du mouton. Ici, c'est l'appropriation au service de la selle ou du trait léger : il s'agit de fabriquer des chevaux trotteurs, par exemple ; là, c'est encore une autre fonction économique qui seule est en jeu : celle de la transformation des fourrages en viande ou en laine.

Abstraction faite de toute considération de race, c'est l'aptitude qu'il s'agit de reproduire. Étant admis que même sous ce rapport, la puissance héréditaire des métis est toujours inférieure à celle des individus purs, qui joignent à l'hérédité individuelle l'atavisme unique de leur race, — ce que personne n'a osé contester, — il n'y a pas de raisons pour méconnaître les chances favorables que le métissage offre dans certaines conditions déterminées, pour la production du bétail. Ce qui serait dangereux seulement, ce serait de le poser en principe, comme cela résulte de toutes les publications de M. Magne, qu'il s'en défende ou non, lorsqu'on discute avec lui, soit qu'il s'appuie sur la prétendue impossibilité de procéder autrement à l'amélioration de notre bétail, soit qu'après avoir concédé l'instabilité des métis, il n'en persiste pas moins à affirmer la possibilité toute hypothétique de leur faire acquérir la fixité héréditaire par des soins particuliers. Il n'en reste pas moins établi qu'il a préconisé et qu'il préconise, notamment, la transformation, ce qu'il appelle l'amélioration de toutes nos races ovines, par l'emploi des béliers anglo-mérinos, à titre de panacée.

Le métissage est quelquefois une nécessité de situation, en attendant que l'on puisse faire mieux : c'est lorsque les conditions agricoles n'offrent pas les ressources alimentaires indispensables pour l'entretien et l'exploitation des races perfectionnées dans leur aptitude. Il a son rôle à jouer dans les opérations de culture améliorante, à titre de transition, et comme moyen de tirer un meilleur parti des ressources déjà produites. Malgré l'incertitude de ses résultats individuels et les écarts de la variabilité désordonnée qu'il met en jeu, l'effet général n'en est pas moins sensible, car la valeur moyenne des individus obtenus est supérieure, comme marchandise, à celle des sujets que les métis ont remplacés. Les principes de la science sont absolus ; mais lorsqu'il s'agit de passer de ces principes à l'application, des difficultés se présentent, qui tiennent à la complexité du problème, dont chacune des données est régie elle-même par un principe également absolu. Il est donc indispensable de mettre toutes ces données en équation ou en équilibre.

Or, lorsque le capital manque, par exemple, pour se procurer en nombre suffisant les reproducteurs purs qui seraient nécessaires au remplacement complet du bétail entretenu dans une exploitation, ou seulement à sa transformation par voie de croisement continu, force est bien de se contenter, au moins provisoirement, du métissage. De même lorsque le passé nous a légué une situation contre laquelle il n'y a plus moyen de réagir, ce qui est le cas de la population chevaline de la Normandie, par exemple, population métissée de longue date et en état de variabilité désordonnée, s'il en fut jamais. Ici l'on ne voit point comment il serait possible ou utile de faire autre chose que de continuer à produire, dans les meilleures conditions possibles, ces métis que l'on appelle des anglo-normands. On ne peut songer à élever des chevaux anglais dits de pur sang ; et quant à la race indigène, s'il y en a jamais eu, depuis longtemps il n'y en a plus. Le métissage combiné avec le croisement, tel que l'a recommandé M. Gayot et tel que M. d'Osseville ne cesse de le préconiser, est donc ici de toute nécessité : les éleveurs normands n'ont plus le choix. Appliquer à ce centre de production chevaline, l'un des plus importants de notre pays, les principes rigoureux de la sélection absolue, ce serait faillir au sens pratique. On peut regretter le passé. Toute récrimination serait superflue. Il faut seulement en tirer des enseignements pour l'avenir de celles de nos races chevalines qui ont jusqu'à présent été préservées de l'influence du croisement.

Il convient surtout de se bien garder de considérer les métis anglo-normands comme capables d'améliorer ces races. Ils n'ont de valeur qu'en qualité de produits commerciaux. Et l'on peut dire sans hésiter qu'il n'est pas en France une seule race chevaline qu'ils soient capables de métisser avantageusement. L'étalon dit de *demi-sang* ne doit être accouplé qu'avec des femelles métisses. Son rôle utile se borne à cela. Et ce serait peut-être l'occasion de faire remarquer la curieuse façon de raisonner à l'aide de laquelle M. Magne a déduit une sorte de supériorité de cet étalon sur celui de pur sang, de ce fait qu'à la dernière exposition chevaline de Paris, les sujets « provenant *d'étalons demi-sang* » ont obtenu des récompenses dans la proportion de 42.25 pour 100, tandis que les « descendants *d'étalons pur sang* » n'en ont eu que dans la proportion de 32.50 pour 100 seulement.

Mais j'ai déjà trop peut-être insisté sur la logique de mon ancien maître. On verra bien, du reste, que si cela pouvait prouver quelque chose, la seule conclusion qu'il en fallût tirer, ce serait que, dans le croisement anglo-normand, les premiers métis valent mieux, au point de vue des services que nous leur demandons, que les seconds. Et cette conclusion ne serait pas bien inattendue. Voilà vingt ans au moins que M. Gayot la crie sur les toits.

Parmi les caractères secondaires ou accessoires, caractères d'aptitude physiologique, que le croisement est capable de transmettre aux produits, il en est quelques-uns qui sont susceptibles d'être maintenus par les opérations de métissage, en dehors même de toute intervention de la gymnastique fonctionnelle : ce sont ceux qui demeurent indépendants du milieu, en ce sens qu'ils se peuvent accommoder des conditions hygiéniques les plus médiocres. Une fois acquis par l'hérédité, ils persistent, bien que les individus qui les présentent retournent toujours assez promptement au type dont l'atavisme domine. C'est ce qui s'observe notamment pour l'absence des cornes et pour l'aptitude à sécréter de la laine mérinos. Dans cette limite, le croisement peut donc, non pas modifier les races, mais l'un ou l'autre de leurs caractères secondaires.

C'est ainsi, par exemple, que M. Dutrône a pu former sa petite famille de bœufs sans cornes. En croisant des vaches cotentines avec un taureau de Suffolk, dépourvu de cornes comme sa race, il a obtenu des métis suffolk *désarmés*. Par le métissage des individus ainsi obtenus, la race cotentine est revenue après quelques générations, mais non plus avec ses cornes. L'expérience n'a pas été faite sur une assez grande échelle et nous n'en connaissons pas suffisamment tous les détails, pour qu'il soit permis d'affirmer la complète fixité du résultat. Il y a même des raisons de penser que, dans les opérations de M. Dutrône même, on a quelquefois observé le retour des cornes sur quelques produits; mais il ne semble pas impossible d'admettre que l'on puisse arriver à cet égard à des résultats constants. Quoi qu'il en soit, ce qui domine la question qui nous occupe, c'est l'identité complète du type, entre les cotentins et les animaux produits par M. Dutrône, moins les cornes. La forme de la tête, le pelage, rien ne diffère. Ces animaux, si leur nouveau caractère arrive définitivement à la constance, ne seront donc jamais que des cotentins désarmés et améliorés. C'est maintenant une famille, ce sera plus tard, s'ils se multiplient, une tribu dans la race cotentine ; non jamais une race nouvelle dans le sens exact de ce mot.

Pour le caractère particulier et unique de la laine mérinos, les faits du même genre sont beaucoup plus communs, à des degrés divers. Toutes les races qui ont été plus ou moins croisées avec le mérinos, puis métissées après l'abandon du croisement, en présentent des exemples. Les plus remarquables, dans notre pays, sont ceux fournis par la race du Larzac et par la race lauragaise. Le brin de laine ne conserve pas sa finesse, mais la disposition des lignes qui lui sont propres persiste depuis de nombreuses générations, dont les premières remontent presque à l'introduction du mérinos en France. A l'intensité près, on a pu remarquer le même fait dans des troupeaux où un bélier mérinos avait été une fois introduit, et qui se sont ensuite reproduits indéfiniment en consanguinité. J'en ai cité, pour mon compte, un curieux exemple, observé dans la Charente-Inférieure [1]. On constatait encore, après plus de trente ans, dans la constitution des toisons du troupeau dont il s'agit, l'influence d'un croisement mérinos passager, que l'acheteur habituel des laines sanctionnait par un prix plus élevé.

Ce sont là des faits grandement importants, dont il ne faut ni méconnaître ni exagérer la signification. Sans que cette signification puisse en rien contredire les limites que nous avons assignées à la puissance naturelle du croisement, elle fait

____

[1] *L'Espèce ovine de l'Ouest*, etc., loc. cit., p. 88.

partie des conditions du métissage, et elle mérite à ce titre d'être prise en considération.

Cela dit, il faut envisager les deux cas que peuvent présenter les opérations de métissage, en ne perdant pas de vue que ces opérations sont toujours indépendantes de toute considération relative à la race. Il ne s'agit, lorsqu'on les effectue, que de multiplier une ou plusieurs aptitudes. Ce sont des opérations purement industrielles, qui exigent ou non le concours de la gymnastique fonctionnelle, suivant que l'aptitude à multiplier est ou non dépendante du milieu. Dans l'une comme dans l'autre ocurrence, abstraction faite de ce point de vue, s'il est question d'accoupler les métis entre eux, l'opération se résout en une affaire de sélection relative. En vertu des lois de l'hérédité qui nous sont connues, le résultat désiré est d'autant plus probable que l'aptitude existe à des degrés plus semblables chez les deux reproducteurs.

C'est au prix de cette sélection relative, poussée souvent jusqu'à la consanguinité, qui en est la dernière limite pour ce cas comme pour celui de la sélection absolue, que l'aptitude à la production de la viande s'est développée et maintenue dans les groupes de métis dont nous avons déjà parlé, notamment dans celui formé à la Charmoise par Malingié. Ces groupes, en raison précisément des soins attentifs de ce genre qu'ils exigent pour se maintenir avec l'aptitude qui est leur fonction économique, font honneur à l'habileté et par conséquent au mérite de leurs éleveurs. On n'amoindrit en rien ce mérite lorsqu'on conteste la qualité de race aux individus ainsi produits. Tous les efforts qui ont été faits, particulièrement par M. Magne, pour prouver qu'elle leur est à tort contestée, n'ont pu aboutir qu'à l'affirmation de cette habileté nullement mise en doute. Nous sommes les premiers à l'offrir en exemple aux éleveurs pour ce qu'elle vaut et ce qu'elle peut.

Autre chose est de préconiser les produits ainsi obtenus comme types améliorateurs. En aucun cas, ils ne sauraient valoir pour cela les individus purs. Il suffit de se rappeler, pour en demeurer convaincu, le peu de solidité de leur puissance héréditaire individuelle. Il n'est pas impossible, assurément, de trouver quelques cas dans lesquels le métissage, pratiqué à l'aide de mâles métis seulement, ait produit en apparence de bons résultats. Il n'en est pas cependant jusqu'à trois que l'on pourrait citer, si l'on voulait prendre la peine de les examiner de bien près.

Toutefois, faire du métissage dans cette condition, qui est celle du second cas dont nous avons à nous occuper, vaut encore mieux que reproduire simplement des races inférieures par leurs aptitudes. Le résultat économique, pris en bloc, est préférable, bien qu'il ne soit pas à mettre en parallèle avec le croisement dirigé d'après les principes que nous avons posés. Ici, les conditions de l'opération sont bien déterminées ; on peut compter sur l'hérédité, tandis qu'avec un reproducteur métis, elle est toujours nécessairement aléatoire.

En un mot, ce n'est pas par choix que le métis doit être pris, en vertu des aptitudes mixtes qui lui appartiennent individuellement et qui l'ont fait si chaudement recommander, au mépris des lois les mieux connues de l'hérédité : c'est par nécessité. Après tous les faits qui ont été passés en revue précédemment, il serait superflu d'insister. Il est visible que les mérites des chevaux anglo-normands, des moutons new-kent-berrichons de la Charmoise et dishley-mérinos d'Alfort, par exemple, en tant que reproducteurs, ne reposent que sur de pures conceptions de l'esprit.

On ne comprendrait point qu'un zootechniste au courant de la science érigeât en principe l'emploi de ces reproducteurs métis comme une nécessité générale de l'amélioration du bétail français, et aucun, à coup sûr, ne pourrait consentir à suivre M. Magne jusqu'à cette conséquence de la thèse qu'il a soutenue dans ses ouvrages, d'abord, puis dans ses discussions à la Société impériale et centrale d'agriculture. C'est là, je le répète, de la fantaisie pure.

La limite dans laquelle les opérations dont il s'agit peuvent s'effectuer d'une manière utile a été parfaitement exprimée par M. Tisserant lorsque, à propos des discussions que nous venons de rappeler, il a écrit ceci : « Les métis améliorés d'origine dans leurs formes ou dans leurs aptitudes peuvent être employés dans des croisements avec des animaux inférieurs à eux et donner à leur tour des produits relativement améliorés. Cette production industrielle ne forme pas de véritables *races* ; elle accroît le nombre des sujets meilleurs et la valeur d'ensemble des animaux d'un pays. C'est ce système, ou mieux cette pratique, qui, aidée par une augmentation progressive des ressources fourragères, a élevé très-sensiblement le niveau de la production animale française. »

Voilà la vérité, sur laquelle j'avais moi-même insisté dans la même occasion, en appréciant, à mesure qu'elle se produisait, la controverse soulevée par M. Magne, et où M. le marquis de Dampierre s'est fait, avec talent et conviction, le défenseur des saines doctrines zootechniques [1]. Entre autres manières de la formuler, dans les nombreux articles consacrés à cette controverse, se trouve celle-ci :

« Les métis peuvent *quelquefois* servir, par leur accouplement avec des femelles de race pure (le qualificatif étant ici mis seulement parce qu'il se trouvait dans une proposition contraire qu'il s'agissait de réfuter), à la production d'individus doués d'une ou de plusieurs des qualités possédées par ces métis et dont ceux de la race pure sont dépourvus. C'est une question de l'ordre purement économique, les résultats de l'opération ne pouvant être à l'avance calculés que sur l'incertitude de la puissance héréditaire des reproducteurs. »

1. Voyez la *Culture*, t. V, 1863-1864, p. 363, 422, 464, 561.

Et encore cette autre formule, par laquelle j'ai conclu, dans la longue discussion dont il s'agit :

« Le mâle choisi, qu'il soit pur ou métis, étant supérieur en aptitude aux mères qu'il féconde, donne des produits améliorés, et la spéculation peut être bonne. Seulement, à ce dernier point de vue, le mâle pur, à mérite égal, doit toujours être préféré au métis, parce que son influence héréditaire est certaine, tandis que celle du métis est chanceuse. »

Toute opération de métissage, en effet, n'a jamais eu pour but que la reproduction d'une ou de plusieurs aptitudes. Suivant le caractère de ces aptitudes, elles présentent pour leur transmission d'abord, puis pour leur conservation ou leur maintien dans les produits qui en ont hérité, plus ou moins de difficulté. Cela dépend, ainsi qu'on l'a déjà dit, de l'influence que le milieu peut exercer. En tout cas, combinées avec la pratique habile de la gymnastique fonctionnelle et avec celle de la sélection relative, les opérations de métissage sont capables de conduire à la constitution des groupes d'individus homogènes par l'aptitude, mais non pas à l'établissement des « agrégations uniformes et capables de durer indéfiniment » qui constituent les races.

C'est pour être tombés dans la confusion qui consiste à prendre un résultat économique, une opération industrielle nécessitant l'intervention constante de l'homme, pour un fait zoologique dépendant uniquement des lois naturelles immuables, que les contradicteurs de l'école zootechnique ont méconnu ces vérités, dont l'importance scientifique domine toute l'économie du bétail. Personne n'a jamais pu encore soutenir que le métissage, sous le nom de croisement, forme des races ou des sous-races, autrement qu'en invoquant, à l'appui d'une pareille affirmation, des faits comme ceux que nous venons de voir, lesquels sont tout à fait en dehors de ceux qui donnent à la race véritable ses caractères propres. De ces caractères, il n'est nullement question dans les dissertations que nous avons examinées.

Il faut donc conclure, en définitive, que dans le règne animal comme dans le règne végétal, « les croisements entre races caractérisées sont une cause de variabilité tout individuelle , » et qu'ils ne peuvent servir qu'à la production, par l'industrie zootechnique, d'aptitudes économiques ou fonctions inséparables des conditions artificielles dans lesquelles ces aptitudes se sont manifestées.

Cela trace, pour la pratique, la limite du rôle des métis.

CHAPITRE XI

DES ENTREPRISES ZOOTECHNIQUES

Après avoir posé les bases économiques de la production du bétail et développé, dans la série des chapitres précédents, les méthodes zootechniques à l'aide desquelles cette production peut être effectuée dans des conditions conformes aux enseignements de la science, il ne nous reste plus que peu de chose à dire sur les entreprises dont le bétail est l'objet en économie rurale. C'est une sorte de résumé synthétique, et par conséquent fort court, que nous avons à faire de ce qui résulte de nos études, avant d'aborder l'application des principes généraux sur lesquels ces études ont porté, à chacune des espèces animales domestiques en particulier et à chacun des modes de leur exploitation. Il faut récapituler nos connaissances et mettre en évidence les propositions les plus saillantes qui en découlent logiquement.

Maintenant que nous avons approfondi les conditions si complexes de la production du bétail, nous comprendrons plus facilement et mieux combien peu cette production se prête à des vues absolues, comme celles auxquelles on veut trop souvent la soumettre. Il nous paraîtra évident que le moindre problème relatif à la production animale comporte toujours un grand nombre de données, dont aucune ne peut être négligée si l'on veut arriver au succès, qui est le but de nos efforts. Nous saisirons sans peine à quel point ils se trompent, ceux qui se montrent toujours prêts à généraliser en ces matières, parce qu'ils ne tiennent aucun compte de la base fondamentale de toute entreprise zootechnique, qui est, ainsi que nous l'avons vu, le rapport d'équilibre entre les fonctions économiques du bétail et la situation dans laquelle ce bétail doit être produit.

Cette situation, qui embrasse à la fois les conditions économiques générales, résumées dans les débouchés, et les forces productrices découlant de l'état agricole de l'exploitation où la production doit s'effectuer, cette situation est ce qu'il convient d'étudier avant tout. En industrie manufacturière, cela est élémentaire. Il ne viendra jamais à l'idée de personne d'entreprendre la fabrication d'un produit, sans s'être au préalable enquis des moyens de s'en procurer les matières premières aux meilleures conditions, et sans avoir bien supputé les chances d'écoulement qu'il pourra rencontrer. Il serait curieux de se demander comment il se fait que, pour ce qui concerne la production des denrées animales, ces obligations primordiales soient si facilement négligées. A la manière dont les entreprises zootechniques sont le plus souvent préconisées, on serait tenté de croire que le procédé de fabrication est ici tout puissant. Parce que les animaux se reproduisent et se multiplient en vertu d'une fonction physiologique, en vertu d'un phénomène naturel, il semblerait que cela dût suffire de les mettre en état d'exercer cette fonction.

Longtemps on a pensé qu'il n'y avait point à se préoccuper d'autre chose, pour améliorer la population animale d'un pays, que de se procurer de bons étalons. Les dissidences ne portaient que sur le choix de ces étalons et du pays d'où il était préférable de les tirer. C'est depuis peu seulement qu'on en est venu à penser qu'il pourrait bien être utile de choisir aussi les mères; et il n'est guère d'auteurs, même parmi les plus récents, qui ne se croient obligés de soutenir cette thèse; à l'exception, toutefois, de ceux qui, d'après les curieux calculs que nous avons vus, comptent dans la reproduction l'influence héréditaire de la femelle pour zéro, tout en ne soutenant pas moins qu'elle entache et souille à tout jamais la pureté de sa descendance. Incompréhensible contradiction d'une métaphysique physiologique poussée à outrance par delà l'observation des faits.

Mais il n'en subsiste pas moins, de la part des doctrinaires plus ou moins éclairés de la zootechnie, la prétention d'envisager avant tout la question des reproducteurs, en considérant comme accessoire le régime des produits. Ils veulent bien reconnaître, lorsqu'on les pousse à bout, que cet accessoire est indispensable; mais c'est en théorie seulement. Dès qu'ils reviennent librement à leurs prédilections, on les voit se lancer de nouveau dans l'absolu. Aucun ne manquera de soutenir, par exemple, quelle que soit la race animale prise pour thème de ses enseignements, que le plus prompt et le meilleur de tous les moyens de l'améliorer est d'en opérer le croisement par un type présentant au plus haut degré les qualités qu'il s'agit d'obtenir.

C'est ainsi que s'établissent les entreprises zootechniques conçues en l'air. C'est ainsi que tant d'échecs ont pu être constatés dans les trente dernières années de l'histoire de notre économie rurale, où la doctrine du croisement a été presque partout florissante. Il n'a pas fallu moins qu'un revirement complet, amené par les enseignements de l'école zootechnique, secondés par les exhibitions publiques d'animaux, pour mettre ordre à cette fantaisie.

Sous l'influence de ces enseignements, la doctrine de la sélection est devenue la règle dans l'amélioration du bétail français; le croisement a repris son rôle de procédé industriel et s'est maintenu dans les limites des conditions de son efficacité. Ses prôneurs en sont réduits à prêcher à peu près dans le désert, s'évertuant à invoquer, à l'appui de leur thèse, des faits qui sont toujours les mêmes, et dont la valeur intrinsèque ne leur est point contestée. Nos races persistent en s'améliorant en elles-mêmes, à mesure que le progrès s'étend. Le croisement, en tant que doctrine, n'a pas, depuis dix ans, gagné un pouce de terrain. Ce n'est même pas s'avancer trop de dire qu'il en a plutôt perdu. Les éleveurs distingués qui le pratiquent savent fort bien maintenant qu'ils ne travaillent point à l'amélioration de leur race, mais bien à la fabrication de produits plus avantageux, en ce qu'ils tirent un meilleur parti des conditions agricoles créées par leur industrie.

La distinction est ici capitale, au point de vue des entreprises zootechniques. Sans se laisser égarer par des vues purement hypothétiques, il convient de se souvenir toujours que les aptitudes des animaux sont l'expression exacte du milieu dans lequel ils vivent et se développent. Il n'est donc pas possible de songer à faire acquérir à ces animaux, par la seule influence de l'hérédité, des aptitudes qui ne seraient point en rapport avec ce milieu. Ce serait à coup sûr tarir la fonction économique, qui est la source des bénéfices produits par le bétail. Dans la conception logique de l'économie rurale, la production animale apparaît comme une conséquence de la production végétale, ainsi que nous l'avons déjà dit en toute occasion. Entreprendre d'améliorer le bétail par un accroissement de ses aptitudes, avant d'avoir augmenté la production fourragère, est donc blesser la plus simple loi du bon sens. Seules elles peuvent être réalisées en dehors de cette considération, les modifications qui, par leur nature même, ne sont pas sous la dépendance du milieu au delà d'un certain degré.

Et ceci s'applique, par exemple, à l'espèce ovine, pour ce qui concerne les toisons. Il est permis de substituer la production des laines fines ou des laines intermédiaires à celle des laines communes, dans la plupart des pays de parcours, où le mouton s'entretient sans difficulté, parce que le mérinos, qui est le producteur par excellence de ces laines, est lui-même un animal de parcours, sobre et rustique. C'est ce qui fait que cet animal s'est tant multiplié en France, dans le siècle dernier et au commencement de celui-ci, par la seule voie du croisement. Il serait, de la même façon, avantageusement multiplié dans les régions méridionales de notre pays, sans qu'il y eût rien à changer aux conditions agricoles de ce pays. A mesure, du reste, que des changements de ce genre s'opéreraient sous l'influence du progrès, il en profiterait en qualité de producteur de viande, sans rien perdre de sa qualité de producteur de laine.

A ce propos, j'ai démontré, par des arguments irréfutables [1], que le présent et l'avenir des entreprises zootechniques, dans la plupart des régions agricoles de notre pays, et particulièrement dans celles où règne la sécheresse, telles que la Beauce, la Bourgogne, la Champagne et la plus grande partie du Languedoc, du Roussillon et de la Provence, sont du côté de l'exploitation du mouton mérinos. Pour montrer l'erreur de ceux qui, depuis si longtemps, soutiennent que l'exploitation du bétail doit être uniquement dirigée vers la production exclusive de la viande, parce que les laines rencontreraient, dans la production exotique, une concurrence insurmontable, il m'a suffi d'invoquer la statistique officielle de notre commerce pour les dix premiers mois de l'année 1864, les seuls dont les chiffres fussent connus à ce moment.

Ces chiffres sont éloquents. Il faut les rappeler. Ils montreront avec quelle facilité l'on résout ces questions-là par des lieux-

1. Voy. *La Culture*, t. VI (1861-1865), p. 377, 403, 459.

communs, lorsqu'on ne se donne pas la peine d'y regarder de près. Ils montreront aussi combien il importe de se livrer à une étude sérieuse de la situation, lorsqu'il s'agit de faire une entreprise zootechnique, au lieu de s'en rapporter au préjugé commun, que la plupart des auteurs entretiennent, en se répétant à l'envi sans contrôle, pour peu que ce préjugé soit d'accord avec leurs opinions préconçues.

L'importation des laines étrangères, pense-t-on généralement depuis une vingtaine d'années, rend impossible la production lucrative, chez nous, des laines similaires. De vastes surfaces, au Cap et en Océanie, ont été abandonnées au mérinos, et là, sans aucuns frais de culture, il donne ses toisons à des prix de revient contre lesquels, avec le taux élevé de la rente de nos terres, avec la rareté et le prix de la main-d'œuvre, avec toutes les charges que supporte notre agriculture, nous ne pouvons pas lutter. Voilà le raisonnement, conséquence fantaisiste de la doctrine économique de la protection. La liberté commerciale n'a pu qu'aggraver cette situation, puisqu'elle nous a livrés sans défense à l'invasion des produits étrangers.

Tout cela est fort bon quand on se tient dans les généralités, à la condition toutefois que l'on passe par-dessus la plupart des éléments d'évaluation des laines exotiques arrivées sur notre continent. Mais, sans se donner la peine d'analyser ces éléments, il suffit, pour en apercevoir tout de suite la valeur, de constater le résultat final. Et c'est ce que l'examen des conditions du commerce permet de faire clairement. En 1861, avant la crise cotonnière, qui a fait prendre à l'industrie des laines une grande extension, l'importation des laines brutes en France avait été, pour les dix premiers mois de l'année, de 151,879,000, valeur en francs. En 1864, elle s'est élevée à 190,646,000 fr. L'accroissement, en trois ans, a donc été de 40 millions environ.

Si l'on s'en tenait là, il y aurait peut-être lieu de s'effrayer, surtout en considérant que l'importation des fils de laine a atteint 8,598,000 fr. Mais, pour juger de l'effet qu'ont pu produire sur la production indigène ces introductions de marchandises étrangères, il est nécessaire d'évaluer les exportations qui leur correspondent, afin de savoir dans quelle mesure elles les ont compensées.

Or, en 1861, les exportations de tissus de laine avaient été de 158,177,000 fr.; celles de fils, de 4,791,000 fr., et celles de laines brutes de 13,236,000 fr. Il eût été permis, d'après cela, de considérer, dès 1861, l'influence de la concurrence étrangère comme nulle, car, déduction faite de la main-d'œuvre, représentée par les tissus exportés, les chiffres se balancent et au delà.

Mais, dans l'état actuel des choses, qu'est-ce que l'on en peut penser, lorsqu'on voit, en 1864, l'exportation des tissus de laine s'élever à 316,651,000 fr.; celle des fils, à 16,722,000 fr., et celle des laines brutes, à 18,978,000 francs.

Tandis qu'en trois ans la progression des importations en lainages de toutes sortes était environ d'une quarantaine de millions de francs, celle des exportations a été de plus de deux cents millions, c'est-à-dire que la concurrence s'étant accrue comme 1, le débouché s'est accru comme 5.

Que reste-t-il, après cela, pour tout homme de bon sens, du fantôme de cette concurrence, sans parler de l'accroissement correspondant du débouché intérieur? car, dans les calculs précédents, il n'est question que de notre commerce avec l'étranger.

Ne parlons donc plus, il faut le répéter ici, de la concurrence des laines coloniales, lorsqu'il s'agira d'une entreprise zootechnique touchant l'espèce ovine. Et je n'ai mis ce cas particulier en évidence que pour montrer comme on s'expose à faire fausse route, si l'on ne prend pas la peine d'examiner de près les choses de la situation. Il en serait de même pour beaucoup d'autres, parmi ceux que les empiriques de l'économie du bétail tranchent sans hésiter, au bénéfice de leurs conceptions absolues.

Les bases d'appréciation en ont été posées au commencement de ce volume (voy. ch. II). Je ne les rappelle en ce moment qu'afin de bien montrer qu'elles dominent toutes les autres données de la production animale.

Et il nous serait facile de trouver dans les faits actuels, pour ce qui concerne les espèces autres que celle du mouton, des arguments de même nature. Partout nous serions conduits à constater que les conditions de l'industrie du bétail, de même que les systèmes de culture auxquels ces conditions sont étroitement liées, varient comme les situations. Le choix de l'entreprise ne peut donc dépendre ni du caprice, ni d'une prédilection absolue, à moins qu'on ait seulement en vue de satisfaire ses goûts à prix d'argent. Dans ce cas, la sience n'a rien à voir; mais il faut que ceux qui procèdent ainsi sachent bien qu'il leur est interdit de préconiser leur mode de procéder. Et c'est ce qu'ils ignorent ou méconnaissent trop souvent.

On ne saurait jamais insister assez sur cette vérité fondamentale, que les connaissances zootechniques proprement dites, celles qui mettent en mesure d'atteindre le but prochain de l'élevage des animaux, demeureraient en grande partie stériles, si elles n'étaient accompagnées des connaissances économiques qui embrassent, non-seulement ce qui concerne l'exploitation rurale, mais encore l'ensemble des intérêts dont se compose la société. Il n'est pas possible sans cela d'apprécier exactement le débouché des produits, qui est le criterium essentiel de toute industrie, parce qu'il lui donne sa sanction.

Il n'y a de production utile, en définitive, que celle qui concilie tous les intérêts en aboutissant au bénéfice. Les études approfondies sur l'économie publique ont appris que personne ne rend service à la société en consommant sa propre ruine. Le désintéressement est un beau sentiment, qui mérite tous les éloges, à cause des intentions dont il témoigne; mais ce serait se tromper fort de l'ériger en vertu sociale. On voit sans peine qu'une telle vertu, si elle était généralement pratiquée

aboutirait nécessairement à la ruine de la société. Ce qui est
vrai, c'est que chacun, en augmentant sa propre fortune par
une production plus économique et plus considérable d'objets d'utilité générale, accroît d'autant la fortune et la prospérité publiques.

Et cela est surtout vrai pour la production animale, dont tous
les objets sont d'une incontestable utilité. Le problème de cette
production, si multiples qu'en soient les données, se résume
donc, en dernière analyse, dans le bénéfice. D'où il suit que
toute entreprise de ce genre est bonne et utile qui se traduit
par le résultat que ce mot implique. Elle est d'autant meilleure
que le bénéfice est plus élevé.

Sans avoir égard aux considérations par lesquelles la question
du bétail a été tant de fois obscurcie, sans se préoccuper en
aucune façon de ces conceptions inspirées par une fausse notion
du progrès ou par de vagues aspirations philanthropiques, lorsqu'elles n'ont pas pour mobile un pur intérêt mercantile de la
part de ceux qui les prônent pour les exploiter à leur profit;
sans se laisser imposer par tout cela, le seul but qu'il faille sa
proposer d'atteindre, dans les entreprises zootechniques, c'est
de réaliser des bénéfices.

On croit trop volontiers, quand on n'a pas à fond étudié ces
questions-là, que le progrès consiste toujours nécessairement à
peupler l'exploitation agricole d'animaux dits perfectionnés;
qu'il y a lieu tout au moins, lorsqu'on ne peut pas disposer du
capital nécessaire pour se procurer ces animaux en nombre
suffisant, d'entreprendre à leur aide la transformation de ceux
qu'on a, par voie de croisement. C'est une des erreurs les plus
funestes à l'économie rurale qui puissent être soutenues, et
c'est pourtant cette erreur qui, parmi les auteurs accrédités
en matière de bétail, compte encore aujourd'hui le plus d'adhésions, pour ce motif que s'ils ont enfin consenti à admettre
d'une manière vague l'importance des considérations économiques, ils n'ont point assez goûté ces considérations pour y con-
former leur conduite.

La seule formule absolue du progrès, en matière d'économie du bétail, se résume en ces mots : bien nourrir; le reste y est toujours subordonné. Il ne faut avoir, dans une exploitation, que le bétail auquel on peut assurer une alimentation suffisante; hors de là, il n'y a point de bénéfice possible, et par conséquent point de progrès. Le choix des aptitudes à exploiter ne dépend que de cela, mais il en dépend tout entier.

Si les ressources alimentaires sont seulement de nature à procurer à l'espèce ou à la race généralement entretenue dans la localité cette condition d'une bonne nourriture, qui porte leurs aptitudes au plus haut degré, le progrès consiste à la conserver, en attendant que le développement de ces ressources permette de remplir la même condition à l'égard de consommateurs plus exigeants. Ce sera toujours une mauvaise spéculation d'entretenir des animaux dont les aptitudes et les appétits dépassent la quotité des matières premières qui peuvent leur être données à transformer. Ce sont, en réalité, des métiers et des ouvriers qui chôment, faute d'approvisionnement. L'intérêt du capital qu'ils représentent n'en court pas moins, et c'est en pure perte, lors même que ce capital lui-même ne dépérirait point, ce qui n'est pas le cas le plus ordinaire.

La pire de toutes les fautes, dans les entreprises zootechniques, est de se lancer à la suite des amants platoniques du progrès vers les innovations, au mépris de la notion fondamentale dont il vient d'être parlé. Nous avons trop insisté, dans les chapitres spécialement consacrés aux méthodes d'amélioration, sur le lien étroit qui unit les aptitudes au milieu, pour qu'il soit nécessaire d'y revenir en ce moment. Le lecteur attentif a parfaitement vu, j'espère, que se préoccuper uniquement d'introduire dans la ferme des animaux dits perfectionnés, aux aptitudes natives ou acquises très-développées, c'est n'envisager la question du progrès zootechnique que par un seul de ses côtés. Ces aptitudes, en effet, ne se conservent et ne remplissent leur fonction économique qu'à la condition de rencontrer les éléments de leur exercice. Autrement, l'opération conduit infailliblement à un échec, ainsi que de trop nombreux faits l'ont démontré, lorsque florissait sans conteste la doctrine du croisement, envisagée comme moyen absolu d'améliorer le bétail.

Donc, voici dans quel ordre apparaissent, d'après les principes que nous avons posés, les conditions du succès des spéculations qui nous occupent :

Au premier rang se place la situation agricole proprement dite, qui fournit les matières premières de toute production animale. A ces matières premières, qui sont des aliments et qui varient suivant l'aptitude fourragère du sol et le système de culture adopté et pratiqué, il s'agit de trouver les meilleurs consommateurs, c'est-à-dire les animaux qui, par leur constitution physiologique, peuvent en tirer le meilleur parti : on ne songera point, par exemple, à faire consommer des racines, des tubercules ou des résidus de distillerie par des chevaux, non plus que des herbes fines et aromatiques par des bœufs.

Le choix fait à cet égard, l'accomodation déterminée entre la matière consommable et la constitution physiologique des consommateurs solipèdes ou ruminants, il reste à juger de la fonction économique qui doit être préférée. Ici, c'est logiquement la situation économique qui décide. S'il s'agit de l'espèce bovine, sera-ce la viande, ou le lait? Si c'est le mouton qui est en cause, faut-il sacrifier la laine à la viande, la viande à la laine, ou concilier les deux dans une production moyenne? C'est l'étude attentive des débouchés, des facilités d'écoulement des produits qui en décide.

Faut-il élever soi-même ses consommateurs ou les acheter tout élevés pour donner seulement la dernière main à leur achèvement?

Autant de questions essentiellement relatives et qui ne peuvent recevoir aucune solution *à priori*. Cela dépend de toutes les circonstances que nous avons examinées, en essayant d'analyser le rapport qui doit exister entre les fonctions économiques du bétail et la situation. La production animale, comme toutes les autres, obéit à la loi de la division du travail. C'est à déterminer exactement la fonction à laquelle les conditions de milieu, agricoles et économiques, sont le plus propres, qu'il faut s'appliquer.

Le but ainsi bien marqué, par l'étude de la situation, alors seulement les méthodes zootechniques interviennent pour fournir les moyens de l'atteindre. Elles donnent les préceptes de l'art ou du métier de l'éleveur, comme vous voudrez; ce sont les instruments de la réalisation du programme de l'entreprise zootechnique, pas autre chose. Ces méthodes et les notions scientifiques sur lesquelles elles sont établies n'en sont pas pour cela moins indispensables pour arriver au succès; mais c'est à la condition expresse qu'elles soient appliquées à propos. Or, elles ne peuvent l'être que si le programme a été bien conçu et bien posé. Nonobstant leur solidité propre, elles seraient impuissantes sans cela. Leur emploi réaliserait tout au plus une expérimentation sans doute intéressante pour la science, mais non pas une opération industrielle.

Trop longtemps ces méthodes, fort erronées d'ailleurs sur plus d'un point et incomplètes, parce qu'elles n'étaient pas suffisamment inspirées par la science, ont à elles seules formé tout le bagage de l'enseignement relatif à la production du bétail, considéré ainsi d'un point de vue absolu qui n'est pas dans la nature des choses. C'est à l'école zootechnique, ainsi que je l'ai dit dans le premier chapitre de ce volume, que revient l'honneur d'avoir établi l'enseignement dont il s'agit sur ses véritables bases.

En lui donnant le nom qu'il porte maintenant, cette école n'a point cédé à la puérile satisfaction de créer un mot nouveau, comme certaines personnes mal éclairées ont été tentées de le croire. Ce mot était et doit demeurer l'expression d'une conception plus large et plus compréhensive, qui subordonne toujours et partout les méthodes zootechniques, constituant l'art de produire les animaux domestiques, aux conditions économiques, qui seules décident de leur production lucrative. À ce titre, la zootechnie ne se sépare pas de l'économie rurale, dont elle est une des branches les plus importantes. Je ne serais peut-être même démenti par aucun économiste autorisé si je disais qu'elle est de toutes la plus importante ; car le temps n'est plus où les maîtres de la science croyraient, avec Mathieu de Dombasle, que le bétail, en économie rurale, devait être considéré comme un mal nécessaire.

Si quelques agriculteurs, praticiens distingués d'ailleurs, formulent encore de temps en temps, à l'occasion, cette thèse vieillie et que rien ne saurait plus justifier, maintenant que l'analyse scientifique des conditions de la production rurale a mis chaque chose à sa place, il n'en est pas moins reconnu, comme l'a écrit M. Moll[1], que le bétail est « la base fondamentale, » « la condition première d'existence et de progrès » de l'agriculture. Il ne peut donc être, à ce compte, un mal ; car on ne comprendrait point qu'un mal, si nécessaire qu'il fût, pût être la condition première d'existence et de progrès, la base fondamentale d'une industrie bienfaisante comme l'est l'agriculture.

Sur cette notion essentielle d'économie rurale, M. Moll, élève de Roville, s'est donc radicalement séparé de son illustre maître, et il a certainement bien fait. Mais c'est dans les ouvrages de M. Édouard Lecouteux, déjà cités, que l'erreur de la vieille doctrine sur le bétail ressort surtout évidente. Le plus autorisé des représentants de l'école économique établit d'une manière irréfutable que dans la culture améliorante, le premier rôle appartient au bétail. Et il ne s'est pas borné à le poser en principe dans ses ouvrages d'économie rurale, il en a fourni la démonstration expérimentale dans sa propre pratique.

---

1. *Encyclopédie pratique de l'agriculteur*, t. I, art BÉTAIL. Paris, Firmin Didot.

On pourrait invoquer cette pratique même comme un frappant exemple des principes qui doivent présider aux entreprises zootechniques. Ayant à mettre en valeur, par le défrichement, de vastes étendues de terre, en Sologne, et devant tirer parti des jachères qui succédaient aux récoltes de seigle obtenues à l'aide des phosphates, en faisant consommer sur place les herbes dont se couvraient ces jachères, croyez-vous qu'il soit venu à l'idée de M. Lecouteux, — à qui l'on ne pourra cependant point contester la qualité d'homme de progrès, — croyez-vous qu'il lui soit venu à l'idée de faire consommer ces herbes par des moutons perfectionnés, ou seulement même de faire des élèves? Point du tout! Il lui fallait des consommateurs : il a pris ceux qui, dans les conditions où il se trouvait, devaient être les plus avantageux, parce qu'il pouvait les placer dans une situation d'abondance relative; il a pris des moutons solognots achetés à bon compte, pour les engraisser en peu de temps et renouveler le plus souvent possible son capital engagé, de manière à faire ressortir la rente annuelle de sa terre à un taux relativement énorme, tout en créant pour cette terre des éléments de fertilisation.

Par ces procédés, conformes aux enseignements de la saine économie rurale, M. Lecouteux a mis son exploitation en état de subvenir aux aptitudes de consommateurs plus exigeants, et il en est arrivé présentement, comme M. de Béhague dans une autre partie de la Sologne, aux métis southdown. S'il avait commencé par ceux-ci, à peine eût-il pu fournir à leurs rations d'entretien, au lieu de produire de la viande grasse comme il l'a fait avec les solognots, et le bénéfice, au lieu d'être très-notable par hectare de terre pâturé, eût été nul dans les conditions les plus favorables.

Voilà ce que les dissertations à perte de vue sur l'aptitude des races précoces à produire la viande à bon marché n'apprennent point. Chaque chose est bien, qui est à sa place; et le précepte empirique qui dit qu'il ne faut entretenir que le

bétail que l'on peut bien nourrir ne cesse pas d'être vrai, parce
que nous sommes à présent en mesure de le justifier scientifi-
quement. Il faut seulement le rappeler à ceux qui oublient trop
volontiers qu'il domine toutes les entreprises zootechniques.

Nous en avons assez dit maintenant sur les bases de ces entreprises. Le présent livre, en outre, n'est que l'exposé des
connaissances nécessaires à l'entrepreneur pour les conduire
à bonne fin. Mais il est quelque chose que nous serions tout à
fait inhabile à lui donner, s'il n'en était naturellement doué :
c'est l'aptitude commerciale.

Il ne suffit pas, en effet, de savoir fabriquer des produits; il
faut encore être en mesure d'en tirer parti. Les animaux, leurs
produits et les éléments de fabrication de ces produits, sont des
marchandises : cela se vend et cela s'achète. Pour bien conduire ses opérations, en économie de bétail comme en toute
autre industrie, il est par conséquent nécessaire de savoir ven-
dre et acheter. Il ne nous appartient pas de l'enseigner ici, ce
qui, du reste, ne serait point possible. L'aptitude commerciale
se développe, comme toutes les autres, par l'exercice. Je de-
vais la mentionner à titre d'élément de succès des entreprises
zootechniques. Lorsqu'elle est absente, cela fait souvent échouer
les combinaisons d'ailleurs les mieux conçues et les mieux exé-
cutées, pour ce qui concerne les opérations purement du ressort des méthodes de la zootechnie.

L'aptitude commerciale est surtout indispensable, par
exemple, pour les spéculations d'engraissement, dans lesquelles,
le plus souvent, le bénéfice repose sur un écart très-minime
entre le prix d'achat de la viande maigre et le prix de vente de
la viande grasse. Quiconque n'est point en mesure d'évaluer
assez exactement le poids brut d'un animal sur pied, afin de ne
le payer qu'un certain prix, laissant pour l'engraissement la
marge nécessaire pour rester dans les bases calculées de l'opération, celui-là ne doit point faire des entreprises de ce genre.
Quelques centimes de plus ou de moins par kilogramme changent

du tout au tout le résultat final. Et c'est dans des considérations de cette sorte que se trouve bien des fois le secret du succès des uns, là où d'autres n'ont obtenu que des revers. Notre dernier mot sera, sur le sujet de ce chapitre, que dans les entreprises zootechniques, le principal est à tous égards de mesurer bien exactement les forces dont on peut disposer, au lieu d'obéir à des considérations absolues, ainsi que cela se voit trop fréquemment préconisé.

CHAPITRE XII

DES ENCOURAGEMENTS

Modes d'encouragement. — Il serait difficile, dans l'état actuel des esprits, de s'abstenir complétement d'apprécier ici les institutions au moyen desquelles la puissance collective intervient dans le but d'imprimer à la production animale une direction déterminée, bien que ces institutions n'aient rien de commun avec les principes généraux de la zootechnie, dont nous nous sommes occupés.

Cependant, essentiellement mobiles par leur nature même, leur appréciation appartient surtout à la polémique courante, lorsqu'il s'agit d'examiner les effets de chacune d'elles en particulier. Pour sacrifier à l'usage, je les ai discutées à fond dans un travail antérieur[1]. Il me paraît suffisant, et plus conforme au plan de nos études présentes, de nous borner à l'examen du principe de l'intervention collective dans les intérêts privés qui se rapportent à l'économie du bétail. Les modes peuvent

____

1. *Livre de la Ferme*, loc. cit., t. I, p 457.

varier, et ils sont essentiellement progressifs ; les principes sont immuables. Signalons donc seulement les modes expérimentés jusqu'à présent, et ne discutons que sur la valeur des principes dont ces modes ont été des applications.

La puissance collective, en matière d'industrie zootechnique, se manifeste aux divers degrés de son organisation, depuis l'association libre et spontanée des individus, agissant en vertu de leur initiative, jusqu'à la forme impersonnelle et centralisée de l'Etat en passant par le rouage départemental.

Les agents de cette puissance organisée ayant son budget spécial, qui se prêtent un mutuel concours pour atteindre le but, sont, pour procéder du centre à la circonférence, l'administration ministérielle, l'administration préfectorale, et les associations agricoles, comices et sociétés d'agriculture. Les formes d'intervention se traduisent par des moyens directs de production, qui consistent principalement à mettre à la disposition des particuliers des étalons, ou par des stimulants, qui sont des prix ou des primes, récompenses aux plus méritants distribuées à la suite de concours.

A la première catégorie de ces formes appartiennent les pratiques réalisées par ce qu'on appelle l'administration des Haras, par les vacheries et les bergeries de l'Etat, par l'institution des étalons dits départementaux ; à la seconde, les courses et les concours de toutes sortes.

Au moment où nous écrivons, l'Etat a la main dans toutes ces institutions. Quand il ne les dirige pas lui-même, il les patronne et il en surveille la marche, par l'intermédiaire de ses agents, en usant du droit que lui donnent ses subventions.

Finalement, l'Etat exerce donc, à tous les degrés de l'intervention collective, son influence sur la production animale.

C'est une question de savoir si cette influence peut être utile, et si elle ne semble pas seulement efficace dans les cas où elle se borne à suivre, sans la contrarier, la marche naturelle des choses ; mais nous placer à ce point de vue serait sortir de

notre cadre; il faut laisser au progrès du temps le soin de
ramener le plus grand nombre des esprits à la conception nette
du véritable rôle de l'État en toute chose. On peut constater
toutefois que nous marchons à grands pas vers cette conception.

Quant à présent, ce que nous en pourrions dire n'aurait
pas de chances d'être goûté par le plus grand nombre, surtout
dans les matières dont nous nous occupons ici. Il est notoire,
pour tous ceux qui observent attentivement, que l'État est lui-
même à cet égard plus avancé que ses administrés en général,
et qu'il fait des efforts incessants pour amoindrir sa propre autorité et par conséquent la responsabilité entraînée par cette
autorité, qu'on se montre trop volontiers disposé à lui con-
céder.

Quoi qu'il en soit des formes dont nous venons de parler et
que nous ne devons discuter que fort accessoirement, en raison
de leur mobilité même, quelques-unes pouvant être modifiées
ou avoir complétement disparu par le fait d'un simple décret,
au moment où ceci sera livré au public, la puissance collective
manifeste ses encouragements aux progrès de l'économie du
bétail en vertu de deux principes distincts : celui de l'intervention directe, et celui de l'intervention indirecte.

Ces deux principes ont donné lieu à de nombreuses discussions, surtout dans leur application à l'industrie chevaline, en
particulier. Il convient que nous les examinions successivement,
en élargissant le champ de la discussion. Ce qui est vrai pour une
espèce animale l'est également pour toutes les autres; et nous
n'avons pas besoin, sans doute, de faire remarquer que la science
économique a fait chez nous assez de progrès maintenant, pour
qu'il ne soit plus nécessaire de réfuter la prétention de ceux
qui soutiennent encore que le soin de la défense nationale
soustrait la production chevaline aux lois qui régissent les autres
genres de production. On comprend généralement qu'il est
encore plus urgent de s'occuper de sa subsistance quotidienne

et de se prémunir contre les intempéries des saisons, que de se garantir à grands frais une réserve de cavalerie imposante, en cas de plus en plus douteux d'agression de la part des nations étrangères. Ces nations, de leur côté, sont davantage préoccupées de trafiquer avec nous des produits de leurs industries, chevaux, bœufs ou moutons, viande, laine, etc., que d'envahir notre territoire et de nous conquérir.

Cela soit dit en supposant même que le soin de produire des chevaux de cavalerie incombât à l'État, et que celui-ci fût mieux à même que les particuliers de se charger de ce soin. Nous pouvons donc, sans crainte puérile, généraliser notre discussion.

Intervention directe — En nous plaçant au point de vue des principes, et sans nous préoccuper des divers modes qui ont été usités jusqu'à présent ou qui pourraient l'être dans l'avenir, nous devons donner à cette expression d'intervention directe de la puissance collective dans les choses d'intérêt particulier son véritable sens.

Quelque moyen qu'elle emploie pour se manifester, l'intervention n'est directe, en réalité, qu'autant qu'elle a pour but de faire triompher des vues systématiques, conçues par les représentants de la collectivité, et imposées aux particuliers ou seulement obtenues d'eux par persuasion ou autrement. Le type s'en trouve dans l'administration des Haras, qui a toujours eu la prétention de posséder les meilleures doctrines en fait de production chevaline, et qui a constamment usé des moyens dont elle disposait pour diriger cette production dans le sens de ses doctrines. Qu'elle ait ouvertement proclamé ce principe de son institution, ou qu'elle se soit donné l'apparente mission d'émanciper, comme on le dit, l'industrie privée, cela ne change rien au fond. Il s'agit toujours de direction. Les primes d'approbation ou d'encouragement ne sont jamais accordées qu'aux reproducteurs qui entrent dans le système. Peu importe que l'administration produise elle-même ses étalons ou qu'elle les achète aux éleveurs ; peu importe qu'elle les entretienne dans ses dépôts ou qu'ils soient entretenus par l'industrie privée : ce n'est là qu'une question de budget. Elle intervient directement dès qu'elle décide du choix de ces reproducteurs par l'attribution de ses subventions. L'approbation et la subvention ne sont acquises qu'à ceux qui entrent dans ses vues.

Pour les autres espèces, au sujet desquelles il n'existe point d'administration spéciale, c'est d'une autre façon que l'intervention directe peut se manifester. Ce serait, par exemple, faire acte d'intervention directe, que de rédiger d'une certaine façon les programmes des concours d'animaux reproducteurs ou autres. Et les discussions auxquelles ces programmes ont donné lieu, discussions qui continueront, sans aucun doute, n'ont pas d'autres bases que celles de la défense ou de l'attaque du principe examiné en ce moment. Les uns se montrent convaincus qu'il appartient à la puissance collective d'imprimer à la production animale une direction déterminée, qu'elle a qualité pour cela, et qu'elle doit user à cet effet des moyens dont elle peut disposer ; les autres, et ce sont à beaucoup près les moins nombreux, lui contestent cette qualité. Les controverses, à vrai dire, portent plutôt sur les systèmes qu'il conviendrait de faire triompher, que sur le principe d'intervention en lui-même.

On a déjà compris, bien certainement, que notre manière d'envisager le sujet qui nous occupe simplifie considérablement les termes du problème à résoudre. Si nous aboutissons à une formule claire, pour le principe, rien ne sera plus facile ensuite que de se prononcer sur la valeur de ses applications, sans qu'il soit nécessaire de les passer en revue l'une après l'autre. Cette formule étant, je suppose, la condamnation du principe de l'intervention directe, il suffira, pour rejeter des véritables encouragements aux progrès de la zootechnie une institution quelconque, de constater qu'elle est fondée sur ce principe.

On ne comprendrait plus aujourd'hui qu'il vînt à la pensée de quelqu'un de considérer comme nécessaire l'intervention de la puissance collective dans la fabrication des draps, des cuirs ou des parapluies, pour déterminer les qualités ou les formes qui conviennent le mieux à la consommation ou qui peuvent produire le plus de bénéfices aux fabricants. Les progrès de la liberté industrielle ont fait disparaître jusqu'aux derniers vestiges des idées qui ont été surtout florissantes, à cet égard, dans ce temps qu'on appelle le grand siècle et où toutes les industries étaient soumises à l'intrusion de cette multitude d'inspecteurs-jurés dont les offices ou les charges se payaient à beaux deniers comptant. L'Etat, c'est moi, disait alors le roi; et le roi était tout. Mais si ces idées ne sont plus de notre temps, sous leur forme absolue, il s'en faut de beaucoup qu'on soit complétement affranchi de l'idolâtrie de la puissance collective, et que l'on comprenne bien la limite normale qui sépare, en matière de production, le rôle utile de cette puissance, de celui de l'initiative individuelle. C'est à ce point que ce qui semblerait monstrueux, appliqué aux industries dont nous venons de parler, paraît au contraire fort naturel et même indispensable, lorsqu'il s'agit de l'industrie agricole en général et particulièrement de la production animale. Le motif spécieux est que la défense et la subsistance nationales, aux premiers besoins desquelles l'agriculture doit pourvoir, sont des intérêts collectifs de la plus grande importance.

Le fait est incontestable; mais s'ensuit-il nécessairement que la puissance collective soit mieux en mesure que la puissance individuelle d'assurer la satisfaction de ces intérêts?

Avant de conclure à l'intervention, c'est là ce qu'il y aurait à rechercher. Or, il ne faut pas hésiter à reconnaître que par essence la collectivité est tout autant impuissante à diriger tel genre de production que tel autre; que forcée d'employer, pour exercer son action, des agents personnellement désintéressés dans le résultat immédiat, encore bien qu'on lui supposerait, —

ce qui n'est pas admissible, — la science complète de toutes les
circonstances qui peuvent influer sur ce résultat, ces agents,
comme elle-même, doivent être forcément entraînés aux vues
spéculatives et systématiques, aux conceptions doctrinaires qui
donnent tort aux faits et s'obstinent dans l'erreur.

Il n'est point une seule des formes de l'intervention directe
expérimentées jusqu'à présent, qui ne pût en fournir la preuve,
à commencer par l'administration des Haras, dont la dernière
heure ne tardera sans doute point à sonner à l'horloge du
temps. Elle s'est montrée tenace, comme tout ce qui est fondé
sur un préjugé général ; mais il lui a fallu, pour résister aux
coups qui lui ont été portés, changer à chaque instant de système et de direction, et finalement déclarer qu'il ne lui restait
plus d'autre rôle à remplir que celui de travailler à se rendre
inutile.

Aux yeux de ceux qui voient juste, la besogne était faite
depuis longtemps. Mais il faut espérer que nous assistons à la
dernière expérience, plus coûteuse encore que toutes les précédentes, d'un système également condamné par les principes
élémentaires de la science économique et par ceux de la science
zootechnique. Dans l'administration des Haras on a, depuis
trente ans, souvent changé d'instrumentiste, mais, suivant l'expression de M. Thiers, on a toujours joué le même air. Le
temps est venu de laisser les éleveurs faire eux-mêmes leur
musique. Alors seulement ils la feront au mieux de leurs intérêts, que personne, quoi qu'on en dise, ne saurait connaître et
servir aussi bien qu'eux.

Et remarquons en passant, comme un exemple frappant de
l'erreur qui a cours au sujet de l'appréciation des modes d'intervention de l'État dans la production animale ; remarquons,
dis-je, que la dernière transformation subie par l'administration des Haras a été donnée et acceptée comme une transaction
entre les deux systèmes en présence de l'intervention directe
et de l'intervention indirecte ; cette dernière étant appelée éman-

cipation de l'industrie privée, apparemment parce qu'il ne s'agissait, pour la plupart de ses partisans, que de substituer l'influence du *Jockey-Club* à celle de l'administration.

Eh bien, ce qui est vrai, c'est que l'intervention n'a jamais été plus directe ; car, tandis que l'administration se bornait auparavant à fournir des étalons ou à les approuver, elle étend à présent son influence sur tout ce qui concerne la production, sur les juments et sur les produits, jusque sur le commerce de ces derniers. L'ambition, louable par l'intention, mais excessive eu égard à la puissance, est bien incontestablement de diriger en tout l'industrie chevaline. Le compromis a existé réellement, mais non pas entre l'Etat et la liberté. Il a existé entre l'Etat et l'*industrie privée*, euphémisme employé pour désigner les éleveurs de chevaux de course, composant la Société citée plus haut sous son titre anglais. La véritable industrie privée ne sera émancipée qu'à dater du jour où le cheval, produit agricole, rentrera dans les attributions administratives du bureau dit des encouragements, au ministère de l'agriculture, au même titre que le bœuf, le mouton et le porc, pour n'être plus l'objet, comme ces derniers, que d'une véritable intervention indirecte, dont nous parlerons bientôt.

L'intervention directe se caractérise donc avant tout par l'existence administrative d'un système zootechnique qu'il s'agit de faire triompher. Elle substitue dès lors, dans la direction des intérêts privés, à l'initiative individuelle, à l'expérience qui s'acquiert et qui se rectifie par les résultats mêmes de ses erreurs, une puissance irresponsable qui, placée nécessairement sur le terrain de la doctrine pure, ne peut que faire bon marché de tout ce qui semble contrarier ses vues.

Toute centralisation entraîne forcément l'absolutisme des théories. Et dans des matières si essentiellement variées et relatives que le sont celles dont s'occupe la zootechnie, ainsi que nous l'avons vu, il n'est pas possible de concevoir un génie capable d'imprimer à chaque chose la direction qui convient le mieux pour arriver au but, de se substituer à la masse des intéressés pour discerner mieux qu'eux le choix des opérations qu'ils doivent entreprendre et des moyens qu'ils doivent préférer. Ces opérations, d'ailleurs, sont mobiles comme les circonstances, et pour apprécier celles-ci dès qu'elles se produisent, il faut être sur les lieux. On ne dirige pas la production animale d'un pays comme la France, assis devant un bureau ministériel, encore bien qu'on aurait à son aide une armée d'inspecteurs généraux et d'employés.

L'idée que nous formulons ici, du reste, a maintenant prévalu presque complétement. La puissance collective, à ses divers degrés, ne se soucie plus guère d'assumer en matière d'industrie des responsabilités quelconques. Les idées de liberté ont fait leur chemin, et c'est ce qui nous permet d'abréger beaucoup sur ce chapitre. Il y a seulement quelques années, il aurait dû nécessairement être beaucoup plus long. Il n'y a donc pas lieu d'insister. Ajoutons seulement, pour conclure, qu'en principe toute intervention directe, comprise comme nous venons de la définir, doit être rejetée absolument; mais que s'il s'agit de la juger relativement, elle devient pire, à mesure qu'elle se rapproche davantage de la centralisation.

Sur ces bases, le lecteur appréciera sans difficulté, répétons-le en terminant, les institutions qui peuvent encore subsister avec le caractère dont il s'agit, et dont quelques-unes ressortissent plus particulièrement, par leur constitution fondamentale, à l'intervention indirecte, dont nous allons maintenant nous occuper.

Intervention indirecte. — La puissance collective intervient d'une manière indirecte dans l'encouragement au progrès de la production animale, principalement au moyen des concours publics, que l'on appelle plus justement des expositions. Il serait impossible de nier les résultats heureux qui se sont produits en ce sens, depuis que l'institution de ces expositions périodiques s'est généralisée, en acquérant plus d'importance et de solennité. Mais il importe de bien établir à quel prix les résultats incontestables que nous constatons ont été obtenus. De là ressortira clairement le principe vrai de l'intervention indirecte, à quelque mode de concours qu'elle soit appliquée.

Il existe encore des partisans absolus de l'intervention directe, qui voudraient que les divers pouvoirs collectifs usassent de leur influence pour faire servir les concours d'animaux à l'adoption de leurs doctrines zootechniques. Ils voudraient que ceux qui ont la direction de ces concours adoptassent un ensemble de principes sur l'amélioration du bétail, en donnant à ces principes la consécration officielle. Les programmes de prix, si on les en croyait, seraient rédigés dans des vues systématiques, et nous aurions, en matière de zootechnie, une sorte de religion d'État, dont le ministre de l'agriculture serait le pape, les inspecteurs généraux les cardinaux, les sociétés d'agriculture les chapitres diocésains, et les comices les simples cures.

A cela conduit toujours, avec les meilleures intentions du monde, une fausse entente de la limite où s'arrête, en toute chose, le rôle normal de la puissance collective. Qui donc est assez sûr d'être en possession de la vérité définitive, pour songer ainsi toujours à l'imposer?

Fort heureusement, nous n'avons pas à combattre sérieusement de telles propositions. Fussent-elles appuyées sur les principes les plus incontestablement vrais de la zootechnie, dans l'état actuel de la science elles n'auraient aucune chance de triompher. Si ceux à qui le devoir d'organiser les exhibitions d'animaux incombe ont des préférences doctrinales, ils les ont en leur qualité d'hommes d'étude, non point en celle de représentants de l'autorité collective, et ils savent fort bien que leur mission n'est pas de les imposer, mais bien de mettre en évidence les faits sur lesquels elles peuvent s'appuyer. Il est reconnu maintenant que les expositions ou les concours sont des moyens de comparaison et d'étude, qui tiennent les esprits en éveil et les stimulent au besoin, qui provoquent l'émulation et la soutiennent, mais en laissant à chacun le libre choix des moyens de contribuer à la marche du progrès, en suivant les inspirations de son propre intérêt.

En vertu de ces principes, l'administration qui préside aux solennités agricoles dont il s'agit et qui distribue, pour leur plus grand éclat, les encouragements du budget, est et doit rester neutre dans les questions de doctrine qui s'agitent. Son unique devoir, parce que c'est l'unique rôle qui lui convienne, est de tenir la balance égale entre toutes et de favoriser au même titre l'exhibition de tous les objets auxquels ces doctrines se rapportent. Nous voudrions, pour notre part, qu'elle poussât aussi loin que possible cette neutralité, et qu'elle allât jusqu'à s'abstenir complétement sur toutes les questions qui peuvent être douteuses, se préoccupant uniquement de mettre de l'ordre dans les expositions qu'elle organise, afin d'en faciliter l'examen et l'étude.

Lorsqu'on examine à fond, en effet, le principe en vertu duquel les expositions publiques agissent sur la marche du progrès, on ne tarde point à s'apercevoir que ceux qui prennent part à ces expositions et ceux qui les visitent n'y viennent point chercher un enseignement dogmatique, officiel ou non. Ils y viennent soumettre à l'appréciation et au contrôle du public les résultats qu'ils ont obtenus, ou exercer eux-mêmes ce contrôle, afin de s'éclairer par la comparaison des faits. Le stimulant direct des prix à remporter serait bien peu de chose, en vérité, s'il fallait, pour les obtenir, travailler à l'encontre des intérêts industriels. Cela pourrait agir sur une petite minorité d'amateurs riches, qui cherchent à se procurer des satisfactions d'amour-propre ; mais la masse resterait indifférente, et c'est ce qu'elle a fait aussi longtemps que les concours ont été conçus dans des vues systématiques.

On en peut citer pour preuve ce qui s'est produit au concours de Poissy, tant que le programme de ce concours a été rédigé en vue d'un résultat absolu. Durant bon nombre d'années, la lutte s'est concentrée presque exclusivement entre un très-petit nombre d'éleveurs, sans grand profit pour la diffusion des bonnes méthodes d'élevage et d'engraissement. Les palmes n'ont servi qu'à mettre en relief les noms de MM. de Béhague et de Torcy. Jusqu'à 1852, on ne constatait point, sur les marchés de Sceaux et de Poissy, qu'il y eût progrès dans l'engraissement des animaux mis en vente, ni dans l'abaissement de l'âge auquel ces animaux étaient livrés au boucher. La précocité des métis exposés à Poissy, et même celle des charolais purs de M. Massé, pourtant si remarquable, demeurait un fait exceptionnel. C'est que les fondateurs du concours de Poissy avaient obéi à une idée systématique, qui était d'engager administrativement les éleveurs dans la voie des croisements avec le durham.

C'est seulement à partir du moment où, rompant avec cette idée systématique, sous l'empire des principes, nouveaux au pouvoir, de la science économique, l'administration de l'agriculture s'est décidée à répartir également ses récompenses et ses encouragements entre toutes les races qui approvisonnent habituellement nos marchés ; c'est à partir de ce moment que les concours d'animaux gras ont pris une grande extension et qu'ils ont exercé une réelle influence sur la production. Alors on a vu en peu d'années, ce fait devenir possible, d'un jeune bœuf de la race garonnaise disputant la coupe d'honneur aux produits du croisement durham le plus avancé, tant était grande sa précocité et excellente sa conformation. On a vu, dans toutes les nombreuses catégories établies, une élite de sujets montrer des progrès acquis dans la même voie. Ce qui met bien en évidence que le véritable rôle de l'administration est de constater des résultats et de sanctionner les meilleurs dans chaque catégorie par les récompenses dont elle dispose, laissant aux intéressés le choix de la direction dans laquelle il leur convient le mieux de s'engager.

De même en est-il pour les concours d'animaux reproducteurs, régionaux ou autres. Ils ne peuvent avoir pour effet utile
que de faire exhiber les plus beaux échantillons dans tous les
genres, afin qu'ils réunissent la plus forte collection possible
de faits à étudier et à comparer.

La seule règle à suivre, pour la rédaction de leurs programmes, est donc de ne rien laisser de côté, dans la population
animale de la région où se tient le concours. Quant à la répartition des encouragements entre les diverses catégories d'animaux, cela peut fournir matière à discussion. Le nombre et la
quotité des prix à distribuer paraissent logiquement indiqués
par l'importance de la population à laquelle ils s'adressent;
mais il peut être bon de provoquer l'exhibition des types rares
et universellement considérés comme les plus beaux, en dehors
de toute considération d'accommodation au milieu dans lequel
le concours a lieu, par l'appât de fortes récompenses. Il ne s'a-
git pas de préconiser directement leur emploi, à titre de reproducteurs, mais bien de les mettre sous les yeux des visiteurs,
à titre de moyen d'enseignement et afin qu'ils apprennent à
connaître le modèle vers lequel ils ont à diriger leurs améliorations.

La véritable fonction de la puissance collective consiste donc
à faire ici ce que la collectivité peut seule réaliser, en asso-
ciant les forces individuelles en vue du but commun, qui est le
progrès. Elle n'a pas qualité pour indiquer, *à priori*, la marche
à suivre, mais il est en son seul pouvoir de réunir les éléments
d'où résulte l'indication. Son rôle est de chercher les faits, sans
autre parti pris que celui de les mettre en évidence aux yeux
de tous, en facilitant leur exhibition.

Le bien réalisé par les concours régionaux, conçus à peu
près complétement dans ces idées, ne laisse aucun doute sur
ce point à quiconque sait apprécier le motif de leur influence.
On y pourra introduire encore des réformes de détail. Tout
se perfectionne avec le temps et l'expérience. Mais le principe

de leur institution est le seul bon et le seul vrai, comme mode d'intervention indirecte de la puissance collective dans la production animale. Les sociétés d'agriculture et les comices n'ont qu'à le suivre, pour employer efficacement les encouragements que les subventions de l'État, des conseils généraux, et les cotisations particulières mettent à leur disposition. Changer de voie pour revenir à l'intervention directe ou doctrinaire, pour s'immiscer dans le choix des moyens d'amélioration qui est du ressort exclusif de l'initiative individuelle, éclairée par les discussions et les démonstrations de la science, ce serait faire du progrès à rebours. Il faut que ces discussions et ces démonstrations soient soumises au contrôle des faits et de l'observation, que chacun en puisse vérifier le fondement, en profitant de l'expérience d'autrui ; il faut pour cela que l'on mette son expérience en commun ; et les exhibitions publiques ne sont utiles et efficaces qu'à la condition de réaliser aussi complétement que possible cette condition.

En somme, pour que les encouragements au progrès zootechnique méritent véritablement leur nom, il est indispensable qu'ils agissent par les faits dont ils provoquent la manifestation, non point par la direction qu'ils imprimeraient en eux-mêmes à la production animale. Au lieu d'être conçus dans des vues systématiques, eu égard aux doctrines zootechniques, leur premier mérite doit être un éclectisme impertubable, une absence complète de tout système préconçu, autre que celui de l'abstention doctrinale.

Ces bases posées, il serait superflu d'entrer dans les détails. Il convient de laisser à l'intelligence du lecteur le soin d'en faire l'application aux cas particuliers. Guidé par les principes généraux développés dans ce volume, il lui sera facile, j'espère, le cas échéant, de déterminer le sens pour lequel il devra se décider, s'il lui arrive d'avoir à se prononcer sur l'institution d'un mode d'encouragement.

Qu'il s'agisse de l'une ou de l'autre de nos espèces animales domestiques ; qu'il s'agisse de courses, de primes d'essais, de concours ou d'expositions, la question est toujours la même : jamais l'absolu, toujours le relatif ; jamais le triomphe d'une doctrine systématique, toujours la manifestation des faits, qui laisse à chacun le soin de les apprécier et d'en faire son profit au mieux de ses intérêts.

En ces matières comme dans toutes les autres, la devise du progrès se formule ainsi : Mettre la vérité en évidence, pour lui conquérir le consentement ; ne rien imposer d'autorité.

FIN

TABLE DES MATIÈRES

FIN DE LA TABLE.

MONTEREAU. — IMPRIMERIE DE L. ZANOTE.

EXTRAIT DU CATALOGUE DE LA LIBRAIRIE AGRICOLE

AGRICULTURE (Cours d'), par *de Gasparin*. 6 vol. in-8 et 233 gravures. 39 50
BON FERMIER (Le), par *Barral*. 1 vol. in-12 de 1,400 p. et 200 grav. . . . . . 7 »
BON JARDINIER (Le), almanach horticole, par MM. *Poiteau, Vilmorin, Bailly, Naudin, Neuman, Pépin*. 1 vol in-12 de 1,650 pages et 15 gravures. . . . 7 »
CHEVAUX (Manuel de l'éleveur de), par *Villeroy*. 2 vol. in-8 avec 121 gravures. . 12 »
DRAINAGE DES TERRES ARABLES, par *Barral*. 2 vol. in-12, 960 p., 443 gr. 7 »
JOURNAL D'AGRICULTURE PRATIQUE, sous la direction de M. *Barral*. — Une livraison de 64 pages in-4, paraissant les 5 et 20 du mois, avec de nombreuses gravures noires et une gravure coloriée par numéro. — Un an. . . . . 19 »
LAITERIE, BEURRE ET FROMAGES, par *Villeroy*. 1 vol. in-18 de 586 p. et 54 gr. 3 50
MAISON RUSTIQUE DU 19ᵉ SIÈCLE, 5 vol. in-4 et 2,500 gravures. 39 50
POULAILLER (Le), par *Charles Jacque*. 1 vol. in-12 et 120 gravures 3 50
REVUE HORTICOLE, publiée sous la direction de M. *Barral*. — Un nᵒ de 24 pages in-4, les 1ᵉʳ et 16 du mois, et 48 gravures coloriées. — Un an. . . . . . 20 »
VIGNE ET VINIFICATION, par *J. Guyot*. 2ᵉ édit. 432 pages in-12 et 30 gravures. 3 50

BIBLIOTHÈQUE DU CULTIVATEUR, publiée avec le concours du Ministre de l'Agriculture.

EN VENTE : 27 VOLUMES IN-12, à 1 FR. 25 LE VOLUME, SAVOIR :

AGRICULTEUR COMMENÇANT, par *Schwerz*, traduit par *Villeroy*. 1 vol. de 332 pages. 1 25
TRAVAUX DES CHAMPS, par *Borie*. 230 pages et 130 gravures. 1 25
CULTURE GÉNÉRALE et Instruments aratoires, par *Lefour*. 1 vol. in-18 de 160 pages. et 132 grav. 1 25
FERMAGE (estimation, plans d'améliorations, bail), par *Gasparin*, 3ᵉ édition, 384 p. 1 25
SOL ET ENGRAIS, par *Lefour*. 180 pages et 54 gravures. 1 25
MÉTAYAGE (contrats, effets, améliorations), par *Gasparin*. 2ᵉ édition, 166 pages. . 1 25
FUMIERS DE FERME ET COMPOSTS, par *Fouquet*. 2ᵉ édit., 270 pages et 19 gravures. 1 25
NOIR ANIMAL, par *Bobierre*. 156 pages et 7 gravures. 1 25
PLANTES-RACINES, par *Leclere*. 1 vol. de 230 pages et 24 gravures. 1 25
CHAMPS ET PRÉS (Les), par *Joigneaux*. 1 vol. in 18 de 154 pages. 1 25
CHOUX, culture et emploi, par *Joigneaux*. 1 vol. de 180 pages et 7 gravures. . . 1 25
PRAIRIES, par *De Moor*. 212 pages et 77 gravures. 1 25
HOUBLON, par *Erath*, traduit de l'allemand par *Nicklès*. 128 pages et 22 gravures. 1 25
ANIMAUX DOMESTIQUES, par *Lefour*. 1 vol in-18 de 133 pages et 176 gravures. . 1 25
CHEVAL, ANE ET MULET, par *Lefour*. 1 vol. de 162 pages et 300 gravures. . 1 25
CHEVAL (Achat du) par *Gayot*. 1 vol de 216 pages et 25 gravures 1 25
CHOIX DES VACHES LAITIÈRES, par *Magne*. 3ᵉ édition, 144 p., 30 gravures. . 1 25
RACES BOVINES, par le marquis *de Dampierre*. 2ᵉ édition. 192 pages et 28 gravures. 1 25
BÊTES A CORNES, par *Villeroy*. 4ᵉ édition, 300 pages et 60 gravures. . . . 1 25
ENGRAISSEMENT DU BŒUF, par *Vial*. 1 vol. in-18 de 180 pages. 1 25
BASSE-COUR. — PIGEONS. — LAPINS, par Mᵐᵉ *Millet-Robinet*, 4ᵉ éd., 180 p., 31 gr. 1 25
LIÈVRES, LAPINS ET LÉPORIDES, par *Gayot*. 216 pages et 15 gravures . . 1 25
POULES ET ŒUFS, par *E. Gayot*. 1 vol. in-18 de 216 pages et 35 gravures. . . 1 25
MÉDECINE VÉTÉRINAIRE (Notions usuelles de), par *A. Sanson*. 1 vol. de 180 pages. 1 25
ÉCONOMIE DOMESTIQUE, par Mᵐᵉ *Millet-Robinet*. 2ᵉ édition, 324 pages et 106 grav. 1 25
CONSTRUCTIONS ET MÉCANIQUE AGRICOLES, par *Lefour*. 216 pages et 151 gravures . 1 25
COMPTABILITÉ ET GÉOMÉTRIE AGRICOLES, par *Lefour*. 214 pages et 104 gravures. . 1 25

CHACUN DE CES VOLUMES EST VENDU SÉPARÉMENT 1 FR. 25 C.

BIBLIOTHÈQUE DU JARDINIER, publiée avec le concours du Ministre de l'Agriculture.

EN VENTE : 12 VOLUMES IN-12 A 1 FR. 25 LE VOLUME, SAVOIR :

ARBRES FRUITIERS (taille et mise à fruit), par *Puvis*, 2ᵉ édit., 220 pages. . . . 1 25
PÉPINIÈRES, par *Carrière*, 144 pages et 16 gravures. 1 25
CONFÉRENCES SUR LE JARDINAGE, par *Joigneaux*, 400 pages et 12 tableaux. . . 1 25
POTAGER (Le), par *Charles Naudin*, 488 pages et 34 gravures. 1 25
ASPERGE (culture naturelle et artificielle), par *Loisel*, 2ᵉ édit., 108 pages et 6 grav. 1 25
MELON (culture sous cloches sur buttes, et sur couches), par *Loisel*, 3ᵉ éd., 112 pag. 1 25
DAHLIA (bouture, taille, multiplication), par *Pirolle*, 148 pages. 1 25
PÉLARGONIUM, par *Thibault*, 108 pages et 10 gravures. 1 25
PENSÉE (Culture de la), par *de Ponsort*, 1 vol. 1 25
PLANTES DE SERRE FROIDE, par *de Puydt*, 158 pages et 15 gravures. . . . 1 25
ROSIER. — VIOLETTE. — PENSÉE. — PRIMEVÈRE. — AURICULE. — BALSAMINE. — PÉTUNIA. — PIVOINE, Espèces, Culture, Variétés, par *Marc-Lepelletier*, 104 p. 1 25
PARCS ET JARDINS, par *de Céris*. 1 vol. in-18 avec 50 gravures 1 25

CHACUN DE CES VOLUMES EST VENDU SÉPARÉMENT 1 FR. 25 C.